＼一冊で学ぶ／

フロントエンド

HTML/CSS
JavaScript
React

バックエンド

Node.js
Express

作りながら学ぶ

Web プログラミング 実践入門

改訂版

掌田 津耶乃［著］

本書のサンプルファイルについて

本書で使用しているサンプルファイルは、以下のURLからダウンロードできます。
本URLはYahoo!やGoogleでは検索できません。必ずアドレスバーに入力してください。
https://book.mynavi.jp/supportsite/detail/9784839987954.html

- サンプルファイルはすべてお客様自身の責任においてご利用ください。
  サンプルファイルを使用した結果で発生したいかなる損害や損失、その他いかなる事態についても、
  弊社および著作権者は一切その責任を負いません。
- サンプルファイルに含まれるデータやプログラム、ファイルはすべて著作物であり、著作権はそれぞれの著作者にあります。
  本書籍購入者が学習用として個人で閲覧する以外の使用は認められませんので、ご注意ください。
  営利目的・個人使用にかかわらず、データの複製や再配布を禁じます。
- 本書に掲載されているサンプルはあくまで本書学習用として作成されたもので、実際に使用することを想定しておりません。
  ご了承ください。

ご注意

- 本書の動作確認環境はWindows 11、Google Chromeで行っております。
  これ以外の環境については操作や画面が掲載のものと異なる場合がありますのでご注意ください。
- 本書に登場するソフトウェアやURL の情報は、2024年10月段階での情報に基づいて執筆されています。
  執筆以降に変更されている可能性があります。
- 本書の制作にあたっては正確な記述につとめましたが、著者や出版社のいずれも、
  本書の内容に関して何らかの保証をするものではなく、内容に関するいかなる運用結果についても一切の責任を負いません。
  あらかじめご了承ください。
- 本書中の会社名や商品名は、該当する各社の商標または登録商標です。
  本書中では™および®は省略させていただいております。

何かプログラムを作りたい！
作ったものを大勢に見てほしい！

そう思ったとき、何から始めればいいのか、悩んでいませんか。そんな人に断言します。今、プログラミングを始めるなら、その入口は「Webアプリ」です。

Webは、あらゆるアプリの入口です。実を言えば、パソコンのアプリもスマホのアプリも、今では多くのものがWebの技術で作られています。Webさえマスターすれば、どんなアプリでも作れるようになるのです。

あ。今、「なーんだ、Webか。簡単かんたん」なんて思った人、います？　Webって、思っているほど簡単なものではないんですよ。Webは、さまざまな最新技術の集合体です。HTML、スタイルシート（CSS）、JavaScript。こうしたWebの基本的な技術に加え、さまざまな最新技術を組み合わせて現在のWebは作られているんですから。

これらすべての技術を基礎からきっちり学んでいこうと思ったなら、どれだけの労力が必要となるのか。何冊の入門書を読破し、どれだけのコードを書いて動かせばいいのか。想像しただけで気が遠くなりそうですね。

それなら、これらすべてを一冊で覚えられる入門書があればいい。そんな考えから誕生したのが本書です。

本書は、2020年に出版した「作りながら学ぶ Webプログラミング実践入門」の改訂版です。本書では、先ほど挙げた「HTML」「CSS」「JavaScript」に加え、「Node.js」「Express」「SQLデータベース」「React」といったWeb開発に是非覚えておきたい技術を一冊で説明します。

もちろん、たった一冊ですから、それぞれの説明は「基本中の基本部分」だけです。高度な内容、実用的な応用などはありません。けれど、「Webに必要な技術を一通り使った基本的なWebアプリ」はこれ一冊で作れるようになります。たったそれだけ？　ええ、それだけです。そして、それで十分なのです。

自分で作ったアプリが動く。それがどういうことなのか、体験したことのない者には想像できないでしょう。「あっ、動いた！」という、その体験こそが、その先へと進む原動力となるのです。そして、その体験さえあれば、たいていの困難は乗り越えていけるものなのです。

さぁ、本書を手に、この貴重な体験を手に入れましょう！

2024. 10　掌田津耶乃

Contents

Column

Part 1 基本編

Chapter 1

Webプログラミングを始めよう

Webの開発といっても、どんな技術を覚えるのか、
どうやって開発を行うのか、わからないことばかりですね。
まずは「Webプログラミング」がどういう世界でどう始めたらいいのか、
初歩から説明をしていくことにしましょう。

1-1

Webの開発ってどんなもの？

この節のポイント

- Web開発がどんなものかイメージをつかもう。
- フロントエンドとバックエンドの違いを理解しよう。
- Web開発はどう学べばいいか考えよう。

どこから始めるべき？

コンピュータ技術が日々進化していく現在。私たちにとってプログラミングスキルの重要性は増す一方です。けれど「プログラミングを学ぶ」ということは、いつの時代も決して簡単なものではありません。

技術の発展と共に、プログラミングの応用範囲は驚くほど拡大しました。その結果、初心者にとっては逆に「選択肢が多すぎて何から始めたらいいのかわからない」という悩ましい状況に陥っています。

では、プログラミングを始めようと思ったとき、どのような選択肢があるのでしょうか。現在のプログラミング分野を大まかに分類してみましょう。

1. デスクトップアプリケーション開発

これは従来からあるプログラミングの基本形です。パソコン上で動作するソフトウェアの作成は、今でもプログラミングの中核を成しています。一昔前なら、プログラミングを始めるなら当たり前のようにこれを選択していました。

2. モバイルアプリ開発

スマートフォンの普及に伴い、モバイルアプリの開発は非常に身近なものとなりました。多くの人にとって、スマートフォンアプリの方がパソコンソフトよりもイメージしやすいかもしれません。スマホが爆発的に普及して行き始めた頃は、最初の一歩にこれを選ぶ人も多かったことでしょう。

3. Web開発

インターネットが生活に不可欠となった今日、Web開発の重要性はいうまでもありません。検索エンジンやSNSなど、日常的に利用するオンラインサービスの多くがWebで開発されています。誰もが最もお世話になっているものであり、誰でも最初の一歩を踏み出しやすい分野といえます。

4. 特殊用途のプログラミング

一般にはあまり知られていませんが、特定の環境や目的に特化したプログラミングも多数存在します。もっとも身近なのは、ExcelやGoogleスプレッドシートなどのビジネスソフトで使用するマクロでしょう。これらは仕事で使っているなら一番入りやすいところですね。

このように、現代のプログラミングは多岐にわたる分野で活用されています。初心者にとっては選択肢の多さに圧倒されるかもしれませんが、見方を変えれば、それだけ自分に適した入り口を見つけやすくなったともいえるでしょう。

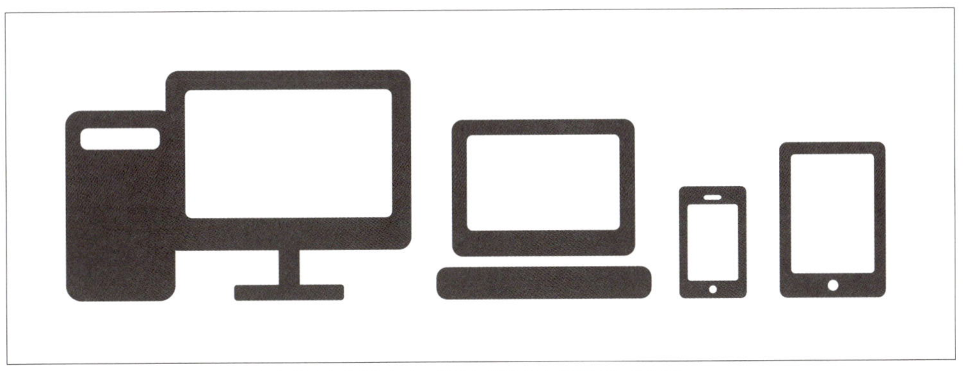

図1-1：PC、スマホ、Web。さまざまな分野でプログラムが作られ利用されている

始めるなら「Web」が最適！

さまざまな選択肢がある中で、初心者に最適な入り口だと言えるのが「Web」です。その理由を簡単に説明しましょう。

1. アプリ開発の難しさ

パソコンやスマートフォンのアプリ開発は、一見魅力的に思えますが、初心者には予想以上に障壁が高いのが現実です。例えば、こんな問題が思い浮かぶでしょう。

言語の複雑さ：パソコンアプリではCやC#、スマートフォンアプリではSwiftやKotlinなど、高度な専門知識を要する言語が使用されることが多い。
プラットフォームの多様性：WindowsとmacOS、iPhoneとAndroidなど、プラットフォームごとに全く異なる開発環境や技術が必要になる。
学習の非効率性：あるプラットフォームの開発を習得しても、別のプラットフォームではゼロから学び直さないといけないことが多い。

2. Webの普遍性

対照的に、Web開発にはこうした障壁はなく、逆にアプリ開発にはない以下のような利点があります。

技術の共通性：パソコン、スマートフォン、タブレットなど、デバイスの種類に関わらず同じ技術が使える。
学習の効率性：一度習得した技術を幅広い環境で活用できる。
アクセシビリティ：どのデバイスからでもアクセス可能なコンテンツを作成できる。

以上のような理由から、プログラミング初心者にとってWeb開発は理想的な出発点といえるでしょう。基礎的なHTML、CSS、JavaScriptから始め、徐々に高度な技術へと進むことで、プログラミングの世界を効率的に学んでいくことができます。

またWeb開発の知識は、将来的にアプリ開発や他の分野へ進出する際にも役立ちます。現在、デスクトップやスマートフォンのアプリのかなりの割合が「Web」の技術を使って開発されています。Webさえマスターできれば、その技術を利用してPCやスマホのアプリも作れるようになるのです。

フロントエンドとバックエンド

Webの学習を始める前に、一つだけ理解しておいてほしいことがあります。それは「Web開発には、2つの異なる技術が用いられている」ということ。それは「フロントエンド」の開発と「バックエンド」の開発です。まずはこの2つの違いを頭に入れておきましょう。

1. フロントエンド開発

フロントエンドとは、ユーザーが直接目にし、操作する「Webブラウザに表示される部分」を指します。おそらく皆さんが「Web開発」という言葉を耳にしたとき、ほとんどの人が思い浮かべるのは、このフロントエンドの部分でしょう。

主要技術

HTML（HyperText Markup Language）：Webページの構造を定義
CSS（Cascading Style Sheets）：ページのレイアウトやデザインを制御
JavaScript：インタラクティブな機能や動的な要素を追加

フロントエンドの役割は、ユーザーにとって見やすく、使いやすく、魅力的なWebインターフェースを作ることです。近年では、Reactなどのフレームワークを使用した、より高度で効率的な開発も広まっています。

2. バックエンド開発

バックエンドは、ユーザーの目には直接見えないサーバー側で動作するプログラムやシステムを指します。実際にWebサイトにアクセスしたとき、サーバーの向こう側で動いているプログラムの開発を示します。

主要技術：
サーバーサイド言語：PHP, Python, Ruby, Java, Node.js など
データベース：MySQL, PostgreSQL, MongoDB など
フレームワーク：Express.js, Django, Ruby on Rails など

バックエンドの開発には、さまざまなプログラミング言語が使われます。また使用するデータベース、アプリケーションのベースとなるフレームワークなども種々様々です。使用する言語やデータベース、フレームワークごとに高度な知識が必要となります。

2つの技術を組み合わせて作る

Webプログラミングを学ぶ際は、フロントエンドとバックエンドの両方の基礎を理解することが重要です。それぞれの役割と特性を知ることで、より効果的なWeb開発が可能になります。

初心者の方は、まずはHTML、CSS、JavaScriptといったフロントエンド技術から始め、徐々にバックエンド技術へと学習範囲を広げていくのがよいでしょう。Web開発の世界は常に進化していますが、これらの基本的な概念を押さえておくことで、新しい技術やトレンドにも柔軟に対応できるようになります。

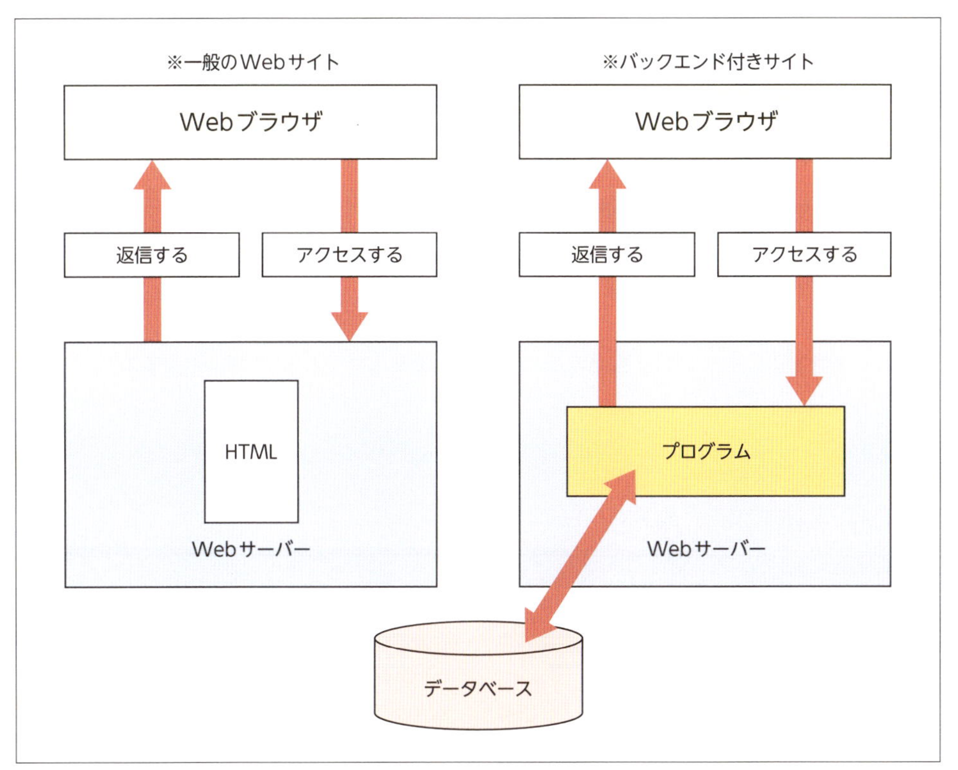

図1-2：普通のWebサイトは、ただHTMLファイルを送ってくるだけだが、サーバーサイドにプログラムがあると、そこで必要な処理を行ってから結果を作成し送り返すようになる

Web開発をどう学ぶ？

では、Webプログラミングを学ぶには、どこから手をつければよいのでしょうか。初心者がWebプログラミングを効率的に学ぶための順序と、各段階で習得すべき技術について簡単に整理しましょう。

1. フロントエンド開発の基礎

HTML + CSS：Webページの構造とデザイン

Webプログラミングの第一歩は、フロントエンド開発から始めます。その中でも最も重要なのが、HTMLとCSSです。

HTML：HTMLは、Webページの構造を定義するページ記述言語です。テキスト、画像、リンクなどの配置を決定します。

CSS：CSSは、HTMLで定義された要素のスタイル(色、サイズ、レイアウトなど)を指定します。

HTMLとCSSは、Webページのデザインの基礎となる技術です。これらをしっかりと習得することで、基本的なWebページを作成できるようになります。

JavaScript：動的なWebページの作成

HTMLとCSSの基礎を学んだ後は、JavaScriptに進みます。JavaScriptは、Webブラウザで動作する唯一のプログラミング言語で、次のような機能を実現できます。

- ユーザーの操作に応じた動的なコンテンツの変更
- アニメーションの実装
- サーバーとの非同期通信

JavaScriptは本格的なプログラミング言語であり、変数、関数、オブジェクト指向プログラミングなどの概念を理解する必要があります。ここでの学習が、Webプログラミングの最初の大きな関門となるでしょう。

2. サーバーサイド開発への移行

Node.js：ブラウザ外でのJavaScript実行

フロントエンド開発の基礎を固めた後は、サーバーサイド開発に進みます。サーバーサイドではさまざまなプログラミング言語を利用できますが、最初の第一歩として最適なのは「Node.js」です。

Node.jsは、Webブラウザ外でJavaScriptを実行するための環境です。フロントエンド開発で慣れているJavaScriptをそのままサーバーサイド開発でも使ったほうが効率的に学習を進められます。

Node.jsにより、サーバーアプリケーションの開発の基礎を学ぶことができるでしょう。またファイルアクセスやネットワークアクセスなど、フロントエンド側では利用が難しい機能についても学習することができます。

3. さらなる学習の方向性

Node.jsの基礎を学んだ後は、さらに高度なWeb表現を実現するために各種の技術を学んでいくことになるでしょう。例えば、以下のようなものです。

Webアプリケーションフレームワーク

Webアプリケーション全体の開発を支援してくれるフレームワークを学びます。Node.jsでは「Express」などのフレームワークがあります。こうしたものを使用することで、より効率的にサーバーサイドアプリケーションを開発できるようになります。

データベース

管理システムの使用方法を学びます。多くは「SQL」というデータ問合せ言語に対応したデータベースを使い、データの永続化や効率的な検索・更新の方法を習得します。

フロントエンドフレームワーク

Reactなどのモダンなフロントエンドフレームワークを学びます。これらを使用することで、より複雑で高度なユーザーインターフェースを持つWebアプリケーションを開発できるようになります。

学習の流れをまとめると

以上、Webプログラミングの学習の流れをまとめてみました。整理すると、ざっと以下のような順に学習していくことになります。

1. HTML + CSS（フロントエンドの基礎）
2. JavaScript（動的なWebページの作成）
3. Node.js（サーバーサイド開発の導入）
4. Webアプリケーションフレームワーク
5. データベース、フロントエンドフレームワークなど

この順序で学習を進めることで、基礎から応用まで段階的にWebプログラミングのスキルを身につけることができます。それぞれの段階でしっかりと理解を深め、確実に内容をマスターしてから次のステップへと進むようにしましょう。

1-2

開発環境を用意しよう

この節のポイント

- Visual Studio CodeのWeb版とデスクトップ版の違いを確認しよう。
- Visual Studio Codeを使えるように準備しよう。
- エクスプローラーの使い方を学ぼう。

用意すべきものは？

Web開発を始めるにあたり、多くの人の脳裏に思い浮かぶのは「何を準備すればいいのか？」ということではないでしょうか。実は、思い悩む必要は全くありません。フロントエンド開発の初期段階では、必要なものは意外に少ないのです。では、どんなものが必要か、主なものを考えていきましょう。

言語の準備は不要！

まず、頭に入れておいてほしいのは、「特別なプログラミング言語の環境の準備は不要だ」ということ。なぜなら、フロントエンド開発で作成するWebページは、基本的にHTMLとCSS、そしてJavaScriptで構成されているからです。これらはすべてWebブラウザに標準で組み込まれています。作成したファイルをWebブラウザで直接開くだけで、動作を確認できるのです。プログラムの作成に特別なソフトウェアなどは一切必要ありません。

これは初学者にとって大きな利点となるでしょう。複雑な環境設定や特別なソフトウェアのインストールなしに、すぐにプログラミングを始められるのですから。

開発ツールは必要？

では、必要なものはなにもないのか？　というと、そういうわけでもありません。本格的にWeb開発を学習するなら、開発ツールの導入を考えたほうがいいでしょう。理由はいくつかあります。

1. 多数のファイルの管理が容易

Web開発では、HTMLファイル、CSSファイル、JavaScriptファイルなど、複数の異なる種類のファイルを同時に扱うことが多々あります。専用の開発ツールを使用すると、これらのファイルを効率的に管理し、編集することができます。

2. プログラミング支援機能

多くの開発ツールには、コードの色分け表示、入力候補の自動表示、文法チェックなどの機能が備わっています。これらの機能によりコーディングのスピードも上がり、エラーの減少にもつながります。

3. プロジェクト管理

複雑なファイル構造を持つプロジェクトでも、ファイルやフォルダーの管理が容易になります。これは、大規模なWebサイトやアプリケーションの開発時に特に重要となります。

Visual Studio Codeを使おう

このようにWeb開発を始める際、適切な開発ツールの選択は重要です。幸いなことに、Web開発では高度な機能を持つ大掛かりなツールは必要ありません。多くのファイルを同時に扱え、Web開発で使用される言語に対応した入力支援機能があれば十分です。

すでに何らかのツールを用意しているなら別ですが、特に何も持っていない場合、「Visual Studio Code」(以下、VSCodeと略)がおすすめです。このツールは、マイクロソフト社が提供する無料の開発環境で、Web開発者の間で高い人気を誇っています。

1-2

1. Visual Studioの技術

VSCodeは、マイクロソフト社が長年開発してきた統合開発環境「Visual Studio」の中核機能である、コード編集部分を独立させて作られたものです。プロフェッショナルな開発環境で培われた高度な編集機能を、軽量なアプリで利用することができるのです。

2. パワフルなエクスプローラー

VSCodeの特徴的な機能の一つに、エクスプローラーがあります。これは、プロジェクトのフォルダー構造を階層的に表示し、ファイルの管理を容易にするツールです。Web開発では複数のHTMLファイル、CSSファイル、JavaScriptファイルを扱うことが多いため、この機能は非常に重宝します。

3. 拡張性の高さ

また、VSCodeの大きな強みは、その拡張性にあります。基本機能だけでも十分に強力ですが、必要に応じて機能を追加できる拡張機能のシステムが用意されています。これにより、個々の開発者のニーズに合わせてカスタマイズすることが可能です。

4. 多言語に対応

さらに、VSCodeは多くのプログラミング言語に対応しています。Web開発で一般的に使用されるHTML、CSS、JavaScriptはもちろん、PHPやRuby、Pythonなど、サーバーサイドの言語にも対応しています。これは、将来的にバックエンド開発に進む際にも同じ環境で作業を続けられることを意味します。

VSCodeのインターフェースは直感的で、初心者にも使いやすく設計されています。同時に、高度な機能も備えているため、スキルの向上に合わせて長く使い続けることができます。

無料で提供されているにもかかわらず、これほど高機能で柔軟性のある開発ツールは稀です。Web開発を学び始める方にとって、VSCodeは理想的な選択肢といえるでしょう。

Web版VSCodeについて

VSCodeを利用するとき、頭に入れておきたいのが「VSCodeは2種類のものがある」という点です。それは「Web版」と「デスクトップ版」です。

Web版VSCode

Web版とは、文字通り「Webベースで提供されているVSCode」のことです。WebブラウザからVSCodeのサイトにアクセスすれば、すぐに使うことができます。このWeb版は、以下のような特徴があります。

デスクトップ版と同等のUI

表示される画面やメニューなどは、デスクトップ版もWeb版もほぼ同じです。したがって、デスクトップ版を使った経験があればWeb版もすぐに使えますし、Web版を使っていればいつでもデスクトップ版に移行できます。

デスクトップ版と同等の編集機能

ソースコードの編集機能は、基本的にデスクトップ版とほとんど変わりありません。Web版だから使える機能が少ない、対応言語が少ない、動きが遅い、といったことはありません。

使えない拡張機能もある

VSCodeは、拡張機能という一種のプラグインをインストールすることで機能を拡張していくことができます。ただし拡張機能の中には、Web版では使えないものもけっこうたくさんあります。

ターミナルが使えない

Web版では使えない機能の中でも特に重要なのが「ターミナル」です。ターミナルはコマンドを実行するための専用UIです。最初のうちはあまり必要がないでしょうが、バックエンド(サーバー側)の開発に進むようになると、これが使えないのは非常に痛いでしょう。

デスクトップ版VSCode

デスクトップ版は、一般のアプリケーションと同様に作られたネイティブアプリです。Windows、macOS、Linux用が用意されています。これがVSCodeの正式なものといってよいでしょう。

インストールして利用

Web版と違い、プログラムをインストールして利用します。プログラムは専用のインストーラや圧縮ファイルなどの形で配布されています。

すべての機能を網羅

VSCodeに用意されているすべての機能が使えます。これで利用できない機能というのはありません。また拡張機能もすべて利用できます。

動作はWeb版とほぼ同じ

編集時や操作時の反応やスピードなどは、Web版でもデスクトップ版でもほぼ違いはありません。「デスクトップ版だからWeb版よりテキパキ動く」というわけではありません。

Webの初歩はWeb版で十分

Web版とデスクトップ版の大きな違いは、「拡張機能で使えないものがある」「ターミナルが使えない」の2点でしょう。それ以外の基本的な編集機能はどちらもほとんど違いはありません。

Webの学習は、まずHTMLとCSS、そしてWebページで動くJavaScriptによるプログラミングについて学んでいきます。これらは、Web版で全く問題ありません。デスクトップ版は、Node.jsを使ってサーバー側の学習に進むようになったら使うとよいでしょう。

というわけで、まずはWeb版を使っていきましょう。

Web版VSCodeを使う

では、実際にWeb版でVSCodeの基本的な使い方を覚えましょう。Webブラウザを起動し、以下のURLにアクセスしてください。

- https://vscode.dev

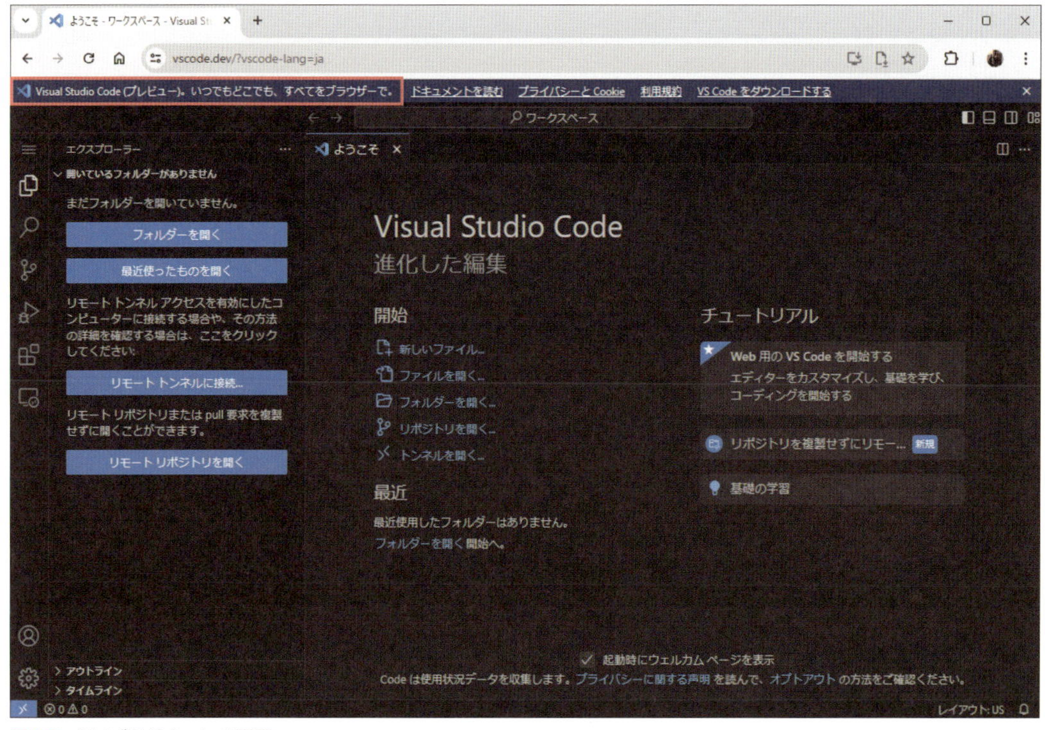

図1-3：Web版VSCodeの画面

アクセスすると、一番上に「Visual Studio Code（プレビュー）。」と表示されていたかもしれません。初めてこのサイトにアクセスしたときにこの表示がされます。

Web版のVSCodeは、現在、プレビュー版という扱いです。といっても「プレビュー版だからなにか問題がある」というわけではなく、普通に使えますから心配はいりません。

Column

プレビュー版とは？

VSCodeのWeb版は、プレビュー版という扱いですが、これは「未完成で正式版として使えない」というわけではありません。まだ正式リリースに至っていないからプレビュー版なのです(未完成ならベータ版や開発版という扱いになるでしょう)。

Web版では、単に「バグがなく動くか」というだけでなく、Web版特有の問題などにも対応しなければいけません。例えば世界中から予想を超えるユーザーがアクセスして利用した場合も正常に動作するか、使用するWebブラウザによって動作に影響が出ることはないか、などデスクトップ版にはないさまざまな問題がWeb版にはあるのです。

こうした問題を解決していくには、実際に利用しながら長期に渡る動作確認が必要となるでしょう。そこで、プレビュー版として大勢に実際に使ってもらいながらテストとフィードバックを重ねているのですね。

VSCodeの基本画面

VSCodeを開くと「ウェルカムページ」というものが開かれた状態になっています。これは、新しいファイルやフォルダーを開いたり、前に編集したファイルを素早く開いたりといった「よく使う機能とリンク」をまとめた画面です。まだファイルの編集などを行っていない状態では、あまり便利さを感じないでしょうが、編集作業を行うようになると、この画面から前に編集したフォルダーを開いたりできてとても便利です。

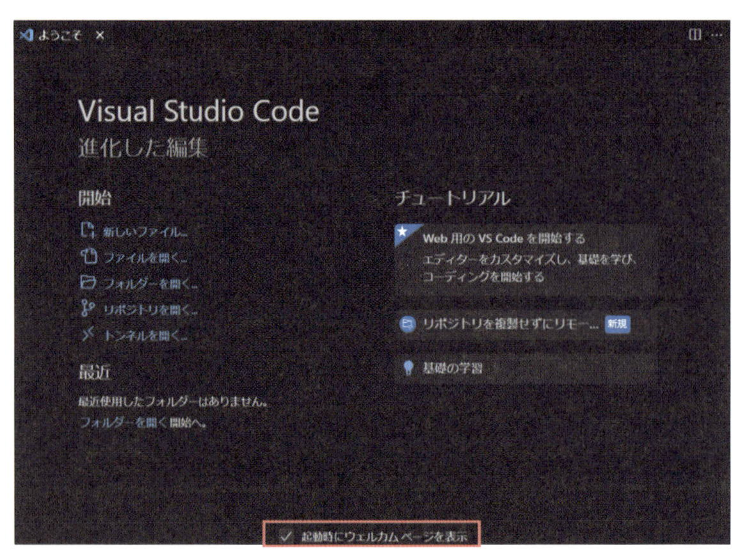

図1-4：ウェルカムページ。起動時に現れる

ただ、慣れてくると「毎回出てきてうるさい」と感じるかもしれません。そのときは、下にある「起動時にウェルカムページを表示」チェックボックスをOFFにしておけば、次回起動時から現れなくなります。

ファイルのタブについて

VSCodeのウィンドウをよく見ると、表示の上部を見ると「ようこそ」というタブが見えるでしょう。

図1-5：タブの×アイコンをクリックするとファイルを閉じる

Visual Studio Codeでは、ファイルを開くと上部にそのファイル名を表示したタブが現れます。複数のファイルを開いたときなどは、このタブをクリックして編集エディタを切り替えることができます。

また、タブには「×」アイコン(クローズアイコン)が表示されます。これをクリックすれば、そのファイルを閉じることができます。

VSCodeのメニューについて

Web版のVSCodeでは、メニューバーが表示されません。このため、「メニューはないのか？」と思った人もいることでしょう。が、そんなことはありません。

Web版VSCodeでは、左端にあるアイコンバーの一番上の「≡」アイコンをクリックすると、メニューがポップアップして現れるようになっています。ここからメニューを選んで操作をします。用意されているメニューは、デスクトップ版とほぼ同じです。ただ表示の仕方が異なる(デスクトップ版ではメニューバーがあるが、Web版は「≡」アイコンからメニューを選ぶ)というだけです。

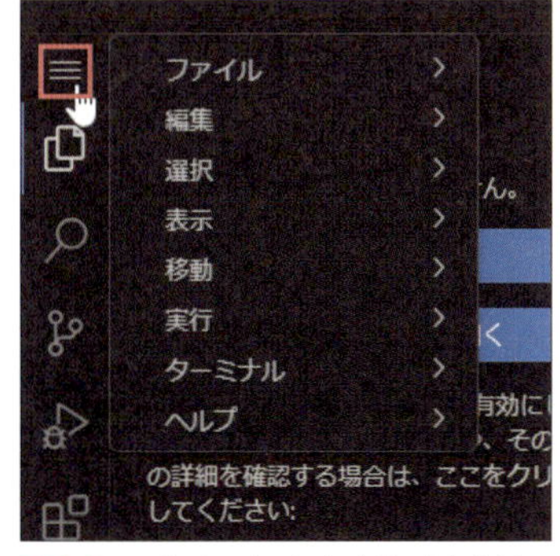

図1-6：アイコンバーにある「≡」をクリックするとメニューが現れる

エクスプローラーを使う

ウィンドウの左端には、縦一列にアイコンバーが並んでいます。これは、VSCodeに用意されている各種のツールをアイコンで開くようにしたものです。ここから使いたいツールのアイコンをクリックすれば、そのツールがアイコンバーの右側に現れます。デフォルトでは、一番上にある「エクスプローラー」というツールが開かれています。

エクスプローラーは、編集するファイルやフォルダーを階層的に表示するものです。ここから、編集したいファイルをクリックして開き、編集作業を行えます。VSCodeで最もよく使う機能といえるでしょう。

ただし、まだファイルやフォルダーを開いていない状態では、いくつかのボタンが表示されているだけです。実際にファイルやフォルダーを開いてからエクスプローラーは活躍することになります。

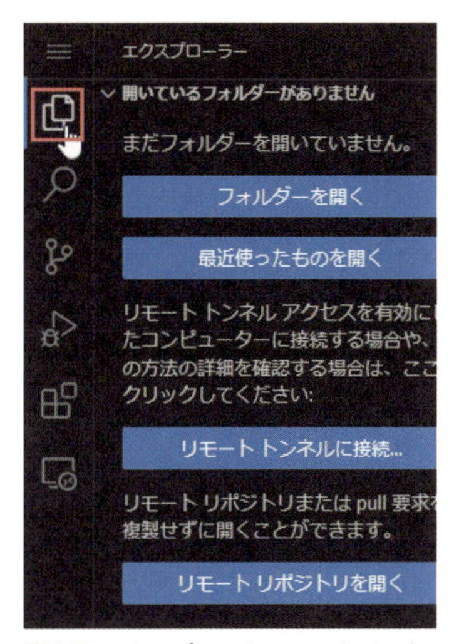

図1-7：エクスプローラー。アイコンバーの一番上をクリックすると表示される

2つの「開く」機能

VSCodeを使うとき、まず頭に入れておきたいのが「開く機能が2つある」という点です。それは「ファイル」と「フォルダー」です。

ファイルを開く：編集したいファイルを直接開くことができます。特定のファイルだけ編集したいようなときに使います。
フォルダーを開く：編集するファイル類が保管されているフォルダーを開くと、エクスプローラーにそのフォルダー内のファイル類が階層的に表示されます。こちらのほうがVSCodeではよく利用されるでしょう。

VSCodeでは、「ファイルを直接開いて編集する」というやり方はあまりしません。「フォルダーを開いて作業する」というのが基本と考えましょう。

フォルダーを開こう

フォルダーを開く方法はいくつかあります。実際に以下の操作で適当なフォルダーを開いてみましょう。

1.「フォルダーを開く」メニュー

「ファイル」メニューの中に「フォルダーを開く」というメニューがあります。これを選び、現れたダイアログでフォルダーを選択すると、そのフォルダーを開きます。

2.「フォルダーを開く」ボタン

何のフォルダーも開かれていない状態だと、エクスプローラーに「フォルダーを開く」というボタンが表示されます。これをクリックし、ダイアログからフォルダーを選べば、そのフォルダーを開けます。

3. ドラッグ&ドロップ

何のフォルダーも開かれていない状態では、エクスプローラーのエリア内にフォルダーのアイコンをドラッグ&ドロップすると、そのフォルダーを開けます。ただし、すでにどこかのフォルダーを開いている状態だと、ドロップしたフォルダーをそこにコピーや移動してしまうこともあるので注意しましょう。

では、実際にフォルダーを開いてみましょう。適当なフォルダーをマウスでドラッグし、VSCodeのエクスプローラーのエリアにドロップしてみてください(図1-8)。

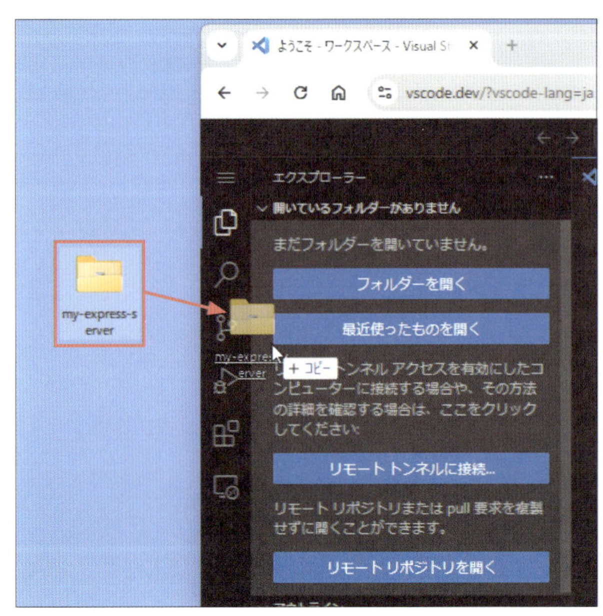

図1-8：フォルダーをエクスプローラーの上にドロップする

画面に「このフォルダー内のファイルの作成者を信頼しますか?」というアラートが現れます。「はい」を選ぶと、フォルダーが開かれ、その中にあるファイル類がエクスプローラーに階層的に表示されます。

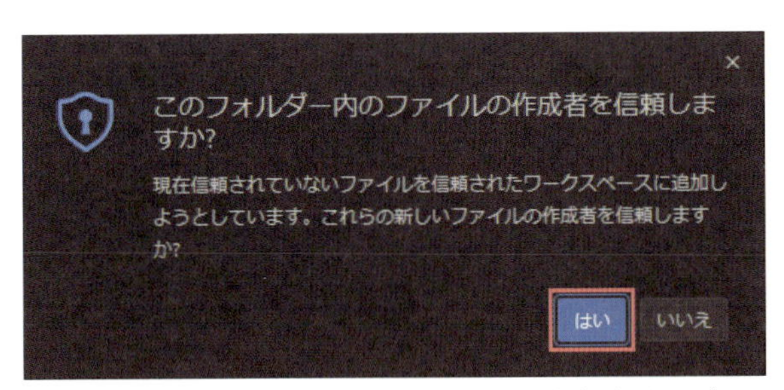

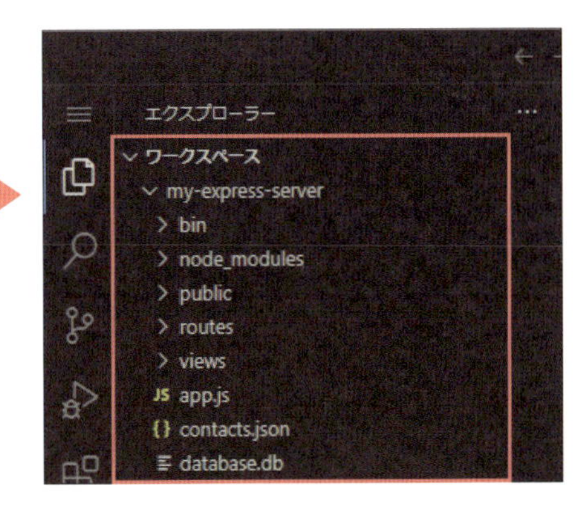

図1-9:アラートで「はい」を選ぶとフォルダーの中身がエクスプローラーに表示される

エクスプローラーの働きを知ろう

エクスプローラーでは、フォルダーの左側に「>」マークが表示され、項目をクリックすることで中身を展開表示できます(展開表示すると「>」マークは「∨」に変わります)。こうしてフォルダー内にあるものを階層的に表示できるようになっています。

エクスプローラーに表示されているファイルは、クリックすれば開いて中身を編集できます。またダブルクリックすればエディタが固定され、他のファイルを選択しても開いたままになります。こうして重要なファイルをダブルクリックで開いていくことで、複数のファイルを同時に開き編集できるようになります。

「たくさんのファイルを開いて編集する」という、編集の基本は、このエクスプローラーの使い方さえわかればできるようになります。まずはその操作に慣れておきましょう。

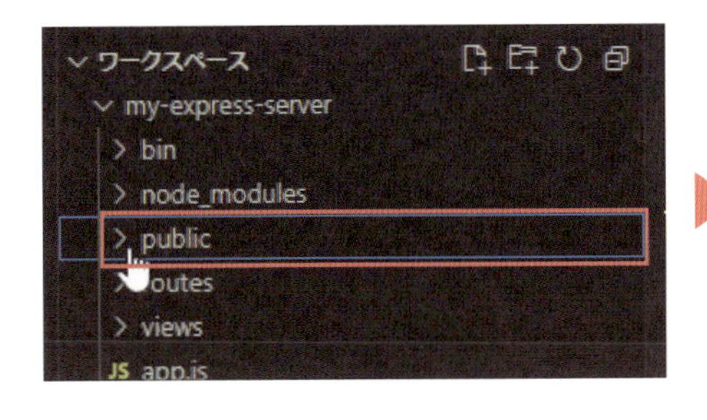

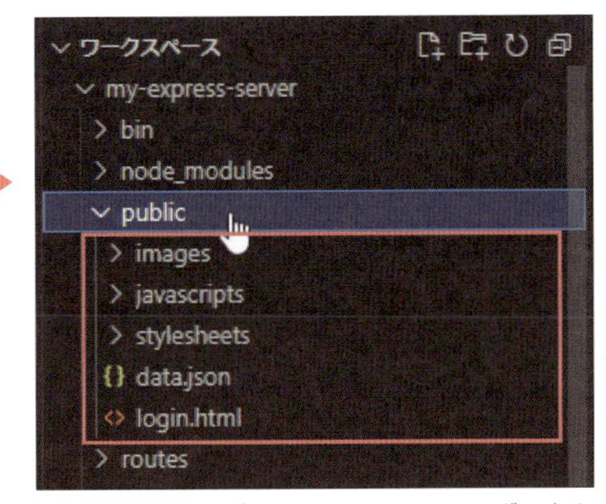

図1-10:エクスプローラーでは、フォルダーをクリックするとその中身を展開し表示する

エディタの入力支援機能

VSCodeでもう1つ知っておきたいのは、「エディタの入力支援機能」です。VSCodeでファイルを開くと、内蔵のエディタでそれが開かれ、その場で編集できるようになります。このエディタは、さまざまな言語に対応しており、プログラムの編集を行う上で役立つ機能が用意されています。主な機能を簡単にまとめておきましょう。

色分け表示

エディタでファイルを開くと、その中のプログラムがカラフルに色分けされて表示されることがわかるでしょう。VSCodeでは、プログラムに書かれている内容を解析し、それぞれの単語の役割ごとに色分けやスタイルを変更するなどして表示します。こうすることで、ひと目でそれがどういう働きをするものかがわかるようになっているのです。

自動インデント

エディタで文を入力し改行すると、自動的にスペースを開けて新しい行の開始位置が調整されます。このスペースは「インデント」と呼ばれるものです。インデントにより、文の構造が直感的にわかるようにしているのです。このインデントは、プログラムを解析して行われます。プログラムのインデントが正確に書かれていないとうまく働かないので気をつけましょう。

自動挿入

エディタで(や[といった括弧類をタイプすると、自動的に)や]など閉じる括弧も挿入されます。またHTMLで<p>などのタグを書くと、自動的に</p>という閉じるタグも書き出されます。このように「入力に応じて自動的に必要となるものを文に挿入する」機能もいろいろと揃っています。

候補の選択

エディタで入力を行っていると、リアルタイムにメニューがポップアップ表示されます。例えば「get」とタイプをすると、「get○○」というようにgetで始まるものが一覧表示されます。ここから使いたいものを選べば、それがエディタに書き出されるのです。この候補により、スペルミスなどがなくなります。

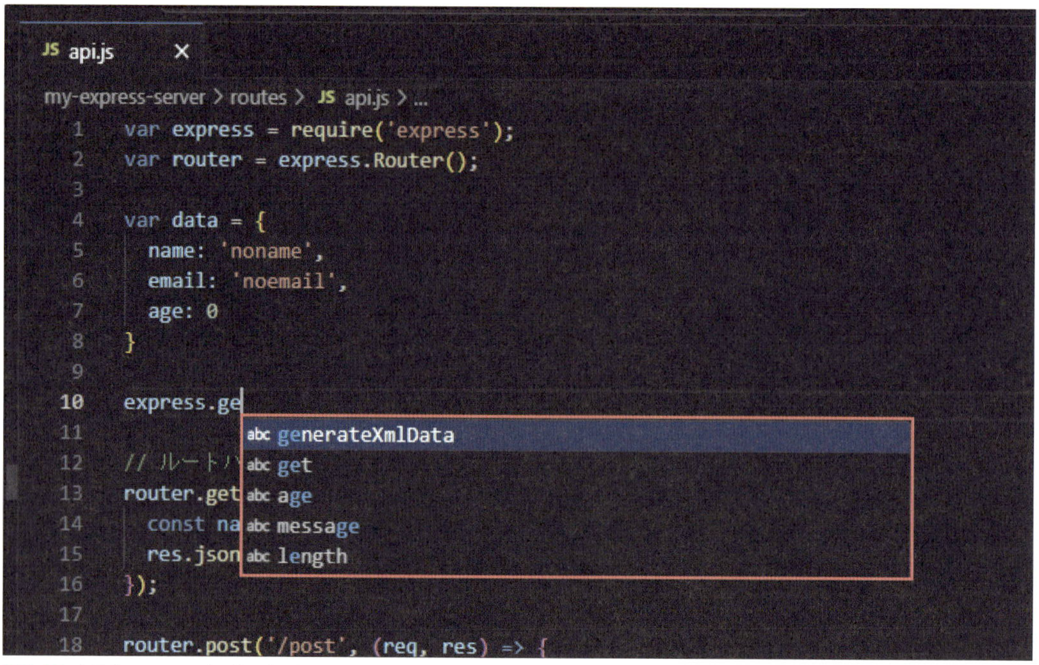

```
JS api.js ×
my-express-server > routes > JS api.js > ...
 1  var express = require('express');
 2  var router = express.Router();
 3
 4  var data = {
 5    name: 'noname',
 6    email: 'noemail',
 7    age: 0
 8  }
 9
10  express.ge
11             abc generateXmlData
12  // ルート  abc get
13  router.get abc age
14    const na abc message
15    res.json abc length
16  });
17
18  router.post('/post', (req, res) => {
```

図1-11：VSCodeのエディタ。各種の入力を支援する機能が動いている

エディタの設定について

VSCodeでは、表示や挙動などに関する各種の設定が用意されています。それらの多くは、デフォルトのまま特に変更しなくとも快適に使えるようになっています。が、人によって「デフォルトでは使いづらい」と感じる部分もあるでしょう。例えば、エディタの表示フォントなどがそれです。使用環境によっては、「もう少し大きい文字で表示してほしい」というようなこともあるはずです。

こうした設定は、「ファイル」メニューの「ユーザー設定」から「設定」を選んで行います(macOSのデスクトップ版は「Code」メニュー→「基本設定」→「設定」)。

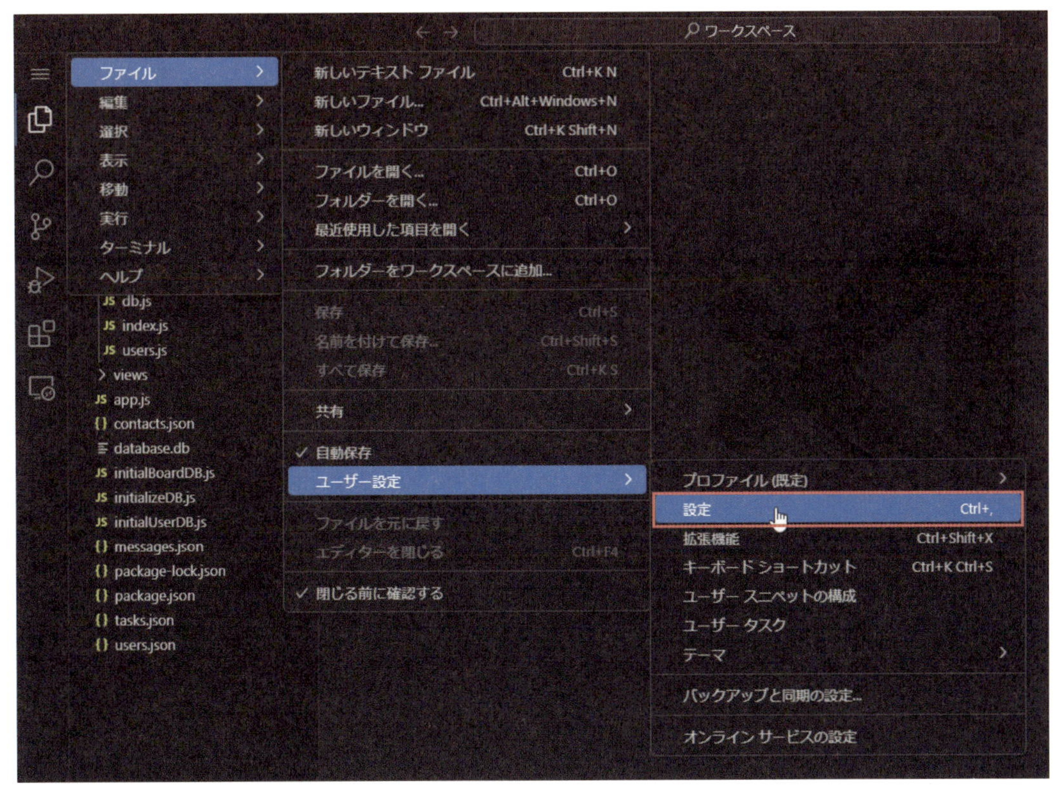

図1-12:「設定」メニューを選んで設定を行う

エディタのフォントを調整する

メニューを選ぶと、画面に設定のための専用エディタが開かれます。ここでは、左側に設定の項目がジャンル分けして表示され、その中から設定したい項目を選ぶと右側に設定の内容が表示されるようになっています。

試しに、「テキストエディター」という項目内にある「フォント」を選んでみましょう。右側に、エディタの表示フォントに関する設定が現れます。ここで使用するフォントを設定できます。

表示テキストのサイズを変更したければ、「Font Size」という項目の値を変更すればいいでしょう。数字を大きくすれば、エディタのフォントサイズも大きくなります(図1-13)。

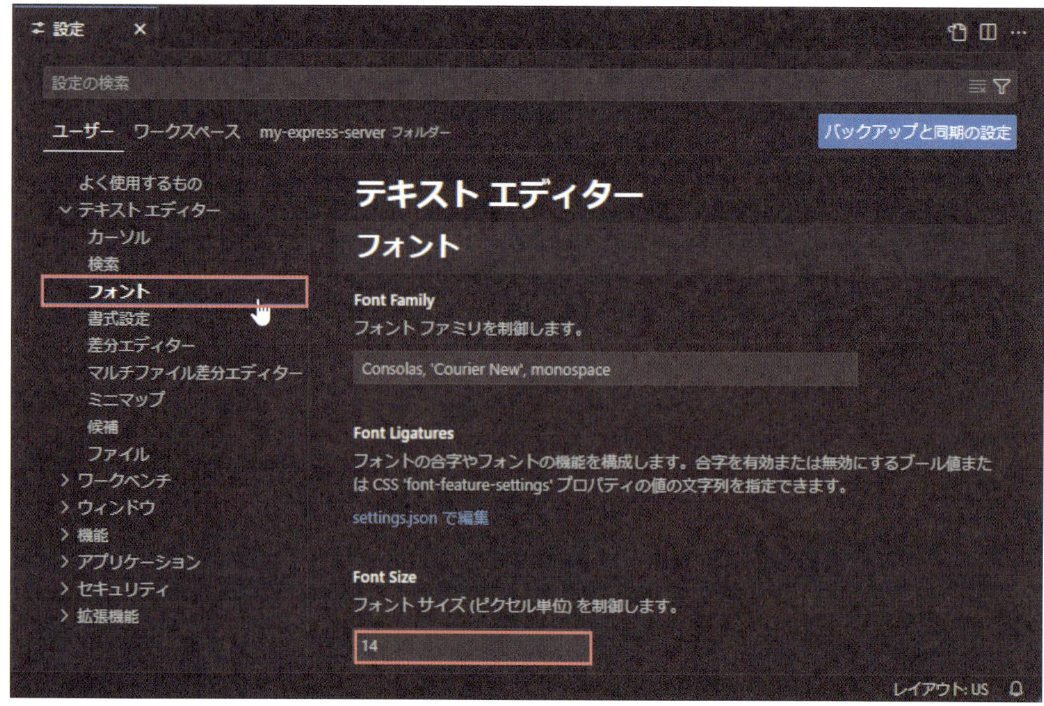

図1-13：テキストエディターの設定。「Font Size」で大きさを調整できる

テーマについて

ここまでVSCodeをデフォルトの状態で説明してきましたが、中には「自分の画面と表示が違う」と思っている人もいるかもしれません。例えば「自分の画面では白背景に黒いテキストで表示される」といった具合ですね。これは、使用している「テーマ」の違いによるものです。

VSCodeには、テーマ機能があります。これにより、ウィンドウの見た目(配色など)を変更することができます。

テーマもメニューから変更できます。「ファイル」メニューの「ユーザー設定」メニューの中に「テーマ」という項目があります。この中から「配色テーマ」を選んでください。

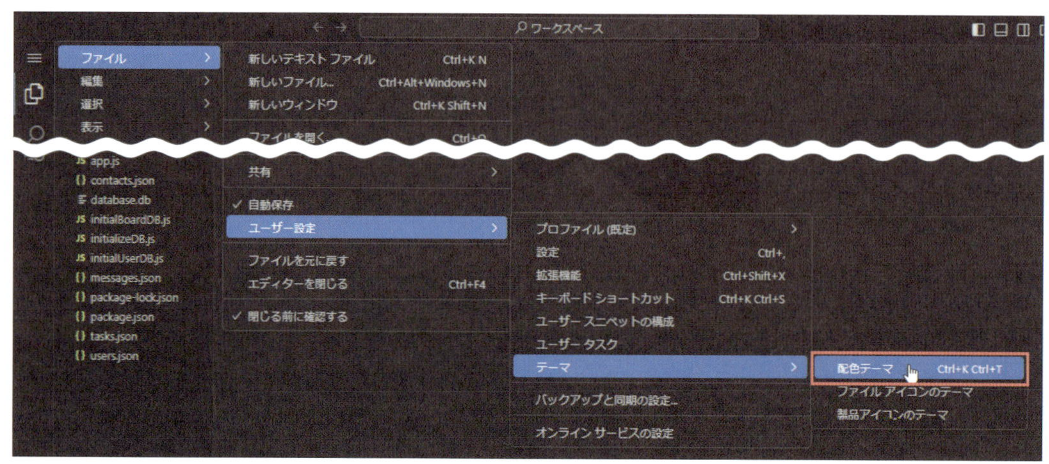

図1-14：「テーマ」内の「配色テーマ」を選ぶ

画面上部の中央にある入力フィールド(「ワークスペース」と表示されているところ)にリストがプルダウンして現れます。これが、選択可能な配色テーマです。ここから使いたいテーマを選択すると、そのテーマに変わります。ダークテーマを使いたい人は「ダークモダン」「ダーク+」、ライトテーマがいい人は「ライトモダン」「ライト+」といったテーマを選択しておくとよいでしょう。

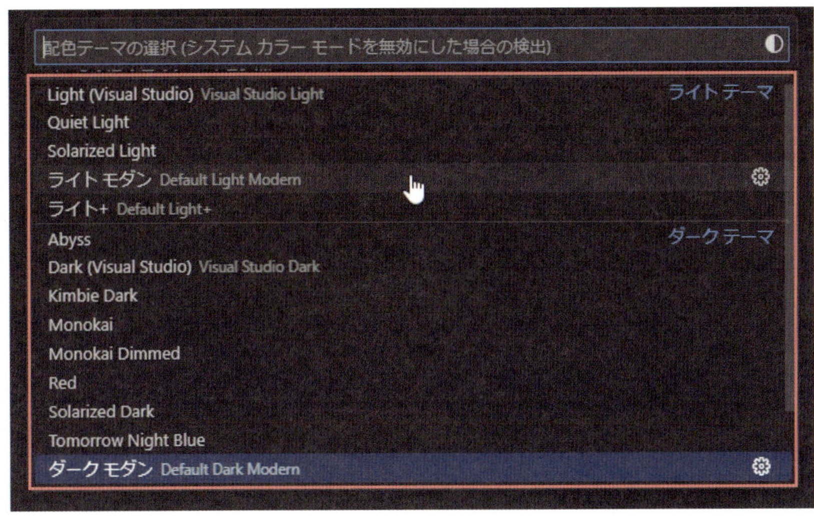

図1-15：利用可能なテーマがリスト表示される

Column

コマンドセンターについて

テーマの一覧が現れた上部のフィールドは「コマンドセンター」と呼ばれるものです。これは、ファイルの検索やVSCodeに用意されている機能の実行など、さまざまなことをコマンドとして入力して実行するものです。フィールドをクリックすると、「ファイルに移動する」「コマンドの表示と実行」「テキストの検索」など利用できる機能がリスト表示されます。これらの項目を選ぶと、検索やコマンドの選択が行えます。

コマンドセンターが使えるようになると、キータイプでさまざまな機能を呼び出せるようになります。今すぐ使いこなせるようにする必要は全くありませんが、「こういう機能が用意されている」ということは頭に入れておくとよいでしょう。

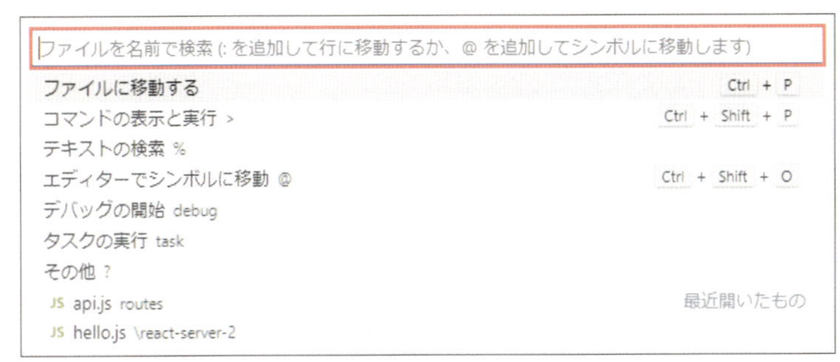

図1-16：コマンドセンターにはさまざまなコマンドがまとめられている

後は、使いながら覚えよう！

これで、VSCodeの基本的な使い方は大体わかりました。フォルダーを開き、必要に応じてファイルを開いて編集する。これらができれば、Webの開発は十分行えます。それ以外の機能は、必要であれば使っていくうちに自然と覚えるはずです。最初から一所懸命にツールの使い方を覚える必要はありません。覚えるべきは、プログラミング言語の使い方であって、ツールの使い方ではないのですから。

というわけで、次の章からいよいよWebページの作成について説明していきましょう。

Column

Google Chromeをインストールしておこう

次の節からWebブラウザを使っていきますが、本書ではGoogle ChromeというWebブラウザを使っています。

もしパソコンにChromeが入っていない場合は、以下からインストールしておきましょう。

- https://www.google.com/intl/ja/chrome/

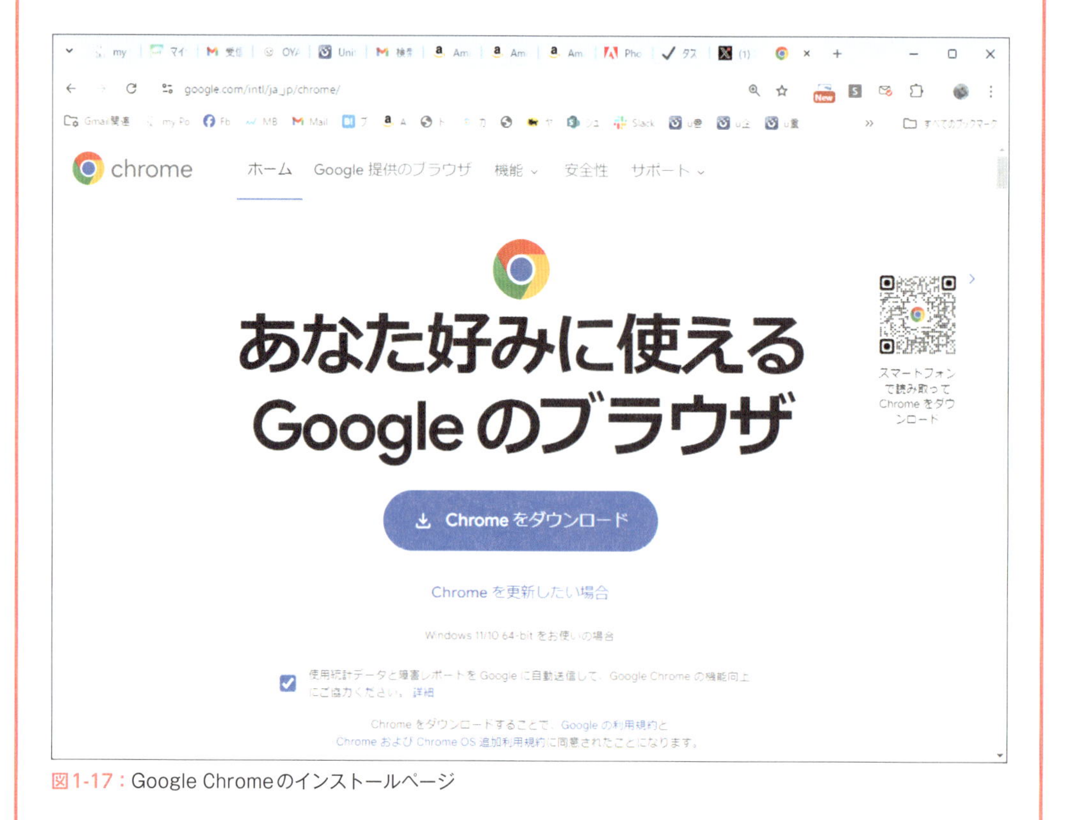

図1-17：Google Chromeのインストールページ

Part 1 基本編

Chapter 2

HTML/CSSを学ぼう

Webページの基本は「HTML」です。
これにより、コンテンツを組み立てていきます。
そして用意したコンテンツをデザインするために必要になるのが
「スタイルシート（CSS）」です。
この２つを組み合わせて、Webページの基本的な表示を作れるようになりましょう。

2-1

HTMLの基礎を覚えよう

この節のポイント

- HTMLの基本<html>、<head>、<body>の使い方を理解しよう
- タイトル表示の書き方を覚えよう。
- テキストの基本的な表示ができるようになろう。

Webページと HTML

では、Web開発の第一歩として「HTML」の使い方から学んでいきましょう。

HTMLは、正式名称を「HyperText Markup Language」といいます。これは「ページ記述言語」と呼ばれるもので、さまざまな情報を構造的に記していくための専用言語です。

HTMLを学ぶとき、よく勘違いしてしまうのが、「これは、Webページを『デザインする』ためのものだ」という考えです。これは「間違い」です。

HTMLという言語は、「構造を記述する」ためのものです。コンテンツのタイトルやサブタイトル、リストや表などをあらかじめ用意された文法に従って記述していくためのものです。それぞれの構造をわかりやすく表すため、例えばタイトルのフォントサイズを大きくするなど、基本的な表示スタイルが設定されるようになっていますが、これはデザインとは程遠いものでしょう。

Webページをデザインするためには、HTMLではなく「スタイルシート」と呼ばれるものを利用します。HTMLだけで「ページをデザインした」と考えてはいけないのです。このことは、肝に銘じておきましょう。

Webページを作ろう

では、実際に簡単なWebページを作りながら説明をしていきましょう。まず、作成するWebサイトに関するファイルをまとめておくフォルダーを用意します。

デスクトップに「Web site」という名前でフォルダーを用意してください。この中に、必要なファイルを配置していくことにします。フォルダーを作ったら、それをVisual Studio Codeで開きましょう(p.024参照)。これで、フォルダーの中にあるファイルを自由に編集できるようになります。

では、フォルダーの中にHTMLファイルを1つ作成します。Visual Studio Codeのエクスプローラーを見ると、開いたフォルダー(「WEB SITE」と表示されている項目)のところに、いくつかアイコンが見えるでしょう。

その中から、一番左側の「新しいファイル」というアイコンをクリックしてください。これで、「Web site」フォルダーの中に新しいファイルの項目が作られます。そのまま「index.html」と入力し、[Enter](または [Return])キーを押せば、ファイルが作成されます。

図2-1:エクスプローラーで「新しいファイル」アイコンをクリックし、ファイルを作る

Web版のVSCodeを利用している場合、ファイルを作成すると同時に「Web siteに変更を保存しますか」といったアラートが表示されるでしょう。「変更を保存」ボタンを押すと、ファイルが作成され、以後、ファイルの作成や変更などでアラートは表示されなくなります。なお、これはデスクトップ版では表示されません。

図2-2：変更の保存を許可するか尋ねてくる

index.htmlについて

作成した「index.html」というファイルは、HTMLを記述するためのテキストファイルです。HTMLは、このように「.html」という拡張子をつけた名前をつけます。

ここで作った「index」というファイルの名前には、特別な意味があります。これは、「そのフォルダーでデフォルトで使われるファイル」なのです。

Webブラウザで Webサイトにアクセスをしたとき、ファイル名が省略されていると、そこにある「index.〇〇」というファイルを自動的に呼び出すようになっています。例えば、http://mynavi.jpというサイトにアクセスすると、そこにあるindex.htmlが自動的に読み込まれて表示される、という具合です(実際にhttp://mynavi.jpにindex.htmlというファイルが設置してある、というわけではありません。例えばそういう働きをしているんですよ、ということです)。

簡単なWebページを作ろう

では、作成したindex.htmlにHTMLのプログラム(一般に「ソースコード」あるいは単に「コード」といいます)を書いてみましょう。以下のリストをそのまま書き写してください。

リスト2-1

```
01 <!DOCTYPE html>
02 <html lang="ja">
03 <head>
04   <meta charset="UTF-8">
05   <title>Hello!</title>
06 </head>
07 <body>
08   <h1>Hello!</h1>
09   <p>これは、サンプルのWebページです。</p>
10 </body>
11 </html>
```

記述したら、「ファイル」メニューの「保存」を選んで保存します。そして、WindowsやmacOSのデスクトップ画面に戻って、「Web site」フォルダーの中に保存したindex.htmlファイルをダブルクリックして開いてみましょう。Webブラウザでファイルが開かれ、簡単なWebページが表示されます。なお、ファイルをダブルクリックしてブラウザが開かなかった人は、Webブラウザを起動し、そのウィンドウにファイルのアイコンをドラッグ＆ドロップすれば開くことができます。

なお、Webページは、Webブラウザによって若干表示が違うことがあります。本書では、Google Chromeベースで説明を行っています。もし、本書の図などと同じになるよう進めていきたいのであれば、Chromeを利用してください。

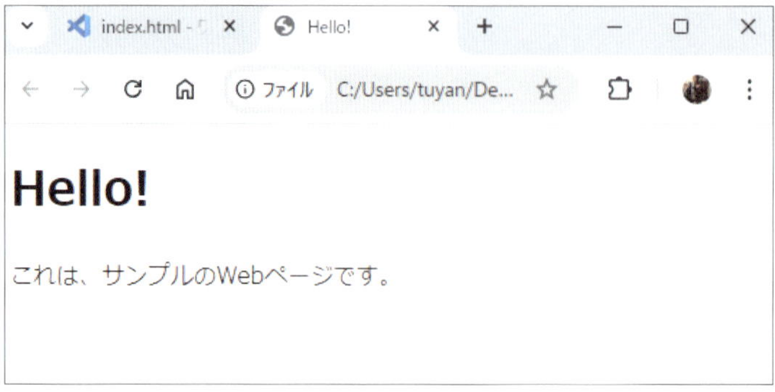

図2-3：index.htmlをWebブラウザで開いたところ

HTMLの基本構造を知ろう

ここで作成したHTMLのソースコードは、HTMLのもっとも基本的な内容です。これは、整理すると以下のような形になっています。

HTMLの基本形

```
<!DOCTYPE html>
<html lang="ja">
<head>
    …ヘッダーの内容…
</head>
<body>
    …ボディの内容…
</body>
</html>
```

HTMLの要素と「タグ」

HTMLでは、<○○>というような記述がたくさん出てきます。これは「タグ」と呼ばれるもので、HTMLの基本的な要素を記述していくためのものです。

HTMLでは、テキストやイメージ、入力用のコントロール、リスト、テーブルなどさまざまなものを1つのページに表示することができます。こうしたさまざまな要素を記述するため、HTMLにはたくさんのタグが用意されています。

どんなタグがあるのか、それはどういう役割のものなのか、といったことがわからないと、HTMLで思い通りのWebページを作ることはできません。そこで、まずは「HTMLに用意されているさまざまなタグの使い方を覚える」ということを目標にしましょう。

HTMLに用意されているタグには、大きく2つの種類があります。「開始タグと終了タグがセットになったもの」と「1つのタグだけで完結するもの」です。そして、この開始タグからタグの間のコンテンツ、終了タグまで含めて「**要素**」と呼びます。

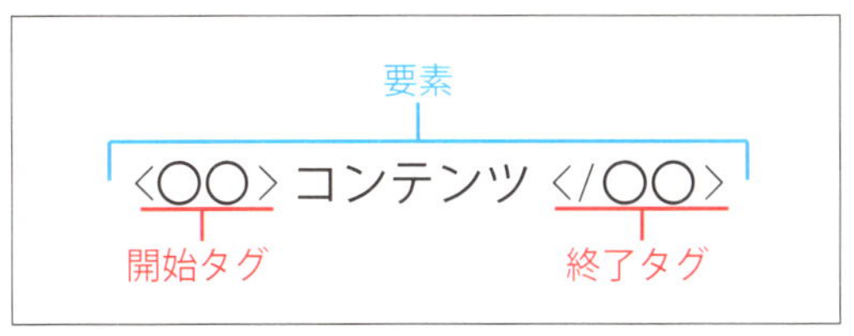

図2-4：HTMLの要素と開始タグ、終了タグ

開始タグと終了タグ

サンプルで使っているタグは、基本的に<○○>で始まり</○○>で終わる、という形をしています。この<○○>を「**開始タグ**」、</○○>を「**終了タグ**」と呼びます。両者の間に書かれているものが、そのタグの内容（コンテンツ）となります。このタイプのタグは、「**間に挟んであるコンテンツに対して何かの役割を適用する**」のに使います。例えば、以下のようなものがあります。

タイトルを表示する

```
<h1>タイトル</h1>
```

段落を表示する

```
<p>コンテンツです。</p>
```


1つだけで完結するタグ

この他に、1つのタグだけしかないタグもあります。これは、<○○ />という形をしています（「/」記号を付けず<○○>と書いてもOKです）。このタイプのタグは、コンテンツに対して何かをするのではなく、このタグ自体になにかの役割があるようなものが多いでしょう。例えば、以下のようなものがあります。

改行を表す

```
<br> あるいは <br />
```

仕切り線を表示する

```
<hr> あるいは <hr />
```

どちらの書き方でも、現在のWebブラウザでは問題なく表示できます。ただ、両者が混在すると混乱するでしょうから、本書では「**スラッシュを付けない書き方**（
や<hr>の書き方）」で統一します。

これらのタグの書き方は、タグごとに決まっています。開始タグと終了タグのセットで使うものは、1つだけしか書かないことはありませんし、その逆もまたしかりです。

ですから、HTMLのタグを覚えるとき、「これはどっちの書き方をするものか」も合わせて頭に入れておくようにしましょう。

HTMLの基本タグについて

では、先ほどのサンプルで使った基本的なHTMLの要素について説明をしましょう。これらは、HTMLのソースコードを書くとき必ず必要になる、一番の土台となるものです。ですから、これらの使い方と役割についてだけは、しっかりと頭に入れておいてくださいね！

<!DOCTYPE html>について

一番最初にある文は、「この文書がHTMLで書かれているものだ」ということを示すものです。これは、HTMLの「お約束」として最初に必ず書いておく、と考えてください。

<html lang="ja">について

次の<htmll lang="ja">というところから、HTMLの具体的な内容が始まります。HTMLの内容は、このように書きます。

```
<html>
…HTMLの内容…
</html>
```

<html>から始まり、</html>で終わる、これがHTMLの内容の基本形です。

よく見ると、サンプルでは開始タグに「lang="ja"」というものがついていますね。これは「属性」と呼ばれるもので、その要素にさまざまな設定や付加情報などを付け加えるのに利用されます。

このlangは、使用言語を示す属性です。"ja"という値を設定することで、これが「日本語」のWebページであることを示します。英語のページなら"en"と指定します。

日本語を使う場合、「lang="ja"をつけておくのが基本」ということはしっかり覚えておいてください。

図2-5：要素には属性を追加できる

<head>とヘッダー

<html>の中には、2つの要素が記述されます。その1つは「ヘッダー」と呼ばれるものです。このヘッダーを記すためのものが、<head>です。

このヘッダーは、Webブラウザには表示されません。これは、このWebページに関するさまざまな情報をWebブラウザに伝えるためのものです。サンプルでは、2つの情報が用意されています。

<meta>について

最初にあるのは、<meta>というものです。これは、「メタ情報」と呼ばれるものをWebブラウザなどに付け加えるのに使います。

Webページには「画面には表示されないけれどWebブラウザには伝えておく必要がある情報」というのがいろいろあります(これが、メタ情報です)。この<meta>は、そうした情報を記述するのに使います。

ここでは、<meta>タグに「charset="UTF-8"」という属性を用意していますね。これはテキストエンコード(文字をデジタルデータに変換する方式)の情報で、「UTF-8を使っていますよ」ということを伝えているのです。HTMLなどWebの世界では、現在、このUTF-8を使うのが主流となっています。VSCodeでも、新しく作るファイルはデフォルトでUTF-8に設定されています。

<title>について

これはページのタイトルを示すものです。開始タグと終了タグの間にタイトルのテキストを指定します。今回は以下のように記述していますね。

```
<title>Hello!</title>
```

Webブラウザでこのウェブページを表示したとき、ウィンドウのタイトルバーに「Hello!」とWebページのタイトルが表示されていたはずです。それは、この<title>で設定していたのですね。

<body>とコンテンツ

<head>～</head>の後にある<body>が、Webページに表示するコンテンツを記述するためのものです。この<body>と</body>の間に書いた内容が、そのままWebブラウザで表示されます。

ここでは、2つのタグが用意されていました。

見出しの表示

```
<h1>Hello!</h1>
```

これは、見出しを示すものです。ここでは「Hello!」というテキストを見出しとして表示しています。見出しには、大見出しから小さな小見出しまで<h1>～<h6>という6種類のタグが用意されています。

これらは、<h1>がもっとも大きな文字で表示され、<h2>、<h3>、……と少しずつ小さくなっていきます。ただし、これはあくまで「見出しの違いがひと目見てわかるようにWebブラウザでサイズを変更して表示するようになっている」というだけです。この見出しをテキストサイズの設定として使うべきではありません(サイズの変更は後述するスタイルシートで行います)。

テキストコンテンツ(段落)の表示

```
<p>これは、サンプルのWebページです。</p>
```

これは、一般的なテキスト(本文)を表示するためのものです。<p>は段落を表すもので、この<p>～</p>を必要なだけ並べてコンテンツを作成していきます。

とりあえず、「見出し」と「本文」がわかれば、簡単なテキストベースのコンテンツは書けるようになりますね！

テキスト関連のタグについて

テキストは、見出し関係と<p>タグがあれば書けますが、この他にもいくつか覚えておきたいタグがあります。以下に簡単にまとめておきましょう。

フォーマット済みテキスト

```
<pre>コンテンツ</pre>
```

これは「Preformatted text」を表すもので、記述されているテキストを書かれた通りに表示するものです。

HTMLでは、テキストの整形に関する情報を無視して表示をします。例えば、テキストの冒頭にスペースなどがあっても無視しますし、テキストの改行も無視します。が、記述したテキストをそのまま表示してほしいこともあります。このようなときに用いるのが<pre>です。

ある部分をひとまとめにする

```
<div>…内容…</div>
```

この<div>は、コンテンツの一定範囲をひとまとめにするためのものです。これ自体は何かを表示するものではないため、このタグで囲んだだけでは見た目は何も変わりません。

例えば、一定の範囲のコンテンツに同じスタイルを設定したいような場合に、<div>でコンテンツを1つにまとめてスタイルを設定する、といった使い方をします。

ある部分を指定する

```
<span>…内容…</span>
```

<div>は、複数の段落などをまとめて指定するものですが、例えば長いテキストの一部分だけを指定したいようなときに使うのが<span>です。これも、このタグで囲んだだけでは何も表示は変わりません。特定の部分にいスタイルを指定するのに使われます。

タグを使ってみよう

では、これらを利用する例を挙げておきましょう。サンプルのWebページで、<body>の部分（<body>～</body>の部分）を以下のように書き換えてください。

リスト2-2

```
01 <body>
02   <h1>Hello!</h1>
03   <h2>Sample Webpage</h2>
04   <h3>Sample content</h3>
05   <p>これはサンプルのコンテンツです。<br>
```

```
06      途中で改行表示もできます。</p>
07      <p>別の段落と改行は表示が違います。</p>
08      <pre>
09      def func():
10          print("これはサンプルのリストです。")
11          print("&lt;pre&gt;タグで記述します。")
12      </pre>
13      <hr>
14      <p>間に仕切りを表示することもできます。</p>
15  </body>
```

Hello!

Sample Webpage

Sample content

これはサンプルのコンテンツです。
途中で改行表示もできます。

別の段落と改行は表示が違います。

```
def func():
  print("これはサンプルのリストです。")
  print("<pre>タグで記述します。")
```

間に仕切りを表示することもできます。

図2-6：コンテンツ関係のタグを使ったもの

アクセスすると、タイトル、サブタイトル、セクションタイトルといくつかのテキストを表示します。それぞれ、どの部分が<p>でどれが<pre>か、
や<hr>はどこで使われているかを考えながら表示を確認しましょう。

リンクについて

HTMLでは、通常のテキストだけでなく、他のWebページへの「リンク」を作ることができます。これがHTMLとただのテキストとの大きな違いですね。

このリンクは、<a>というタグを使って作ることができます。これは以下のように記述をします。

リンクの書き方

```
<a href="リンク先"> テキスト </a>
```

hrefには、リンク先のアドレス(URLともいいます)を指定します。これは、外部のサイトなら"http://○○/"といったアドレスを指定すればいいでしょう。同じサイト内の場合は、ファイルのパス(http://○○/xxxのxxx部分)を指定するだけでOKです。

では、簡単な例を以下に挙げておきましょう。index.htmlの<body>を修正します。

リスト2-3

```
01 <body>
02     <h1>Hello!</h1>
03     <p>これは、<a href="https://google.com">Google</a>
04         へのリンクです。</p>
05 </body>
```

Hello!

これは、Google へのリンクです。

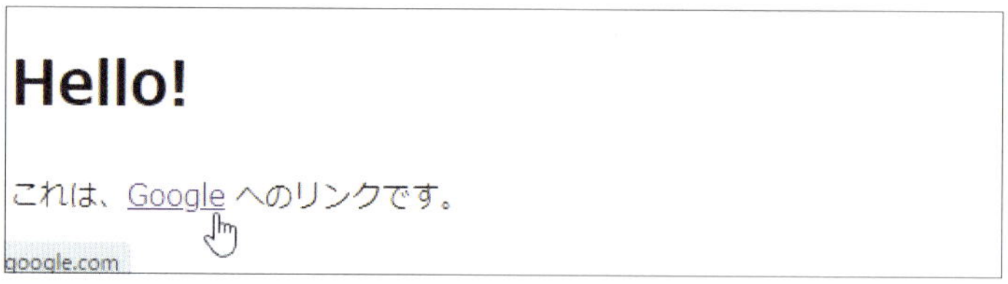

google.com

図2-7：メッセージにGoogleサイトへのリンクを埋め込む

ここでは、Googleサイトへのリンクをメッセージに埋め込んでいます。マウスポインタを近づけると下線が表示される部分がリンクです。クリックすると`google.com`に移動します。

こんな具合に、リンクの作成は意外と簡単にできるのです。

Column

HTMLのバージョンについて

プログラミング言語や多くのソフトウェアにバージョンがあるように、HTMLにもバージョンがあります。Webが世に出た1993年にHTML1.0がリリースされて以後、HTMLも着実にバージョンアップしているのです。

このバージョンアップは、2014年にHTML 5という規格がリリースされたところで終わりました。といっても、それからバージョンアップをしなくなったのではありません。「いちいち次のバージョンの仕様を策定してリリースするんじゃなくて、最新技術に合わせてどんどんアップデートされるようにしよう」と考えることにしたのです。

このような経緯から、現在のHTMLは「HTML Living Standard」と呼ばれ、最新技術を継続的に改訂し続ける方式に変わりました。HTMLは今も進化し続けているんですね！

複雑なコンテンツ

この節のポイント

- リストの使い方を覚えよう。
- テーブルの構造と書き方を学ぼう。
- フォームの作り方を理解しよう。

リストの表示

ごく単純なテキストによる表示はできるようになりました。今度は、もう少し複雑なコンテンツの表示について考えていきましょう。

複数の項目をまとめて表示する「リスト」は、HTMLでもよく使われます。これには大きく2つの書き方があります。

リストの書き方（1）

```
<ul>
  <li>…項目1…</li>
  <li>…項目2…</li>
  …必要なだけ記述…
</ul>
```

リストの書き方（2）

```
<ol>
  <li>…項目1…</li>
  <li>…項目2…</li>
  …必要なだけ記述…
</ol>
```

よく見ると、リストの項目となる部分は、どちらも<li>というものを使って書いていますね。違いは、全体をまとめるタグが<ul>か<ol>か、という点です。

<ul>は、複数の項目を羅列するような場合に用います。これは、ただ項目を箇条書きのように表示するだけです。<ol>は、表示する項目に番号付けをするものです。最初にある項目から順に1. 2. 3. ……と番号が割り振られていきます。

リストを使ってみる

では、実際にリストを表示してみましょう。今回もindex.htmlの<body>を書き換えて作成してみます。

リスト2-4

```
01 <body>
02   <h1>Hello!</h1>
03   <p>順番付けしないリスト</p>
04   <ul>
05     <li>最初の項目です。</li>
06     <li>真ん中の項目です。</li>
07     <li>最後の項目です。</li>
08   </ul>
09   <hr>
10   <p>順番付けしたリスト</p>
11   <ol>
12     <li>最初の項目です。</li>
13     <li>真ん中の項目です。</li>
14     <li>最後の項目です。</li>
15   </ol>
16 </body>
```

Hello!

順番付けしないリスト

- 最初の項目です。
- 真ん中の項目です。
- 最後の項目です。

順番付けしたリスト

1. 最初の項目です。
2. 真ん中の項目です。
3. 最後の項目です。

図2-8：<ul>と<ol>それぞれのリスト

Webブラウザでアクセスすると、2つのリストが表示されます。最初のリストは、<ul>によるものです。これは各項目の冒頭に●がつけられ、それぞれの項目がわかるようになっています。下にあるリストでは、項目ごとに番号が割り振られています。

テーブルの表示

多数のデータを扱うのに利用されるのが「テーブル」です。テーブルは、Excelなどのスプレッドシートをイメージするとわかりやすいでしょう。これは、データを縦横に並べて配置し表のようなものを作るためのタグです。このテーブル表示は、複数のタグを組み合わせて記述していかなければいけません。これが、けっこう面倒だったりします。

では、テーブルの記述の仕方を整理しましょう。

テーブルタグの基本的な記述

```
<table>
  <thead>
    <tr>
      <th>…ヘッダー項目…</th>
    </tr>
  </thead>
  <tbody>
    <tr>
      <td>…項目…</td>
    </tr>

    …必要なだけ<tr>を用意する…

  </tbody>
</table>
```

かなりたくさんの種類のタグを組み合わせてテーブルを作っていることがわかります。使われているタグの働きを簡単に整理しましょう。

タグ	説明
<table>	テーブル全体をまとめるものです。テーブルは、この<table>～</table>内にすべてを記述します
<thead>	テーブルのヘッダー部分を記述するためのものです。ヘッダーとは、テーブルの各項目のタイトルなどを表示する部分です
<tbody>	テーブルのボディ（表のコンテンツ部分）を記述するためのものです。表の各データは、この<tbody>～</tbody>内にまとめます
<tr>	<thead>～</thead>と<tbody>～</tbody>内に記述する、コンテンツの「行」をまとめるためのものです。表は、各行ごとにこの<tr>～</tr>内に内容を記述していきます
<th>	ヘッダーの項目を記述するものです。<th>～</th>という形でヘッダー項目を記述します
<td>	テーブルの項目を記述するものです。<td>～</td>という形で項目の内容を記述します

テーブルを作ってみる

では、実際にテーブルを作って表示してみましょう。index.htmlの<body>部分を書き換えてください。

リスト2-5

```
01 <body>
02   <h1>Hello!</h1>
03   <h2>テーブルの表示</h2>
04   <table >
05     <thead>
06       <tr>
07         <th>ID</th>
08         <th>Name</th>
09         <th>Mail</th>
10       </tr>
```

次ページへ続く ▶

```
11      </thead>
12      <tbody>
13        <tr>
14          <td>1</td>
15          <td>YAMADA-Taro</td>
16          <td>taro@yamada</td>
17        </tr>
18        <tr>
19          <td>2</th>
20          <td>TANAKA-Hanako</td>
21          <td>hanako@flower</td>
22        </tr>
23        <tr>
24          <td>3</th>
25          <td>MATSUDA-Sachiko</td>
26          <td>sachiko@happy</td>
27        </tr>
28      </tbody>
29    </table>
30  </body>
```

Hello!

テーブルの表示

ID	Name	Mail
1	YAMADA-Taro	taro@yamada
2	TANAKA-Hanako	hanako@flower
3	MATSUDA-Sachiko	sachiko@happy

図2-9：テーブルを表示する

Webページで表示してみると、ごく簡単なテーブル(表)が表示されるのがわかるでしょう。テーブルは、縦横にずらりと並んだデータをタグだけで記述していくので、かなり階層の深い記述になります。間違えないように注意して作成しましょう。

入力フォームについて

Webページは、単にコンテンツを表示するだけとは限りません。時には利用者から情報を入力してもらう必要に迫られることもあります。このような場合、HTMLでは「フォーム」と呼ばれるものを利用します。

フォームは、コントロールと呼ばれる入力のための部品を配置して画面に表示します。これは、以下のような形で記述されます。

フォームの基本形

```
<form>
    …入力用コントロール…
</form>
```

このように、<form>～</form>の間に入力のコントロールを記述すると、それらで入力された情報をまとめてサーバーなどに送信することができるようになります。

フォームの属性について

ただし！　サーバーに情報を送信するためには、送信に関する設定情報を<form>タグに用意しておかなければいけません。これは以下のようなものになります。

method	送信方法を示します。通常、"get"または"post"を指定します
action	送信先のアドレスを指定します。ここで指定したアドレスにフォームの情報が送られます

これらは、当たり前ですが「送信されたフォームの情報を処理するプログラム」をサーバーに用意しないと使うことができません。プログラミングについてある程度わかってくると、使えるようになりますので、それまでもう少し待ちましょう。

2-2

フォーム用コントロールについて

フォームは、<form>～</form>の中にコントロールのタグを記述して作ります。このコントロール用のタグは非常に多くのものが用意されています。ここで簡単に整理しておきましょう。

ただし、紹介するものをここで覚える必要はありません。フォーム関係はこれから実際に利用するようになるので、使っているうちに自然と覚えるはずです。今は「こんなものが用意されているらしい」ということだけざっと頭に入れておけば十分でしょう。いずれ、実際に使うときになれば改めて説明するので、今ここで無理に覚える必要はありませんよ。

テキストフィールド

```
<input type="text">
```

一般的なテキストの入力を行うためのものです。1行だけのテキストを入力する場合はこれを使います。

パスワード入力

```
<input type="password">
```

パスワードを入力するためのものです。入力したテキストはすべて●で表示されます。また入力テキストのカットやコピーもできません。

隠しフィールド

```
<input type="hidden">
```

画面に表示されない値をフォームに追加しておくのに使うものです。value属性で値を設定して使います。

数値入力

```
<input type="number">
```

数字(整数)を入力するためのものです。min、maxといった属性で入力範囲の下限や上限を指定することもできます。

ファイル選択

```
<input type="file">
```

ファイルを添付するような場合に用いるものです。ボタンが追加され、クリックしてファイルを選ぶとそのファイルが送信されるようになります。

色選択

```
<input type="color">
```

色の値を入力するためのものです。これはWebブラウザによって表示や操作が違います。Chromeでは色が表示された小さいボタンが現れ、これをクリックするとカラーパレットが表示されます。

チェックボックス

```
<input type="checkbox">
```

チェックボックスです。チェックボックスのチェック部分だけが表示されるので、その後にテキストなどを表示したいときは別に用意する必要があります。

ラジオボタン

```
<input type="radio">
```

ラジオボタンです。複数の項目から1つを選ぶのに使われます。これも表示されるのは選択するマークの部分だけで、テキストは別途用意する必要があります。

テキストエリア(複数行のテキスト)

```
<textarea>…コンテンツ…</textarea>
```

複数行の長いテキストを入力する場合に使います。開始タグと終了タグがあり、間にテキストを記述しておくとそれがデフォルトのコンテンツとしてテキストエリアに表示されます。

選択リスト

```
<select>
    <option>項目</option>
    …略…
</select>
```

プルダウンメニューや選択リストを表示するのに使うものです。<select>〜</select>の間に、<option>で項目を記述します。そのままだとプルダウンメニューとして表示され、「size」という属性で行数を設定すると指定した行数を表示するリストになります。

送信ボタン

```
<input type="submit">、<button>…表示…</button>
```

フォームの送信などを行うボタンです。<input type="submit">はHTMLに用意されているボタンを表示します。<button>は内部にコンテンツを持てるので、いろいろカスタマイズしたボタンを作れます。

2-2

フォームを作ってみよう

では、実際にフォームを使った例を挙げておきましょう。index.htmlの<body>部分を以下のように書き換えてください。

リスト2-6

```
01 <body>
02   <h1>Hello!</h1>
03   <form>
04     <div>
05       <input type="text" size="40">
06     </div>
07     <div>
08       <textarea cols="30"rows="3"
09         >default text.</textarea>
10     </div>
11     <div>
12       <input type="checkbox" id="ch">
13       <label for="ch">Checkbox</label>
14     </div>
15     <div>
16       <input type="radio" name="r" id="r1">
17       <label for="r1">Radio button A</label><br>
18       <input type="radio" name="r" id="r2">
19       <label for="r2">Radio button B</label>
20     </div>
21     <div>
22       <select size="3" multiple>
23         <option>項目1</option>
24         <option>項目2</option>
25         <option>項目3</option>
26       </select>
27     </div>
```

次ページへ続く ▶

```
28      <div>
29        <input type="submit" value="Click">
30      </div>
31    </form>
32  </body>
```

図2-10：フォームの作成例。チェックボックス、ラジオボタン、選択リストはマウスで選択できる

アクセスすると、さまざまなコントロールが表示されます。ここでは、入力フィールド、テキストエリア、チェックボックス、2つのラジオボタン、選択リスト、送信ボタンといったものを用意してみました。それぞれのポイントを簡単に整理しておきましょう。

テキストフィールド

```
<input type="text" size="40">
```

テキスト入力の基本は、type="text"の入力フィールドです。ここでは「size」という属性を用意しています。これはフィールドの幅を示すもので、この値を調整して長さを変更できます。

テキストエリア

```
<textarea cols="30"rows="3">default text.</textarea>
```

テキストエリアは、縦横の大きさを設定するのに「cols」「rows」という属性を使います。cols が横幅、rows は表示行数を示します。またデフォルトで表示するコンテンツは、この例のように開始タグと終了タグの間に記述をします。

チェックボックス

```
<input type="checkbox" id="ch">
<label for="ch">Checkbox</label>
```

チェックボックスは、<input type="checkbox">だけだとチェックマークの部分しか表示されません。そこで、その後にテキストを追加しておきます。これは、<label>というタグを使うのが一般的です。

<label>は、「for」という属性で関連するコントロールを指定できます。指定にはidを使います。idというのは、個々の要素を識別するために割り振っておける値です。ここでは、<input type="checkbox">にid="ch"と値を設定していますね。idという属性を使って、タグにidを設定することができます。

ラジオボタン（1つ目）

```
<input type="radio" name="r" id="r1">
<label for="r1">Radio button A</label>
```

ラジオボタン（2つ目）

```
<input type="radio" name="r" id="r2">
<label for="r2">Radio button B</label>
```

ラジオボタンを作るときは、「複数のラジオボタンがグループとして機能するように作る」ということを考えないといけません。複数のラジオボタンから、クリックした1つだけが表示されるように動くのですね。

これは、「name」という属性を使います。nameで、同じ名前を設定すると、それらは1つのグループとして働くようになるのです。

2-2

また、ラジオボタンもやはりマークの部分だけしかないため、<label>を使ってテキストを表示します。これも、forでidを指定して使います。

選択リスト

```
<select size="3" multiple>
  <option>項目1</option>
  <option>項目2</option>
  <option>項目3</option>
</select>
```

選択リストの<select>タグでは、「size」を使って表示する項目数を設定します。ここでは、その他に「multiple」という属性を用意していますね。これを記述すると、複数項目が選択できます。

送信ボタン

```
<input type="submit" value="Click">
```

送信ボタンは、type="submit"を使っています。valueという属性を用意しておくことで、ボタンに表示するテキストを設定できます。

実際の利用は、プログラミングが必須！

以上で、フォームの基本的な作成はだいぶわかってきました。では、用意したフォームはどうやって使うのでしょうか？

これは、まだ説明できません。フォームに入力した値を具体的にどうやって利用するかは、プログラミングの問題だからです。というわけで、今の段階では「フォームが書ければOK」と考えましょう。作ったフォームの利用については、もう少しプログラミングについて学んだところで改めて説明をします。

2-3

スタイルシート（CSS）を使おう

この節のポイント

- スタイルシートの使い方を覚えよう。
- テキスト表示の基本的なスタイルをマスターしよう。
- セレクタの働きと使い方を理解しよう。

スタイルシートってなに？

ここまでの説明で、HTMLの基本的な使い方はだいぶわかってきました。少なくとも、ここまで説明したHTML要素が使えるようになれば、簡単なWebページは作れるようになるはずです。

が、実際問題として、ここまでの知識で作ったWebページは、「猛烈にダサい」ものになってしまうでしょう。なぜなら、それは「何もデザインされていないページ」だからです。

何度も触れたように、HTMLには「表示をデザインするための機能」はありません。実際にページを作成すると、例えば<h1>などの表示でテキストが大きくなったりはしますが、これはWebブラウザによって自動的に割り当てられているだけです。デザインをするには、「スタイルシート」と呼ばれるものを使わなければいけないのです。

スタイルシートは、一般に「CSS」とも呼ばれます。これは「Cascading Style Sheets」の略です。これはHTMLやXMLなどの要素にデザインのための設定を行うものです。

このスタイルシートには、大きく2つの記述方法があります。1つは、HTMLのソースコード内に専用のタグを使って直接記述する、というもの。もう1つは、スタイルシートを記述したファイルを作成し、それを読み込んで使う、というものです。

<style>タグを使う

まずは、専用タグで直接記述する方法から使ってみましょう。これは、以下のような形で記述をします。

<style>を使った書き方

```
<style>
…スタイルシートの内容…
</style>
```

こんな具合に、<style>～</style>の間に、スタイルシートの内容を記述します。この<style>は<head>部分に書いておきます。

スタイルを使ってみよう

では、実際に簡単なサンプルを書いて、スタイルシートがどのように働くのか確かめてみましょう。サンプルで作ったindex.htmlファイルの中身を以下のように書き換えてください。

リスト2-7

```
01 <!DOCTYPE html>
02 <html lang="ja">
03 <head>
04   <meta charset="UTF-8">
05   <title>Hello!</title>
06   <style>
07   h1 { color: red; }
08   p { font-size: 18pt; color:blue; }
09   </style>
10 </head>
11 <body>
12   <h1>Hello!</h1>
13   <p>This is Sample Content.</p>
14 </body>
15 </html>
```

(06〜09: 1)

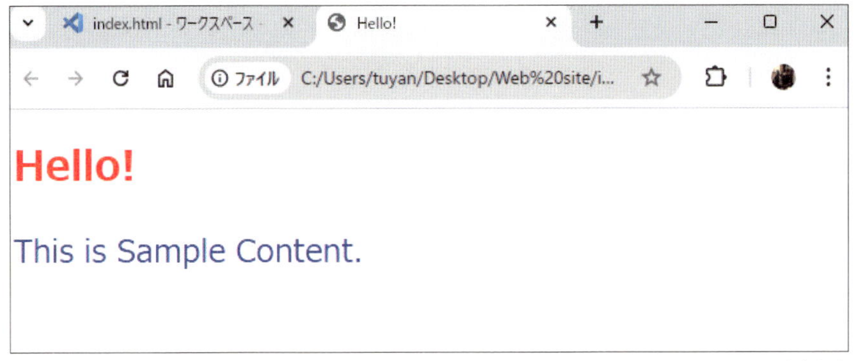

図2-11：スタイルを設定した表示。タイトルは赤いテキスト、本文のテキストはデフォルトより大きめの青いテキストで表示される

これをWebブラウザで表示してみましょう。すると、タイトルの「Hello!」は赤いテキストになり、その下のメッセージはデフォルトよりやや大きめの青いテキストで表示されます。これが、スタイルによって設定された表示です（1）。

HTML要素にスタイルを割り当てる

では、ここに記述されているスタイルシートのタグを見てみましょう。これは、こんな形で記述されていました。

```
<style>
h1 { … }
p { … }
</style>
```

<style>～</style>の間にスタイルの設定が記述されています。そこには、「h1」とか「p」とかいった記述が見えますね。

これは、HTMLの<h1>や<p>のタグを表しています。スタイルシートは、HTMLの要素を特定し、「この要素にはこういうスタイルを割り当てる」というようにスタイルの設定を記述していきます。これは、このように記述します。

HTMLの要素にスタイルを割り当てる

```
要素名 { …スタイルの内容… }
```

設定したいHTML要素名の後に{}をつけ、その中にスタイルの内容を記述するのです。こうすることで、その要素にスタイルが割り当てられるようになります。

セレクタについて

スタイルの指定は、基本的に「○○ {…}」という形で記述をします。最初に○○でスタイルを指定する対象を指定し、その後に{}でスタイルの内容を指定します。この○○の部分を「セレクタ」といいます。

h1{...}やp{...}のように要素名を指定したものは「要素型セレクタ」と呼ばれます。スタイルでは、この他にもいくつかのセレクタがあります。まずは、基本である「要素型セレクタ」を使った書き方から覚えていくことにします。

設定項目の記述

今回のサンプルでは、color: ○○; とか、font-size:○○; とかいった内容が記述されていましたね。これらが、スタイルの設定内容です。スタイルの設定は、こんな具合に記述をします。

スタイルの指定

```
スタイル名 : 値 ;
```

設定するスタイルの名前と値をセットで記述します。スタイル名と値の間にはコロンを書きます。そして最後にはセミコロンを付けます。このスタイルの設定は、もちろん複数記述できます。

これらは、1行にまとめて書いてもいいですし、わかりやすいように適当に改行しても構いません。改行やスペースなどの余白は、スタイルの設定には何も影響を与えないので、自由に見やすく書いてください。

フォント関係のスタイル

これで、スタイルの基本的な書き方がわかりました。後は、「どういうスタイルがあるのか」を少しずつ覚えていけばいいわけですね。

では、テキストの表示に関するスタイルから説明していきます。テキストに関する主なものを以下にまとめましょう。

font-family: フォント名;

font-family(フォントファミリー)というのは、「スタイルシートでのフォント名」と考えていいでしょう。Webページの場合、どういう環境からアクセスしているのかわかりませんから、そのWebブラウザでどんなフォントが使えるのかもわかりません。そこで、似たようなフォントを「フォントファミリー」としてまとめています。

一般に利用されるフォントファミリーとしては、以下のようなものがあります。

```
serif    sans-serif    monospace
```

この内、一般的に使われるフォントファミリーは「serif」と「sans-serif」です。「monospace」は、<pre>などで使われる等幅のフォントです。

font-size: 大きさ;

フォントサイズを指定するものです。これは数値で指定をするのですが、重要なのは「数だけではなく、単位も指定する」という点です。フォントサイズで使える主な大きさの単位には以下のようなものがあります。

px	ピクセル数を表す単位
em	割合で表す単位です。1.0emなら原寸大
%	パーセントによる指定

font-weight: 太さ;

フォントの太さを指定します。値は100～900までの間の数字で100単位で指定をします。いわゆる「ボールド」は700になります。この他、以下のようなキーワードを使って指定することもできます。

normal	標準の状態。数値でいえば400に相当
bold	ボールド。数値でいえば700に相当
lighter	現在の状態より1ランク細くする
bolder	現在の状態より1ランク太くする

font-style: スタイル名;

イタリック(斜体)は、font-styleというスタイルで指定します。これは右の3つのいずれかを値で指定します。

normal	標準の状態です
italic	イタリック体です
oblique	斜体です

2-3

text-align: 並び位置;

フォントの設定ではありませんが、テキストの設定で同様によく使われるものです。これはテキストの位置を指定するもので以下のような値があります。

left	左端から表示
right	右端につくように表示
center	中央に表示
justify	左端から右端まで均等に表示（両端揃え）

テキストスタイルを設定しよう

では、実際にテキストのフォント関連のスタイルを使った例を挙げましょう。index.htmlを以下のように修正してください。

リスト2-8

```
01 <!DOCTYPE html>
02 <html lang="ja">
03 <head>
04   <meta charset="UTF-8">
05   <title>Hello!</title>
06   <style>
07   h1 { font-size:2.5em; font-family:cursive; }
08   h2 { font-size:2.0em; font-family:fantasy; }
09   p { font-size:1.2em; font-family:sans-serif; }
10   span { font:bold italic 1.7em Serif; }
11   </style>
12 </head>
13 <body>
14   <h1>Hello!</h1>
15   <h2>Hello!</h2>
16   <p>This is <span>Sample</span> content.</p>
17 </body>
18 </html>
```

Hello!

Hello!

This is *Sample* content.

図2-12：テキストのフォント関係のスタイルを設定した例

Webブラウザでアクセスすると、タイトル、サブタイトル、メッセージがそれぞれフォントのスタイルを変更され表示されます。フォントを変更することで、ずいぶんとテキストの雰囲気が変わりますね。特に<h1>と<h2>に使った飾りフォントは、うまく使えば面白い効果を与えるでしょう。

また、テキストでは<p>～</p>の中に<span>タグを埋め込んでいます。<span>は、こんな具合にテキストの一部分を指定するのに使われます。こうすることで、テキストを部分的に装飾できるんですね！

色を設定する

次に覚えておきたいのは「色」に関するスタイルです。色が設定できると、ただのテキストでもそれだけで見栄えのいいものが作れるようになります。

テキストの色

```
color: 色値;
```

背景の色

```
background-color: 色値;
```

テキストの色は、このようにテキスト部分と背景部分それぞれのスタイルが用意されています。背景の「background-color」は、間にハイフンを付けて記述します。「background color」だとエラーになるので注意しましょう。

これらで設定する色の値は、いくつかの書き方があります。

16進数	RGBの各輝度を00～FFの2桁の16進数で指定する。"#FF9900"など
rgb()	rgb関数でRGBの各輝度を指定する。rgb(255, 127, 0)など
色名	色名で指定する。"black"、"red"など

色のスタイルを使ってみる

では、実際に色を指定してみましょう。index.htmlを以下のように修正してみてください。

リスト2-9

```
01 <!DOCTYPE html>
02 <html lang="ja">
03 <head>
04   <meta charset="UTF-8">
05   <title>Hello!</title>
06   <style>
07   h1 { font-size:2.0em; color:#ff0000; }
08   h2 { font-size:1.6em; color:rgb(0,255, 255); }
09   p { font-size:1.2em; color:blue; }
10   span { color:white; background-color:magenta; }
11   </style>
```

次ページへ続く ▶

```
12 </head>
13 <body>
14   <h1>Hello!</h1>
15   <h2>Hello!</h2>
16   <p>This is <span>Sample</span>content.</p>
17 </body>
18 </html>
```

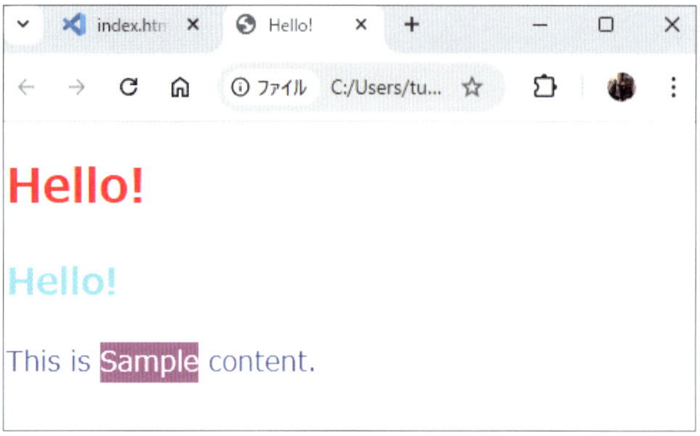

図2-13：アクセスすると、テキストの色が変更されている

Webブラウザでアクセスすると、タイトル、サブタイトル、メッセージがそれぞれ色設定された状態で表示されます。タイトルは赤、サブタイトルはシアン、メッセージは青い文字で一部分だけマゼンタ背景になっています。

ここでは16進数、rgb()、色名と3通りの方法で色の値を指定しています。どのやり方でも同じように色は変わります。とりあえず、基本的な色名だけでも覚えておくとよいでしょう。

スペースの調整

Webページをレイアウトするとき、意外と重要になるのが「スペースの調整」です。コンテンツとコンテンツの間をどれぐらい離して配置するか、といったことですね。

このスペース調整用のスタイルには「マージン」と「パディング」があります。

これには次ページの表のような違いがあります。

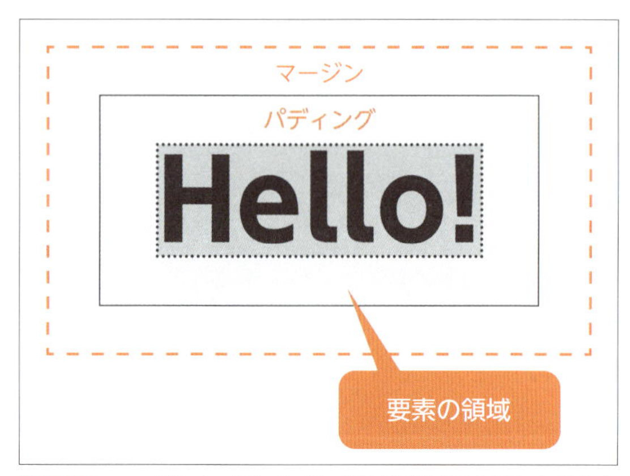

図2-14：マージンとパディング。要素の領域の内側にある余白がパディング、外側の余白がマージン

マージン(margin)	要素間の間隔を示すものです。隣にある要素とどれだけ間を空けるか、と考えればいいでしょう
パディング(padding)	要素の内部の空きスペースを示すものです。ある要素を配置したとき、内部に表示されるコンテンツとその要素の領域の余白部分です

スペース調整用のスタイル

では、スペースを調整するためのスタイルをまとめておきましょう。これらは、1つで上下左右のスペースをまとめて設定するものと、上下左右をここに指定するものがあります。

マージンの設定

```
margin: すべて; ────── 上下左右に適用させる値を1つ指定
margin: 上下 右左; ──── 上下の値と左右の値を2つ指定
margin: 上 右 下 左; ─── 上、右、下、左の値を個別に指定

margin-top: 値;
margin-bottom: 値;
margin-right: 値;
margin-left: 値;
```

パディングの設定

```
padding: すべて;
padding: 上下 右左;
padding: 上 右 下 左;

padding-top: 値;
padding-bottom: 値;
padding-right: 値;
padding-left: 値;
```

これらはいずれも「数値と単位」をセットで記述します。フォントサイズのときに登場しましたね。「px」「em」「%」といった単位を使って値を指定します。

マージンとパディングを使おう

では、実際にマージンとパディングを設定してみましょう。index.htmlを以下のように書き換えます。

リスト2-10

```
01 <!DOCTYPE html>
02 <html lang="ja">
03 <head>
04   <meta charset="UTF-8">
05   <title>Hello!</title>
06   <style>
07   h1 { font-size:1.0em;
08     background-color:aquamarine;
```

次ページへ続く ▶

```
09      padding:10px; }
10    h2 { font-size:1.0em;
11      background-color:aquamarine;
12      padding:20px; }
13    h3 { font-size:1.0em;
14      background-color:aquamarine;
15      padding:30px; }
16    h4 { font-size:1.0em;
17      background-color:lightpink;
18      margin:10px; }
19    h5 { font-size:1.0em;
20      background-color:lightpink;
21      margin:20px; }
22    h6 { font-size:1.0em;
23      background-color:lightpink;
24      margin:30px; }
25    </style>
26  </head>
27  <body>
28    <h1>Hello!</h1>
29    <h2>Hello!</h2>
30    <h3>Hello!</h3>
31    <hr>
32    <h4>Hello!</h4>
33    <h5>Hello!</h5>
34    <h6>Hello!</h6>
35  </body>
36  </html>
```

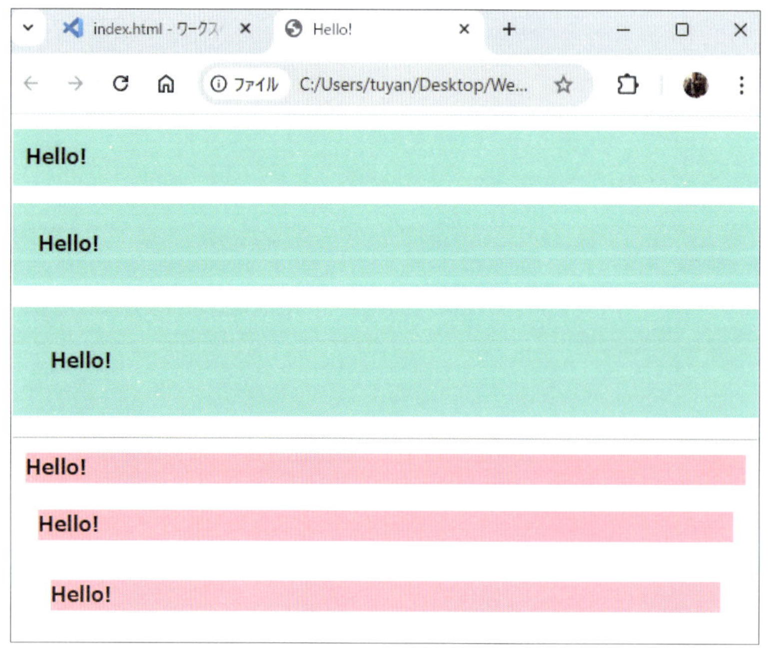

図2-15：アクセスすると、パディングのスペースを設定したメッセージをグリーン、マージンを設定したメッセージをピンクで表示する

これを実際にWebブラウザで表示すると、背景が淡いグリーンのテキストと淡いピンクのテキストがそれぞれ3つずつ表示されます。グリーンのテキストは、パディングを10pxずつ増やしたものです。ピンクのテキストはマージンを10pxずつ増やしたものです。

パディングを設定するとその領域内の余白が増え、マージンを設定すると領域外の余白が増えることがわかります。

idで指定する

スタイルの種類はまだまだありますが、ここで「スタイルを要素に割り当てる方法」について触れておくことにしましょう。

ここまでは、スタイルはすべて「HTMLの要素ごとに割り当てる」というやり方をしていました。例えば、h1{…}とすれば、<h1>タグにそのスタイルが割り当てられる、といった具合でしたね。

スタイルでは、このh1 {…}のように、要素の名前を指定して記述しました。このやり方だと、「指定した種類の要素すべてにスタイルが適用される」ということになります。<h1>などはWebページに1つしか置かれないでしょうが、<p>タグなどは多数のタグが配置されます。それらすべてにスタイルが適用されることになります。

指定した種類の要素すべてにではなく、特定の要素だけにスタイルを設定したい、という場合、「id」を使って指定することができます。これは、以下のように記述をします。

2-3

idを使ったスタイルの指定

```
#《id》{…スタイル…}
```

idの値の前にシャープ(#)記号をつける、というのがポイントです。あるいは、特定の要素に割り当てられているidを指定したい場合は、こんな具合に書くこともできます。

特定の要素に割り当てられているidを指定したい場合

```
《要素》#《id》{…スタイル…}
```

そして、HTML要素のタグには、「id="○○"」というようにしてidの値を指定します。こうすることで、指定のidのタグにだけスタイルが適用されるようになるわけです。

このidによる対象の指定は「idセレクタ」と呼ばれます。要素型セレクタの次に覚えておきたい書き方です。

idセレクタを使う

では、実際に試してみましょう。index.htmlの内容を以下のように書き換えてください。

リスト2-11

```
01 <!DOCTYPE html>
02 <html lang="ja">
03 <head>
04   <meta charset="UTF-8">
05   <title>Hello!</title>
06   <style>
07   body { margin: 0px 20px; }
08   h1 { font-size:2.0em;color:red; }
```

次ページへ続く ▶

```
09    p { font-size:1.2em; color:darkblue; }
10    p#  Second { font-size:1.5em; color:#aa00ff; }
11    </style>
12  </head>
13  <body>
14    <h1>Hello!</h1>
15    <p>This is Sample Content.</p>
16    <p id=" Second">This is Sample Content.</p>
17    <p>This is Sample Content.</p>
18  </body>
19  </html>
```

1

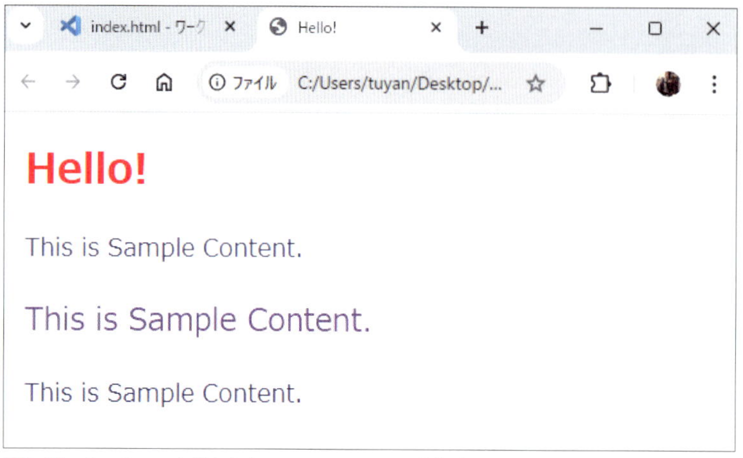

図2-16：3つの<p>タグのうち、id=" Second"を指定したものだけスタイルが変わる

ここでは、3つの<p>～</p>が用意されています。本来であれば、これらはすべて同じスタイルで表示されるはずです。が、実際には真ん中の<p>だけが違うスタイルで表示されます。

<style>タグを見ると、<p>のスタイル設定は以下のようになっています(1)。

```
p { font-size:1.2em; color:darkblue; }
p#Second { font-size:1.5em; color:#aa00ff; }
```

通常の<p>のスタイル指定と、id="Second"の<p>に対するスタイル指定が用意されています。これにより、真ん中の<p id="end">～</p>だけがSecondのスタイルで表示されるようになります。

クラスで指定する

idを指定する場合、id属性を指定した要素1つだけしかスタイルは設定されません。複数のものに指定しようとすると、それらのidを個別に指定する必要があります。

このような場合、HTMLに用意されている「class」という属性を使うことで、複数の要素に同じスタイルを割り当てられるようになります。このclass属性は「クラス」と呼ばれるものを使ってスタイルを設定するためのものです。

class属性にクラス名を指定する

```
class="クラス名"
```

このような形で記述をします。「クラス」というのは、classで指定することのできるスタイルのセットです。HTML要素やidなどと同じように定義し、特定のスタイルをひとまとめにしておくことができます。

特定のクラスにスタイルを付ける

```
.クラス名 {…スタイル…}
```

クラス名の前に「.」(ドット)があるのを忘れないように！　これがないと、クラス名ではなくHTML要素名だと判断してしまいます。

このクラス名は、特定のHTML要素に指定することもできます。その場合は以下のように記述します。

特定の要素の特定のクラスにスタイルを付ける

```
要素.クラス名 {…スタイル…}
```

2-3

例えば、<p>タグに「abc」というクラス名を指定したければ、p.abc {…}といった具合に記述すればいいわけですね。

このクラスを使った対象の指定は「クラスセレクタ」と呼ばれます。要素型セレクタ、idセレクタに続く第3のセレクタですね！

なお、「クラス」という用語は、実はCSSだけでなくJavaScriptでも使われています。混乱を避けるため、CSSのクラスは、以後、「スタイルクラス」と表記することにします。

クラスセレクタを使ってみる

では、これも利用例を挙げておきましょう。index.htmlを以下のように修正してください。

リスト2-12

```
01 <!DOCTYPE html>
02 <html lang="ja">
03 <head>
04   <meta charset="UTF-8">
05   <title>Hello!</title>
06   <style>
07   body { margin: 0px 20px; }
08   h1 { font-size:2.0em;color:red; }
09   li { font-size:1.2em; padding: 5px 10px; margin:0px; }
10   li.A { color:blue; background-color:lightblue; }
11   li.B { color:lightblue; background-color:blue; }
12   </style>
13 </head>
14 <body>
15   <h1>Hello!</h1>
16   <ul>
17     <li class="A">Windows</li>
18     <li class="B">macOS</li>
19     <li class="A">Linux</li>
```

1（10〜11行目）

次ページへ続く ▶

```
20        <li class="B">ChromeOS</li>
21      </ul>
22    </body>
23    </html>
```

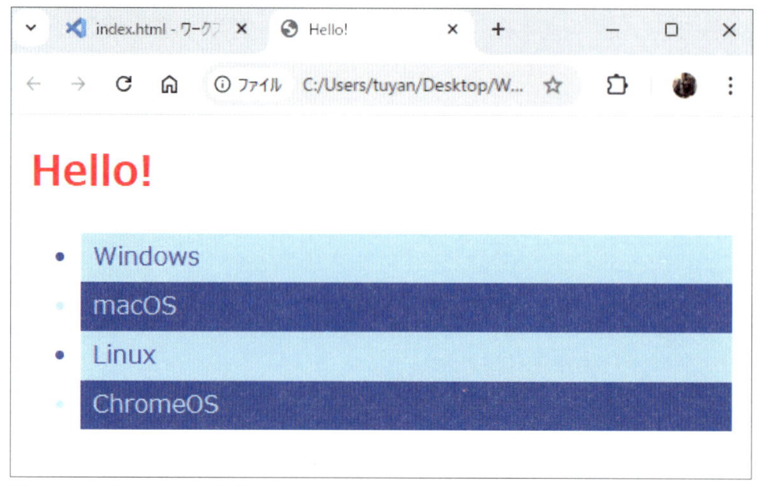

図2-17：AとBのクラスを交互に設定したリスト

ここでは4項目のリストを表示していますが、AとBの2つのスタイルクラスを交互に設定してあります。<style>を見ると、こんな具合にスタイルクラスが用意されていますね(1)。

```
li.A { color:blue; background-color:lightblue; }
li.B { color:lightblue; background-color:blue; }
```

そして、<li>には、class="A"とclass="B"を交互に設定しています。こうすることで、1つおきにAとBが割り当てられ、ストライプのリストが作成されたというわけです。

スタイルは使いながら覚えよう

以上、スタイルシートの基本について簡単に説明をしました。ここで取り上げたのは、スタイルのごく一部のみです。本気でWebページをデザインしようと思ったなら、もっと本格的にスタイルシートを学ぶ必要があります。

ただ、スタイルシートの基本的な使い方はもうわかっています。後は、「どんなスタイルがあって、どう表示が変わるのか」を少しずつ覚えていくだけです。これは、一度に全部覚えられるようなものではありません。実際にWebページを作りながら、少しずつ覚えていくしかないのです。

本書でも、これから先、さまざまなWebページをサンプルとして作成していくことになります。その中で、少しずつスタイルシートの語彙を増やしていきましょう。さまざまなWebの表示を作成すれば、作る過程で少しずつスタイルシートの使い方が身についていくはずですから。

Part 1 基本編

Chapter 3

JavaScriptを学ぼう

Webページに動きを与えるプログラミング言語、
それが「JavaScript」です。
JavaScriptを覚えれば、静止したWebページが大きく変わります。
このJavaScriptの基本文法からWebページに表示される要素の操作の仕方まで
ここで説明しましょう。

3-1

JavaScriptの基礎を覚えよう

この節のポイント

- JavaScriptの値と変数をマスターしよう。
- 基本的な制御構文を使えるようになろう。
- 比較演算というのがどんなものか理解しよう。

JavaScriptって、どんなもの？

さて、前章でHTMLとCSSによるWebページの作り方はだいぶわかってきたことでしょう。が、これらを使って作成されたWebページには、決定的に足りないものがあります。それは「動き」です。

テキストやイメージなどをきれいにデザインして表示するだけなら、HTML+CSSだけで十分でしょう。しかし、こうした「ただ見るだけ」のWebというのはめっきり少なくなりました。多くのWebサイトでは、マウスで操作したりキーボードで入力したりすると、それに応じてプログラムが実行され、表示がダイナミックに変化するようなWebになっています。

表示するだけのWebページに「動き」を付け加えるために用いられるのが「JavaScript（ジャバスクリプト）」というプログラミング言語です。

JavaScriptは、Webブラウザに組み込まれている唯一のプログラミング言語です。多くのプログラミング言語は、独立したプログラムとして用意されていますが、JavaScriptは違います。WebブラウザにJavaScriptのコードを実行する機能が組み込まれているため、WebブラウザでWebページを読み込み表示すると、その中に書かれているJavaScriptのプログラムが自動的に動くようになっているのです。

ちなみに、Webブラウザから独立して動くJavaScriptのプログラムというものもあります。これについては次章で説明します。

JavaScriptはHTMLに埋め込める！

Webページというのは、HTMLという言語を使って記述しました。では、JavaScriptはどうやってWebブラウザに記述するのでしょうか。

これは、HTMLのタグを使って記述するのです。HTMLには、JavaScriptのプログラム（一般に「スクリプト」と呼びます）を記述するための専用のタグが用意されています。

WebブラウザがWebページを読み込む際、JavaScriptのタグがあると、その部分をWebブラウザに内蔵されているJavaScriptエンジンを使って実行するようになっているのです。

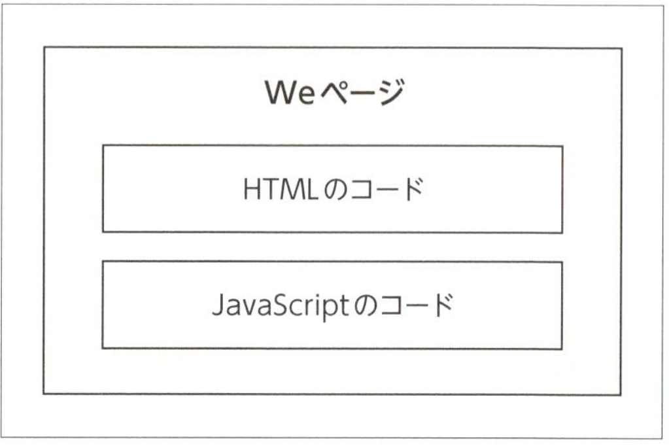

図3-1：JavaScriptは、HTMLの中にプログラムを記述する

Column

JavaScriptのバージョン

多くのソフトウェアにバージョンがあるように、JavaScriptにもバージョンに相当するものがあります。JavaScriptの仕様は、Ecma International(Ecma = European Computer Manufacturers Association、ヨーロッパコンピュータ製造者協会)によって「ECMAScript」という仕様として制定されています。現在、主要Webブラウザでは「ES6」と呼ばれるバージョンが採用されており、本書でもこれに準じて説明をしています。ES6は2015年に制定され、それ以降、毎年定期的に更新され続けています。

ES6以降は、それ以前のES5とは機能や文法などがかなり違います。古いバージョンのWebブラウザなどでES6に対応していないものなどでは、本書のサンプルコードの一部は正常に動作しません。JavaScriptは年々進化しており、Webブラウザもそれにあわせて最新のバージョンを搭載するようになっています。JavaScriptの学習には、常に最新のWebブラウザを使いましょう。

CSSファイルを作成しよう

JavaScriptを使う前に、1つやっておくことがあります。それはスタイルシートファイルの作成です。

前章で簡単なスタイルシートの使い方を説明しましたが、この章からもう少し本格的にスタイルを使っていきます。ただ、そのためには結構な量のCSSコードを書くことになります。HTMLの中にCSSコードが延々と書かれているとHTMLもわかりにくくなるでしょう。

そこで、この章ではスタイルシートを記述したファイルを別に用意し、これをHTMLファイルから読み込んで利用することにします(p.050参照)。

VSCodeで「Web site」フォルダーは開かれていますか？では、VSCodeのエクスプローラー上部にある「新しいファイル」アイコンをクリックし、「styles.css」という名前を入力してください。これで「Web site」フォルダーにstyles.cssファイルが用意されます(VSCodeを使わず、直接ファイルを作成してもかまいません)。

図3-2：styles.cssファイルを作成する

ファイルが用意できたら、ここにスタイルシートの内容を記述しましょう。以下のように記述をしてください。

リスト3-1

```
01 body {
02   font-family: sans-serif;
03   font-size: 1.2em;
04   padding: 0em 1em;
05   background-color: #f0f9ff;
06 }
07
```

次ページへ続く ▶

```
08 .container {
09   background-color: white;
10   padding: 0.1em 1.2em;
11 }
12
13 h1 {
14   font-size: 1.5em;
15   font-weight: normal;
16   color: blue;
17 }
18 h2 {
19   font-size: 1.2em;
20   font-weight: normal;
21   color: blue;
22 }
23 h3 {
24   font-size: 1.1em;
25   font-weight: normal;
26   color: blue;
27 }
28
29 p {
30   padding: 5px 10px;
31 }
```

CSSファイルをWebページで利用する

スタイルシートのファイルは、このファイルのように「.css」という拡張子をつけて作成します。これは、HTMLの中（通常、<head>～</head>部分）に以下のように記述をすることでロードされます。

スタイルシートファイルの読み込み

```
<link rel="stylesheet" href="ファイルの指定">
```

<link>というのは、ファイルをリンクするためのもので、rel="stylesheet"という属性でこれがスタイルシートのファイルであることを指定します。そして、hrefでリンクするファイルのパスやアドレスを指定すれば、そのファイルの中身がロードされ、Webページの表示にスタイルが適用されるようになります。hrefの値は、外部サイトならばアドレス（http://○○/といったもの）を指定すればいいですし、同じサイト内にあるものならばファイルのパス（http://○○/xxxのxxx部分）だけを記述すれば読み込むことができます。

HTMLでJavaScriptを動かそう

では、WebページにJavaScriptを書いて動かしてみましょう。前章で使った、index.htmlファイルをここでも使うことにします。index.htmlファイルを開き、以下のように書き換えてください。

リスト3-2

```
01 <!DOCTYPE html>
02 <html lang="ja">
```

```
03 <head>
04   <meta charset="UTF-8">
05   <title>Hello!</title>
06   <link rel="stylesheet" href="./styles.css">
07 </head>
08 <body>
09   <h1>Hello!</h1>
10   <div  class="container">
11     <p>
12       <script>
13       document.write("これはJavaScriptによる表示です。");   ―― 2 ―― 1
14       </script>
15       </p>
16     </div>
17 </body>
18 </html>
```

すべて記述できたら、表示を確認しましょう。index.htmlをWebブラウザで表示してください。「Hello!」という見出しの下に、「これはJavaScriptによる表示です。」というメッセージが表示されます。

このメッセージの部分はHTMLではなく、JavaScriptを使って表示したテキストなのです。

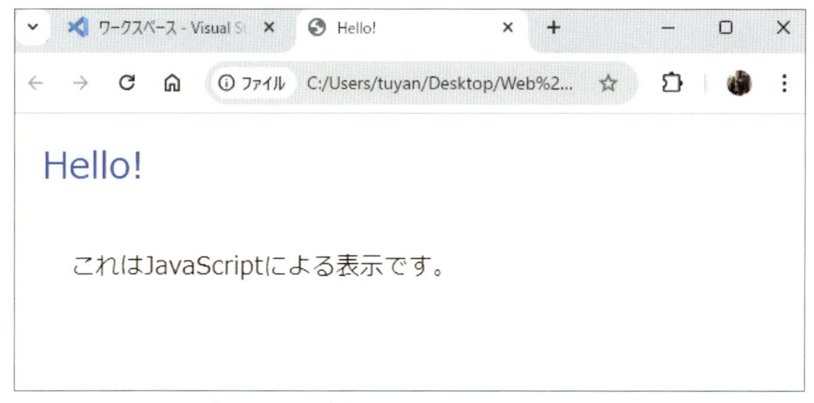

図3-3：タイトルの下にあるメッセージが、JavaScriptによるもの

3-1

<script>タグについて

ここでは、<body>～</body>の中に、HTMLのタグに混じってJavaScriptのタグが書かれています。この部分ですね(1)。

```
<script>
…JavaScriptのスクリプト…
</script>
```

JavaScriptは、こんな具合に<script>を使って記述します。この開始タグと終了タグの間に、JavaScriptのスクリプトを記述するのです。

この<script>タグ自身は、Webページに何も表示を行いません。あってもなくても表示は全く同じです。

実はファイルも読み込める！

この<script>〜</script>内にプログラムを記述するやり方は、ちょっとした処理を実行するには大変便利です。が、あまりに長いプログラムになると、HTML全体がわかりにくくなってしまいます。

こういうときは、JavaScriptのスクリプトを別ファイルに記述しておき、それを読み込んで利用することもできます。

JavaScriptファイルの読み込み

```
<script src="ファイルの指定"></script>
```

このように、「src」という属性を使って、読み込むファイルを指定すれば、そのファイルにかかれているプログラムを読み込み実行できるようになります。srcの値は、ファイルがあるアドレスやファイルのパスを指定します。このあたりはCSSファイルのロードと同じですね。

当分は「<script>〜</script>の間に直接スクリプトを書く」というやり方を使いますが、もっと学習が進んでスクリプトが長くなってきたら、別ファイルに切り離して読み込ませることもできる、ということは知っておきましょう。

document.writeの働き

さて、先ほど作成したサンプルのスクリプトに戻りましょう。ここでは、<script>〜</script>の部分でこんなものを実行していましたね（2）。

```
document.write("これはJavaScriptによる表示です。");
```

この「document.write」というものは、指定した値をその場に表示する働きをするJavaScriptの文です。これは、以下のように記述します。

```
document.write( 値 );
```

これで、この<script>タグが書かれているところに値を表示させることができるのですね。「documentってなんだ？」とか「writeって何？」と疑問が湧いてくるでしょうが、それらについてはもう少し後で説明します。今は「この通りに書いておけば、値を表示できるんだ」ということだけ頭に入れておいてください。

では、JavaScriptの書き方がわかったところで、JavaScriptという言語の基本文法を少しずつ学んでいくことにしましょう。

JavaScriptの値について

まずは、「値」についてです。

プログラミングというのは、「値を計算するためのもの」といえます。値と計算は、プログラミングの基本中の基本なのです。

この「値」というものを考えるとき、まず頭に入れておきたいのが「値には種類がある」ということでしょう。JavaScriptで使われる値には、いくつかの種類があるのです。以下に簡単に整理しておきましょう。

数値型

これはわかりますね。JavaScriptでは、整数や実数の値が使われています。これらの値は、そのまま数字を記述して使います。小数点がないものは整数、あるものは実数として考えることができます。

例）

```
100          0.001          123.45
```

テキスト型

テキストも、れっきとした「値」です。プログラミングの世界では、「文字列」と呼ぶこともあります(テキストという言葉は非常に一般的な用語なので、JavaScriptのコード内で使われる値は「文字列」と呼ぶことにしましょう)。

文字列の値は、ダブルクォート(")か、シングルクォート(')で文字列の前後をくくって記述します。これは、どちらも働きは同じですから、使いやすい方を利用すればいいでしょう。

例）

```
"Hello"      'あいう'      "ABC"
```

真偽値（論理型）

これは、プログラミング言語特有の値でしょう。論理型は、「真か偽か」という二者択一の状態を示すのに用いられます。値は、「true」「false」のいずれかになります。これらは一般に「真偽値（しんぎち）」と呼ばれます。

この真偽値という値は、どういう場合に用いられるかがわからないとイメージできないかもしれませんね。とりあえず、ここでは「そういう値があるらしい」ということだけ頭に入れておきましょう。実際に使うときが来たら改めて説明します。

例）

```
true         false
```

null、undefined、NaN

特殊な状態を示すための値です。nullは「値が存在しない状態」を示します。undefinedは、「値がまだ定義されていない状態」を示します。NaNは、「数値であるべきものなのに数字でない」という状況を意味します。

これらは、皆さんが使うというより、「プログラムを実行していく過程で、状況によりこういう値が使われることがある」というものだと考えてください。今ここで具体的な使い方を覚える必要はありません。

その他の特別な値

それ以外のものとして、「配列」や「関数」、「オブジェクト」といったものが使われます。これらは非常に複雑なものなので、後ほど改めて説明することにしましょう。

さまざまな値をスクリプトの中に直接記述したものは「リテラル」と呼ばれます。まずは「JavaScriptにどんな種類の値があって、そのリテラルはどう書くのか」ということをしっかり頭に入れておいてください。

変数について

値は、そのままスクリプトの中で書いて使う(リテラル)こともできますが、それ以上に多い使い方は「変数に入れて利用する」というものです。

変数は、さまざまな値を入れておくことのできる「入れ物」です。これは、以下のようにして用意します。

変数の宣言

```
var 変数;
let 変数;
```

これで、変数が用意されます。例えば、「var a;」あるいは「let a;」とすれば、aという名前の変数が用意されるわけですね。

ただし、この変数にはまだ値が保管されていません。値を設定して初めて変数として使うことができるようになります。

値の代入

```
変数 = 値;
```

変数に値を入れる(「代入」といいます)には、イコール記号を使います。この記号は、右辺の値を左辺の変数に代入する働きをします。右辺には、値として扱えるものならどんなものでも指定できます。普通の値の他に、式や文なども書くことができます。

この「変数の宣言」と「値の代入」は、一度にまとめて書くこともできます。

宣言と代入

```
var 変数 = 値;
let 変数 = 値;
```

こんな具合ですね。最初から変数に入れておく値が決まっているなら、このようにして変数を作る際に値の代入まで行っておくことができます。

Column

varとletについて

ここでは、変数を使うのにvarとletというものが登場しました。「varとletは何が違うのか？」と思った人もいたことでしょう。

今のところ、2つは「だいたい同じもの」と考えて構いません。この2つの違いが出てくるのは、構文や関数といったものを使うようになってからです。当面は、「変数はletで宣言するのが基本」と考えてください。

「定数」もある

変数は、いつでも値を出し入れ可能な値の入れ物です。これとは別に、「値を取り出すことはできるが変更はできない」というものもあります。これは「定数」というものです。

定数は、変数と同じように宣言をして値を代入します。

定数の宣言

```
const 定数 = 値;
```

これで、JavaScriptは値を定数に代入したものを作成します。定数ですから、constする際に値を代入すると、以後は変更できなくなります。「変更できない変数」と考えるとよいでしょう。

定数を使う意味

皆さんの中には「値が変更できない変数なんて使う意味あるの？」と思った人もいるでしょう。これは、あるのです。

例えば、円の面積を計算するとき、円周率を使いますよね？　あれをいちいち3.1415……なんて書くの面倒じゃありませんか？　こんなとき「const PI = 3.1415;」と定数を用意して使うのです。「PI」という名前を見れば誰でも「ああ、π（円周率）のことだな」とイメージできますね。

プログラミングの世界では「よく使われるんだけど、なんだかわからない値」というのがときどき出てきます。定数は、「なんだかよくわからない値に、なんの値かわかる名前を与える」という働きをします。これは定数の重要な役割なのです。

値の演算

値や変数は、それらを組み合わせて演算することができます。演算は、値の種類ごとに用意されています。

誰もが思い浮かべるのは、数値の計算でしょう。これは、四則演算の基本的なものが用意されています。

数値演算の記号

A + B	AにBを加算する
A - B	AからBを減算する
A * B	AにBを乗算する
A / B	AをBで除算する
A % B	AをBで除算した剰余を得る

例）

```
let x = 10 + 20;
let y = 30 * 40 / 5;
```

普通の四則演算記号の他に、割り算の余りを得る「%」といった記号もあります。また、「/」による割り算は、割り切れなければ小数点以下の値まで計算します。

文字列の演算

文字列にも演算子が用意されています。「+」記号で、これは2つの文字列を1つにつなげます。

例）

```
let a = "ABC" + "XYZ";
```

計算を使ってみよう

さあ、これで「値」「変数」「演算」という、プログラミングの一番基本となる部分が使えるようになりました。では、実際にこれらを使ったサンプルを作って動かしてみましょう。index.htmlの<body>の部分を書き換えて試してみることにします。

リスト3-3

```
01 <body>
02   <h1>Hello!</h1>
03   <div class="container">
04     <p>
05       <script>
06       let price = 123500;
07       let tax0 = 0.08;
08       let tax1 = 0.1;
09       document.write("金額：" + price + "<br>");
10       document.write("軽減税率適用：" + price * (1.0 + tax0) + "円<br>");   1
11       document.write("通常の税率：" + price * (1.0 + tax1) + "円<br>");
12       </script>
13     </p>
14   </div>
15 </body>
```

図3-4：Webブラウザで表示すると、金額、軽減税率の場合の価格、通常の税込価格を表示する

これは、金額をもとに、税込価格を計算するプログラムです。Webブラウザで表示すると、金額の他に軽減税率適用の価格と、通常の税込価格を計算して表示します。<script>の次にある「let price = 123500;」というのが元の金額です。この値をいろいろ変更して動作を試してみましょう。

ここでは、まずprice、tax0、tax1といった変数に金額と2つの税率をそれぞれ代入していますね。そして計算結果を文字列にまとめて結果を表示しています(1)。

金額の表示

```
document.write("金額：" + price + "<br>");
```

軽減税率の税込価格表示

```
document.write("軽減税率適用：" + price * (1.0 + tax0) + "円<br>");
```

通常の税込価格表示

```
document.write("通常の税率：" + price * (1.0 + tax1) + "円<br>");
```

なんだか()の部分が複雑になっていてよくわからない感じがしますね。が、これは、計算の式と文字列がつながっているからです。これらを整理すると、こうなっていることがわかるでしょう。

```
document.write("○○：" + 式 + "<br>");
```

2つの文字列と、式の結果を1つの文字列につなげていたのですね。問題は、式の部分がどうなっているか、でしょう。税込価格の計算は、それぞれこんな具合に行っています。

```
軽減税率        price * (1.0 + tax0)
通常税率        price * (1.0 + tax1)
```

税率の変数(tax0、tax1)に1を足した値をpriceに掛け算しています。軽減税率ならば、price * 1.08を計算しているわけですね。その結果が、文字列として繋げられて表示されていた、というわけです。

こんな具合に、値や変数は式の中で色々と組み合わせることで、複雑な表現ができるようになります。

特に「数値の計算」と「文字列をつなげる計算」を組み合わせるやり方は、かなり頻繁に使われます。今のうちからこういう書き方に慣れていきましょう。

Column

JavaScriptの文はセミコロンと改行

今回、初めてJavaScriptで処理を行うコードを書いてみましたが、気がついたことがありませんか？　それは、「JavaScriptの文は、最後にセミコロンを付けて改行している」という点です。

JavaScriptでは、1つ1つの文は「改行」か「セミコロン」で区切ります。基本的にどちらか片方だけでいいのですが、わかりやすくするため、本書では「文の最後にセミコロンを付けて改行する」という書き方で統一しています。

制御構文について

計算ができるようになると、もう簡単なプログラムは作れるようになります。それは、サンプルでわかったでしょう。

けれど、これだけでは、あまり複雑なことはできないのも確かです。ただ、書かれた文を順に実行するだけのことしかできませんから。もっと複雑なことを行うためには、スクリプトの流れを制御する方法を知らないといけません。

例えば、「こういう状況のときはこっちの処理を実行する」とか、「ここでこの処理をこれだけ繰り返し実行する」といった具合に、状況に応じて処理を分岐したり繰り返したりできるようになると、遥かに複雑なことができるようになりますね。

このために用意されているのが「制御構文」と呼ばれるものです。これは、その働きに応じて複数のものが用意されています。順に説明していきましょう。

二者択一の「if」

制御構文は、その働きから「条件分岐」と「繰り返し」に分けられます。条件分岐の基本となるものが、「if」という構文です。これは、あらかじめ用意しておいた条件をチェックし、その条件が正しいかどうかで実行する処理を変えるものです。では、その書き方をまとめましょう。

ifの基本形(1)

```
if ( 条件 ) {
  …実行する処理…
}
```

ifの基本形(2)

```
if ( 条件 ) {
  …実行する処理…
} else {
  …実行する処理…
}
```

2つ挙げてありますが、要するに「else {…}」という部分がついている書き方とついてない書き方がある、ということですね。従って、全部ついた状態を覚えておけばいいでしょう。

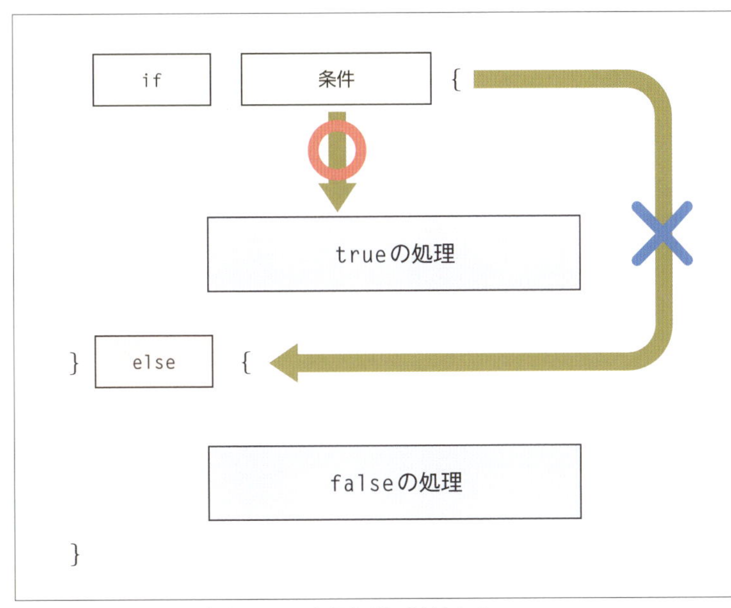

図3-5：ifの仕組み。条件によって実行する処理が変わる

条件と比較演算

ifの書き方自体はそれほど難しくはありません。が、これだけではまだif文は使えないでしょう。なぜなら、どうやって「条件」を書けばいいのかわからないからです。

この「条件」というのは、「正しいか、正しくないか」を示す値でなければいけません。確か、こういう二者択一の状態を表すのにうってつけの値がありましたね？　そう、「**真偽値**」です。

真偽値は、trueとfalseという2つの値しかありません。これを利用し、この条件の値が真偽値の「true」だった場合はその後の処理を実行し、「false」の場合はelseの後にある処理を実行する(あるいは何もしない)というわけです。

が、「真偽値って、そもそもどうやって使うんだ？」と思った人も多いことでしょう。そこで、JavaScriptに慣れない内は「比較演算の式を使う」と覚えてしまってください。

比較演算というのは、2つの値を比べてどちらが大きいか小さいか等しいか、といったことを調べる式です。これは右のような記号が揃っています。

比較演算

A == B	AとBは等しい
A != B	AとBは等しくない
A < B	AはBより小さい
A <= B	AはBと等しいか小さい
A > B	AはBより大きい
A >= B	AはBと等しいか大きい

これらの比較演算は、式が成立すればtrue、しなければfalseの値になります。例えば、「a = 1」という式の場合、変数aの値が1ならばtrueに、そうでなければfalseになるわけです。

ifを使ってみよう

では、ifを利用する例を挙げておきましょう。index.htmlの<body>部分を以下のように書き換えてください。

リスト3-4

```
01 <body>
02   <h1>Hello!</h1>
03   <div class="container">
04     <p>
05       <script>
06       let num = 12345;
07       if (num % 2 == 0){ ―――――――――― 1
08         document.write(num + "は、偶数です。<br>");
09       } else {
10         document.write(num + "は、奇数です。<br>");
11       }
12       </script>
13     </p>
14   </div>
15 </body>
```

図3-6：Webブラウザで表示すると「12345は、奇数です。」と表示される

これは、数字が偶数か奇数かを調べるプログラムです。Webブラウザでアクセスすると、「12345は、奇数です。」と表示されます。<script>のすぐ下にある「let num = 12345;」が調べる数字です。この値を色々と書き換えて動作を確かめましょう。

ここでは、以下のようにifの条件部分を設定しています(1)。

```
if (num % 2 == 0) {…
```

「num % 2」と0が等しいか比べています。%は、割り算の余りを計算するものでしたね。つまりこれは、「変数numを2で割った余りが0である」ということを調べていたのです。これが正しければ、numは偶数になります。正しくなければ奇数になる、というわけです。

指定のラベルにジャンプする「switch」

ifは二者択一の分岐でしたが、それ以上に細かな分岐を行いたいこともあるでしょう。そのような場合に用いられるのが「switch」という構文です。これは、あらかじめ指定しておいた値をチェックし、その値に応じて特定の処理を実行させるものです。

switchの基本形

```
switch ( 値 ){
  case 値1:
    …実行する処理…
    break;
  case 値2:
    …実行する処理…
    break;

…必要に応じてcaseを用意…

  default:
    …どれにも対応しない場合の処理…
}
```

switchは、その後の()部分に変数や式などを用意します。その後の{}内にはいくつものcaseが書かれますが、このcaseはラベルの役割を果たします。()の値をチェックし、その後にあるcaseから同じ値を探してそこにジャンプするのです。

もし、同じ値が見つからない場合は、最後のdefault:にジャンプします。default:は省略することもでき、その場合は何もしないで次に進みます。

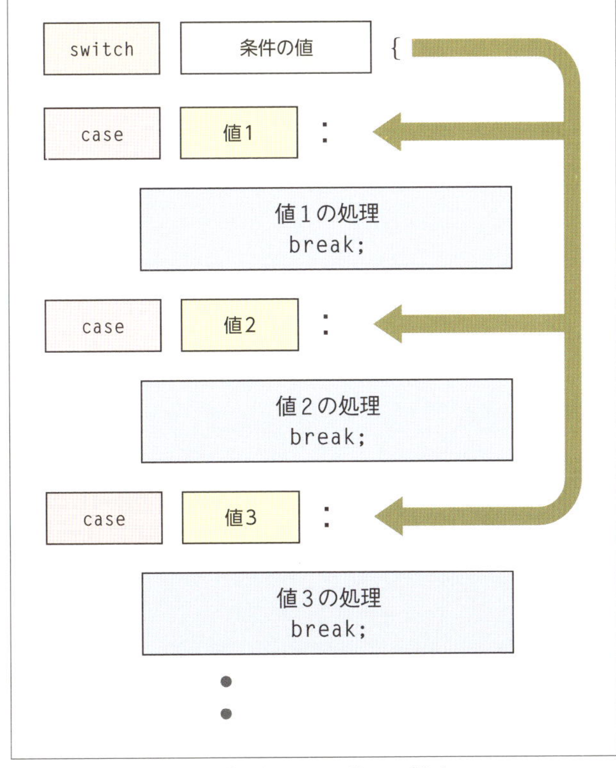

図3-7：switchは、値に応じたcaseにジャンプする

breakの役割

それぞれのcase文には、そこにジャンプしたときに実行する処理を記述します。重要なのは、「必ず最後にbreak;を書く」という点でしょう。

switch構文では、caseにジャンプした後どうするかは考えられていません。switchは対応するcaseにジャンプし、そこにある処理を実行するだけです。「どこまで実行したら終わり」ということは決まっていません。実行した処理の後に別のcaseがあっても「ここから先は別のcaseだから実行してはダメ」とは認識せず、その処理も続けて実行してしまうのです。caseやdefaultは、ただのラベルであり、ただ「同じ値のラベルを探してジャンプする」というだけの役割しかないのです。

そこで、caseで実行する処理を用意したら、最後に必ず「break;」をつけることになっています。breakは、そこで構文を中断し、その構文を抜ける働きをするキーワードです。これで必要な処理を実行したらswitch構文を抜けて次に進むのです。

switchを使ってみよう

では、実際にswitchを使ったサンプルを動かしてみましょう。index.htmlの<body>部分を以下のように書き換えてください。

リスト3-5

```
01 <body>
02   <h1>Hello!</h1>
03   <div class="container">
04     <p>
05       <script>
06       let jikan = 12; // ☆
07       let result = Math.floor(jikan / 6);
08       switch(result){
09         case 0:
10           document.write('おやすみなさい。' + jikan + '時は、深夜です。');
11           break;
12         case 1:
13           document.write('おはよう。' + jikan + '時は、朝です。');
14           break;
15         case 2:
16           document.write('こんにちは。' + jikan + '時は、昼です。');
17           break;
18         case 3:
19           document.write('こんばんは。' + jikan + '時は、夜です。');
20           break;
21         default:
22           document.write('? ' + jikan + '時、ですか?');
23       }
24       </script>
25     </p>
26   </div>
27 </body>
```

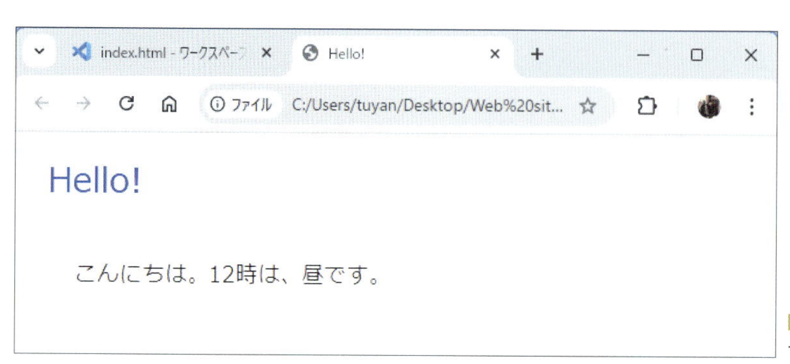

図3-8:jikanをチェックし、メッセージを表示する

Webブラウザでアクセスすると、「こんにちは。12時は、昼です。」とメッセージが表示されます。<script>の直後にある☆マークの文(let jikan = 12;)が、時刻を表す値です。この変数jikanの値を0～24の間でいろいろと変更して表示を確かめましょう。

ここでは、「Math.floor(jikan / 6)」という値をチェックする値に指定していますね。「Math.floor」というのは、()にある値の小数点以下を切り捨てる働きをするものです。これで、jikan / 6の整数部分を取り出していたのですね。

条件に応じて繰り返す「while」

条件分岐の次は、「繰り返し」の構文です。繰り返しの構文はいくつかありますが、もっともシンプルなのは、条件をチェックして繰り返す「while」でしょう。

while文の基本形

```
while ( 条件 ) {
  …実行する処理…
}
```

このwhile構文は、用意した条件をチェックし、その値がtrueならば{}の部分を実行します。そして実行後、また条件をチェックし、またtrueなら繰り返します。そうやって「条件をチェックしては処理を実行」を繰り返していき、条件がfalseになったら構文を抜けて次に進みます。

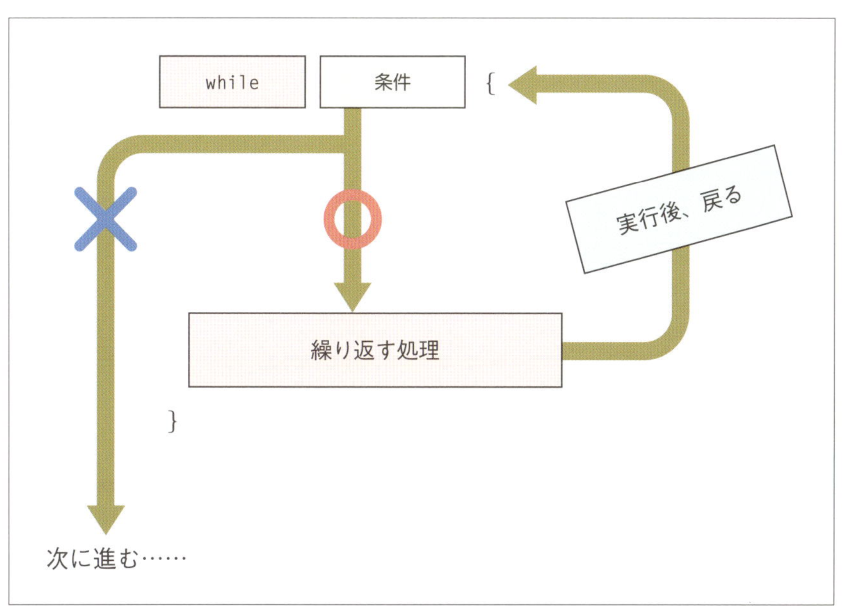

図3-9：whileの働き。条件がtrueの間、処理を繰り返す

whileを使ってみよう

では、whileの繰り返しを使ってみることにしましょう。index.htmlの<body>部分を以下のように書き換えてください。

リスト3-6

```
01 <body>
02   <h1>Hello!</h1>
03   <div class="container">
04     <p>
05       <script>
06       let N = 1103; // ☆
07       let num =2;
08       let result = true;
09       while(num < N){
10         if (N % num  == 0){
11           result = false; ──── 1
12           break; ──────────── 2
13         }
14         num ++;
15       }
16       if (result){
17         document.write(N + "は、素数です。");
18       } else {
19         document.write(N + "は、素数じゃないです。");
20       }
21     </script>
22     </p>
23   </div>
24 </body>
```

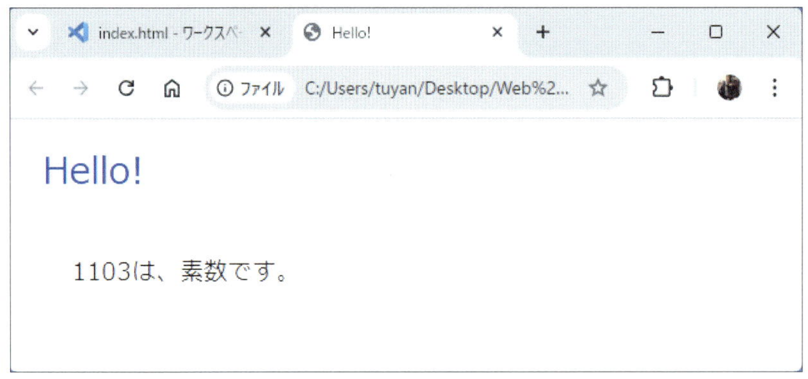

図3-10：アクセスすると、「1103は、素数です。」と表示される

修正したらWebブラウザで表示してみましょう。これは、指定した数字が素数かどうかを調べるプログラムです。アクセスすると、「1103は、素数です。」とメッセージが表示されます。☆マークの文（`let N = 1103;`）の値をいろいろと変更して試してみましょう。

ここでは、numの値を2から順に増やしていき、`N % num == 0`だった場合は（つまり、numで割り切れた場合は）resultをfalseに変更し（1）、breakでwhileを抜け出しています（2）。最後まで`N % num == 0`がfalseだった場合は、resultはtrueのままとなります。この場合、すべての数で割り切れなかったということから素数であることがわかります。

Column

インクリメント演算子について

ここではnumの値を1増やすのに「num++;」というやり方をしていますね。この「++」は、インクリメント演算子といって、変数の値を1増やす働きをするものです。

同様のものに、1減らす「--」(デクリメント演算子)」というものもあります。こういう「1増やす」「1減らす」という処理はプログラミングではけっこうよく使うので、覚えておくと便利ですよ！

繰り返しを細かく制御する「for」

whileは「条件がtrueかfalseか」というけっこう大雑把な繰り返しです。例えば「今、何回繰り返したか」とかを知りたくてもわかりません。が、こういう「回数をカウントしながら繰り返していく」ということってよくあるものです。

こういう場合のために用意されているのが「for」という構文です。これは、以下のように記述をします。

3-1

for文の基本形

```
for ( 初期化処理 ; 条件 ; 後処理 ) {
    …実行する処理…
}
```

引数の内容

初期化処理	for構文に入るとき最初に1度だけ実行する
条件	繰り返す前にチェックし、trueなら繰り返しを実行する。falseなら抜ける
後処理	繰り返し処理を実行した後で実行し、再び条件チェックに戻る

for構文に入ると、まず「初期化」の処理を実行します。そして繰り返し条件をチェックし、その結果がtrueならば、その後の処理を実行します。繰り返し処理を実行後、後処理を実行して再び最初に戻り、条件のチェックを行います。条件がfalseになると、繰り返しを抜けて次に進みます。

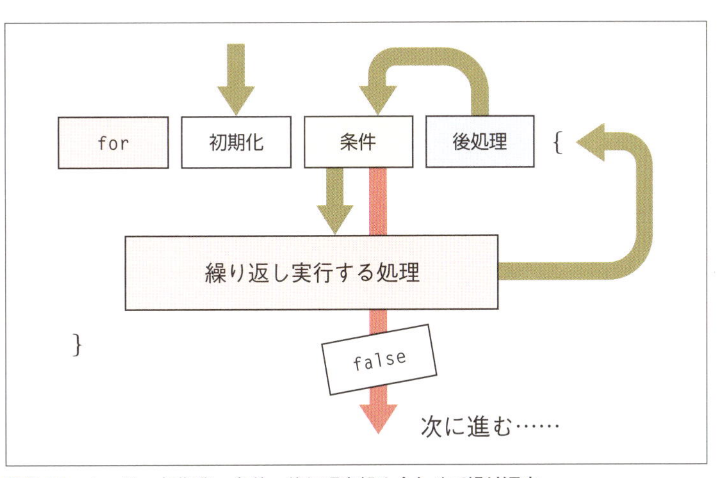

図3-11：forは、初期化・条件・後処理を組み合わせて繰り返す

forを使ってみる

では、forを使ってみることにしましょう。先ほどwhileで作成した「素数を調べるプログラム」をforで書き直してみます。<script>〜</script>を以下のように修正してください。

リスト3-7

```
01 <script>
02 let N = 1103;
03 let result = true;
04 for(let i = 2;i < N; i++){
05   if (N % i  == 0){ ―――――――― 1
06     result = false; ―――――――― 2
07     break;
08   }
09 }
10 if (result){
11   document.write(N + "は、素数です。");
12 } else {
13   document.write(N + "は、素数じゃないです。");
14 }
15 </script>
```

こうなりました。やっていることは全く同じですが、こころなしかwhileのときよりスッキリした感じがしますね。

ここでは、for(let i = 2;i < N; i++)というようにしてforを作っています(1)。最初に変数iに2を代入し、i < Nの間、繰り返しを行います。そして繰り返しを実行するごとに、i++で数字を1ずつ増やしていきます。

forでは、数字のカウント自体を()のところに組み込めるので、ただ「N % i == 0がtrueかどうか」を繰り返しの中で調べていくだけでいいのです(2)。こういう「数字をカウントしながら繰り返す」処理は、forのほうが圧倒的に書きやすいでしょう。

これで、「値と変数」「演算」「制御構文」といったJavaScriptのもっとも基本となる部分がだいたいわかりました。これらの基礎知識を踏まえ、もう少し複雑な機能へと話を進めていきましょう。

なお、forには、実は他の使い方もあります。これについては改めて説明します。

3-2

関数・配列・オブジェクト

この節のポイント

- 関数の働きや書き方をマスターしよう。
- 配列を使えるようになろう。
- オブジェクトがどんなものか理解しよう。

関数について

JavaScriptには、基本的な構文などよりもずっと複雑な機能がいろいろと用意されています。その中でも非常に重要なのが「関数」「配列」「オブジェクト」といったものです。これらについて、ここで説明をしましょう。

まずは「関数」からです。

制御構文は、基本的に「最初から順に実行していく処理を、途中で方向を変えたり繰り返したりするもの」です。これでずいぶんとプログラムは柔軟に実行できるようになりました。が、まだ完璧ではありません。

例えば、プログラムのさまざまなところで必要になる重要な処理があったとしましょう。決まりきった処理ですが、あちこちで実行しないといけません。こういうとき、どうすればいいでしょうか。

その処理をコピーして、プログラムのあちこちにペーストする、というやり方は、まぁそれでも動くでしょうが、あまりスマートな方法とは思えませんね。面倒ですし、例えば「処理の仕方が変更になった」といったとき、ペーストしたすべての場所を探し出してすべて同じように修正しないといけません。後々のことを考えたなら、あまりよい方法とはいえません。

もしも、「いつでもどこからでも呼び出せるようなプログラム」を作ることができれば、こうした問題は簡単に解決できます。必要な処理を小さなプログラムとして作り、それを必要に応じて呼び出して実行すればいいのです。

これが「関数」と呼ばれるものです。関数は、必要に応じてどこからでも呼び出せる処理のかたまりです。これは、以下のように作成します。

関数の定義

```
function 関数名 ( 引数1, 引数2, …){
  …実行する処理…
}
```

「引数」というのは、関数を呼び出すときに必要な値を渡すためのものです。例えば、「消費税計算をする関数」を作ったとしましょう。金額を渡すと、税込価格を計算する、そういうものですね。このときの「金額」が引数になります。

関数を使ってみる

この「関数」というのは、どういうときにどのような形で作成すれば便利か、実際に何度も試してみながら理解を深めていきましょう。

では、さっそく簡単なサンプルを見てみます。またindex.htmlの<body>を書き換えてください。

リスト3-8

```
01 <body>
02   <h1>Hello!</h1>
03   <div class="container">
04     <p>
05       <script>
06       function hello(name){
07         document.write("Hello, " + name + "!<br>");
08       }
09
10       hello("Taro");
11       hello("Hanako");
12       hello("Sachiko");
13       </script>
14     </p>
15   </div>
16 </body>
```

（06〜08行目：1、10〜12行目：2）

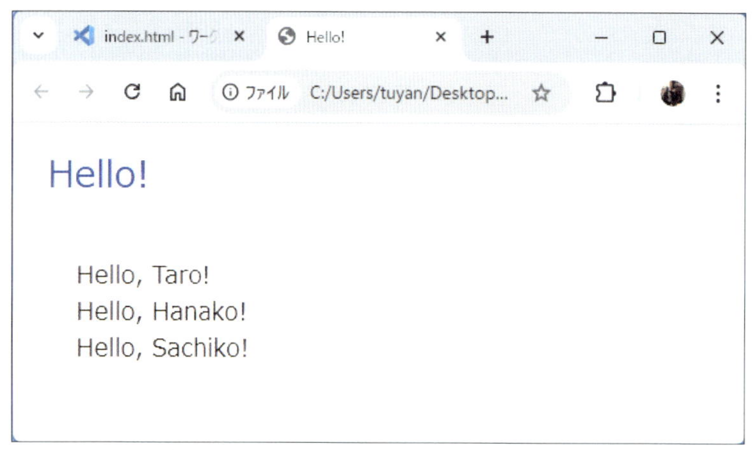

図3-12：hello関数を定義し、それを呼び出してメッセージを表示する

ここでは、helloという関数を作成しています。この関数を呼び出して、2つの文字列をWebページに表示しています。hello関数は、こんな形で定義していますね(1)。

```
function hello(name){…}
```

これで、nameという引数を1つつけて呼び出せばいいことがわかります。これを実際に呼び出している部分を見ると、こうなっていました(2)。

```
hello("Taro");
hello("Hanako");
hello("Sachiko");
```

()内に用意した値が、hello関数のname引数に渡されて実行されていることがわかるでしょう。こんな具合に、引数の定義と使い方さえきちんとわかれば、関数を利用するのは決して難しいことではないのです。

ここでは引数は1つの値だけを渡していますが、引数はいくつでも用意することができます。また必要なければ「引数なし」で関数を作ることもできます。

Column

関数の書き方はいろいろある！

ここでは、もっともよく使われる基本の関数の書き方を挙げておきましたが、実を言えば関数の書き方はもっと色々とあります。中でも、ES6（p.065参照）以降で追加された「アロー関数」と呼ばれる書き方は、最近よく使われるようになっています。

```
( 引数 )=> コード
```

こういう書き方で、関数をより簡潔に記述できるようにするために誕生しました。もっと先に進むと、このアロー関数はよく使われるようになります。実際に使うようになったところで改めて説明をします。

戻り値を使おう

関数は、まとまった処理を実行するものですが、ただ実行したり何かを表示したりするのではなく、「結果を返す」という働きをするものもあります。

例えば、「ゼロからある数までの合計を計算する」という関数を作るとしましょう。このとき、「合計を計算して結果を表示する」という形で作るべきでしょうか？　その場合、計算結果を利用することができなくなりますね？

それよりも、合計を計算し、答えを「返す」ようにしたほうが遥かに応用が広がります。計算結果を表示してもいいし、ファイルやデータベースに保存することもできるし、それをグラフ作成の関数に渡すこともできるでしょう。

こんな具合に「実行結果を返す」という関数を作るのに使うのが「戻り値」というものです。戻り値は、処理して得られた値を関数の呼び出し元に送り返します。

戻り値を使った関数定義

```
function 関数名 ( 引数1, 引数2, …){
  …実行する処理…
  return 値;
}
```

よく見ると、最後に「return」というものを用意していますね。これが、関数の呼び出し元に処理を戻すキーワードです。このとき、returnの後に値を用意しておくと、その値を呼び出し元に送り返してくれるのです。

戻り値のある関数を作ろう

では、実際に戻り値を使った関数を使ってみましょう。例によってindex.htmlの<body>部分を書き換えてください。

リスト3-9

```
01 <body>
02   <h1>Hello!</h1>
03   <div class="container">
04     <p>
05       <script>
06       function calc(n){                                    ❶
07         let total = 0;
08         for (let i = 1;i <= n;i++){                        ❷
09           total += i;
10         }
11         return total;                                      ❸
12       }
13 
14       const num = 100; //☆
15       document.write(num + 'までの合計は、' + calc(num) + 'です。');   ❹
16       </script>
17     </p>
18   </div>
19 </body>
```

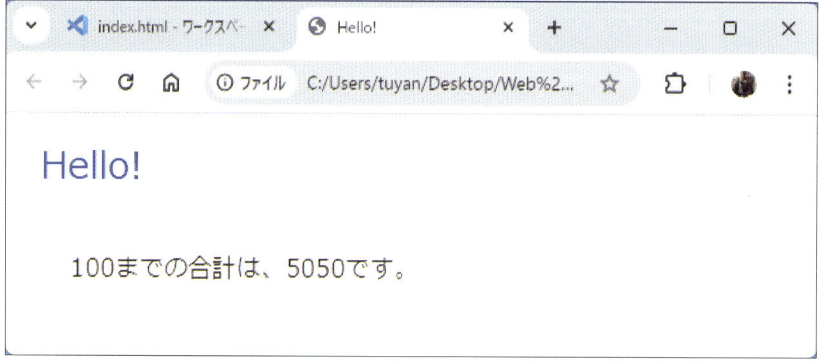

図3-13：アクセスすると、「100までの合計は、5050です。」と表示される

Webブラウザでアクセスをすると、「100までの合計は、5050です。」と表示されます。☆マークの文(const num = 100;)の数字をいろいろと書き換えてどう変わるか試してみましょう。

calc関数の呼び出し

ここでは、function calc(n)というように関数を定義しています(❶)。引数にnという変数を用意し、繰り返しを使って1からこのnまでの数字を変数totalに足し算しているわけですね(❷)。そしてすべて足し算し終えたら、return total;で変数totalの値を呼び出し元に送り返しています(❸)。

ここでは、document.writeの引数部分でこのcalc関数を使っています。こんな具合ですね(4)。

```
num + 'までの合計は、' + calc(num) + 'です。'
```

これで、calcから戻された値を文字列とつなぎ合わせて結果を表示できます。

このcalcの使い方を見るとわかるように、「値を返す関数」というのは、「返す値と同じもの」として扱うことができます。例えば整数の値を返す関数なら、その関数は「整数や整数が入った変数」と全く同じ感覚で式や他の件数の引数などの中で使うことができるのです。

配列について

続いて、「配列」について説明をしましょう。配列は、たくさんの値をひとまとめにして管理するためのものです。配列を作成し、その中に値を保管していくことで、多数の値を扱えるようになるのです。

変数は、以下のような形で作成します。

変数の作成

```
変数 = [ 値1, 値2, …];
変数 = new Array( 値1, 値2, …);
```

変数の作成には大きく2つのやり方があります。1つは、「配列のリテラル」を書いて変数などに代入するやり方。値を直接スクリプトに書いたものを「リテラル」といいましたね。

配列にもリテラルとして直接値を記述する書き方があります。それが、[]を使った書き方です。[]の中に値をカンマで区切って記述していきます。「値がなにもない、空っぽの状態の配列」を作りたければ、変数 = [];というように、ただ[]だけを書いて代入すればいいでしょう。

もう1つのnew Array()というものを使った作成法もあります。このnew Arrayというのは、Arrayという「オブジェクト」を作成するものです。Arrayは、配列のためのオブジェクトで、これを使って配列を作ることもできます。

なお、オブジェクトについては配列の後で詳しく説明します。

値の指定

配列にはたくさんの値が保管されます。それらは、「インデックス」と呼ばれる番号をつけて管理されています。配列から特定の値を取り出したり、保管している値を変更したい場合は、このインデックスを指定して行います。

値を取り出す

```
変数 = 配列[ 番号 ];
```

値を変更する

```
配列[ 番号 ] = 値;
```

配列の後につける[番号]というものでインデックスを指定して値をやり取りします。この[番号]の部分は「添字」と呼ばれます。配列は、この添字でインデックスの番号を指定して使うのです。

このインデックスは、「ゼロ」から始まり、1,2,3……と順番に番号が割り振られていきます。例えば、[10, 20, 30]と配列を作ったら、1つ目の10はインデックスがゼロに、次の20は1に、最後の30は2に保管されます。1～3ではありません。間違えないようにしましょう。

配列を使ってみる

では、実際に配列を使ってみましょう。簡単な例として、配列にデータを保管しておき、それを合計します。index.htmlの<body>を修正してください。

リスト3-10

```
01 <body>
02   <h1>Hello!</h1>
03   <div class="container">
04     <p>
05       <script>
06       let arr = [98, 76, 57, 69, 85]; //☆
07       let total = 0;
08       for(let i = 0; i < 5;i++){        ┐
09         total += arr[i];                ├ 1
10       }                                 ┘
11       document.write('合計は、' + total +    ┐
12           '、平均は、' + total / 5 + 'です。');  ┘ 2
13       </script>
14     </p>
15   </div>
16 </body>
```

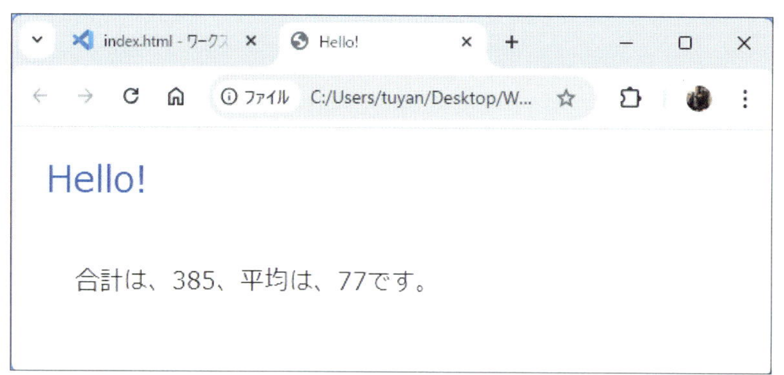

図3-14：配列に保管したデータの合計と平均を計算する

アクセスすると、「合計は、385、平均は、77です。」というように表示されます。最初に用意した配列arrのデータ（☆マークの部分）からforを使ってインデックス番号を1つずつ増やして、配列のデータを取り出しています。それをtotalに足していき、合計値を計算します（1）。そして、2の部分で、合計値と、合計値を配列の個数である5で割った平均値を表示しています。

配列はゼロから順にインデックス番号が割り振られるので、繰り返しを使って順に値を取り出したりして処理するのも簡単に行えます。たくさんのデータを扱うのに向いた機能なのです。

配列のための「for」構文

リスト3-10の例では、forを使ってインデックス番号を1つずつ変更して配列から値を取り出しました。が、実をいえば、配列ではもっと便利な構文があります。配列の全要素を取り出して処理するための専用の構文があるのです。

配列用forの基本形

```
for (変数 of 配列){
     …実行する処理…
}
```

for構文ですが、書き方が少し違っていますね。このforでは、配列から各要素の値を順に取り出して変数に収めます。繰り返し内では、変数に取り出した値を利用して処理を行えばいいのです。

普通のforと違って、このやり方では「配列にいくつの値が保管されていても問題なく全部取り出せる」という利点があります。普通のforでは、いくつからいくつまでの範囲で値を繰り返すかをきちんと考え、正しく指定しないといけません。しかし配列用のforなら必ず全要素を取り出して処理できます。

3-2

配列のforを使ってみる

では、利用例を挙げましょう。先ほど、普通のforを使って配列の値をすべて合計し平均を計算しました。これを「配列専用のfor」を使って実行させてみましょう。

リスト3-11

```
01 <body>
02   <h1>Hello!</h1>
03   <div class="container">
04     <p>
05       <script>
06       let arr = [98, 76, 57, 69, 85];
07       let total = 0;
08       for(let item of arr){ ——————— 1
09         total += item;
10       }
11       document.write('合計は、' + total +
12           '、平均は、' + total / 5 + 'です。');
13       </script>
14     </p>
15   </div>
16 </body>
```

これでも、全く同じように合計が得られます。ここでは、for(let item of arr) というように繰り返しを行っていますね(1)。これで、配列arrの値が順にletに取り出されるので、この値を利用している、というわけです。

普通のforと違って、()の部分が非常にシンプルで間違いようがありません。それまで変数を用意し、繰り返しの条件を用意し、繰り返し後の処理を用意し……と注意深くforを作らなければいけなかったのに比べると、このやり方は実にわかりやすいですね。

オブジェクトについて

配列は、インデックス番号で値を管理しますが、番号ではなく「名前」で管理したい場合もあります。例えば個人情報をまとめておくようなものでは、番号より名前でデータを取り出せたほうが便利ですね。

このようなことを考えるようになったら、そろそろ配列から「オブジェクト」の利用を考えるべきときが来た、といっていいでしょう。

オブジェクトとは、配列のようにさまざまな値をひとまとめにして扱うためのものです。ただし、インデックスではなくキーと呼ばれるものを使って値を保管します。オブジェクトは、以下のように記述します。

オブジェクトの作成

```
変数 = {キー: 値, キー: 値, …};
```

これがオブジェクトを値として表すときの書き方です。オブジェクトは、{}記号の中に、キーと値をコロンでつなげて記述をしていきます。「[]ではなく{}を使う。値だけでなくキーとセットで書く」という、配列との違いをよく頭に入れておきましょう。

値を取り出したり変更したりする操作は、配列と同じです。ただ、インデックス番号の代わりにキーを指定する、というだけです。

値を取り出す(1)

```
変数 = オブジェクト[キー];
```

値を変更する(1)

```
オブジェクト[キー] = 値;
```

配列と異なり、キーという名前で値を管理するため、保管される値は順番が保証されません。また、キーの値が1つの単語になっている場合、もっとわかりやすい書き方をすることもできます。

値を取り出す(2)

```
変数 = オブジェクト.キー;
```

値を変更する(2)

```
オブジェクト.キー = 値;
```

例えば、objというオブジェクトにabcというキーで値があった場合、obj['abc']という書き方だけでなく、obj.abcというようにして値を取り出すこともできます。こちらのほうがすっきりしますね。

ただし、この書き方は複数の単語の名前をつけたり、英数文字以外の特殊な記号を使ったりした場合は使えません。基本的に「オブジェクトのキーには、英数字、アンダースコア(_)、ドル($)記号だけを使った1単語の名前をつける」と考えましょう。

オブジェクトのfor

インデックス番号のように値を順に取り出せないので、すべての要素を取り出すときは「オブジェクト用のfor」を使う必要があります。こちらは配列から順番にキーを取り出して繰り返してくれます。

オブジェクト用forの基本形

```
for (変数 in オブジェクト){
    …実行する処理…
}
```

配列用のfor ofと似ていますが、こちらはオブジェクトからキーの名前を変数に取り出していきます。{}内では、このキーを使ってオブジェクトから値を取り出して処理を行います。

オブジェクトを使ってみる

では、実際にオブジェクトを使ってみましょう。先ほどの配列のサンプルをオブジェクトを利用した形に書き換えたものを考えてみましょう。

リスト3-12

```
01 <body>
02   <h1>Hello!</h1>
03   <div class="container">
04     <p>
05       <script>
06       let arr = {'国語':98, '数学': 76, '英語':54, '理科':78, '社会':90}; //☆
07       let total = 0;
08       for(let key in arr){ ―――――― 1
09         total += arr[key]; ―――――― 2
10         document.write(key + ': ' + arr[key] + '<br>');
11       }
12       document.write('<p>合計は、' + total +
13           '、平均は、' + total / 5 + 'です。</p>');
14       </script>
15     </p>
16   </div>
17 </body>
```

アクセスをしてみると、オブジェクトに用意したデータを使って5教科の点数を順に表示し、合計と平均を計算して表示します(図3-15)。☆マークのところでオブジェクトを作成し変数に代入していますね。こんな具合に、キーを使って値を保管します。

そして、for(let key in arr)という繰り返しで、変数arrから順にキーを変数keyに取り出していきます(1)。繰り返し内では、このkeyを使って値を取り出し処理を行います。arr[key]という形でオブジェクトの値を1つずつ取り出して、totalに追加していきます(2)。最初に値を作成するところではだいぶ配列とは違いますが、forによる利用の仕方などはかなり近いですね。

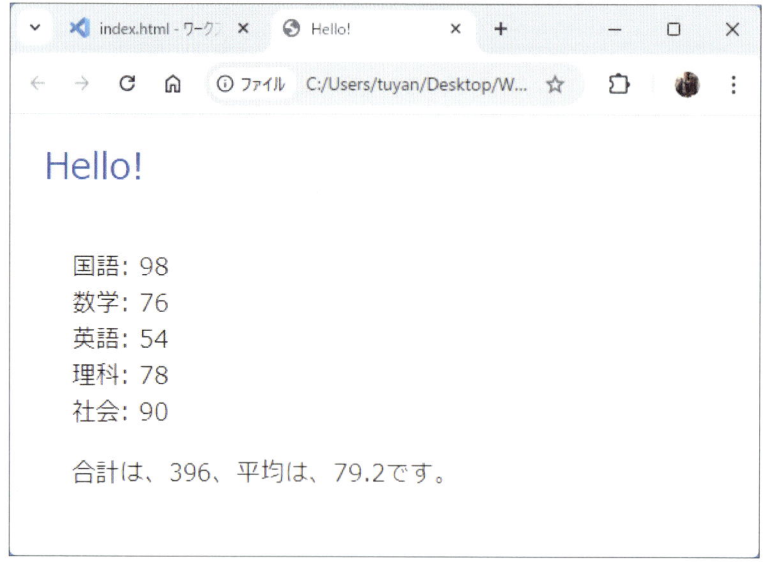

図3-15：アクセスすると5教科の成績と合計・平均を表示する

関数をオブジェクトに保管する

オブジェクトには、さまざまな値が保管できます。数字や文字列といったものだけでなく、「関数」も入れることができます。

どうして関数を入れたりできるのか？　それは、JavaScriptでは関数も「値」だからです。関数も、値として変数に保管したりできるのですよ。

関数は通常、このように書きますね。

```
function 関数名(引数) {…}
```

この関数名をなくし、変数に代入すれば、関数を値として保管できます。

```
変数 = function(引数) {…}
```

変数に保管した関数を実行したいときは、変数名の後に()をつけて引数を指定すればいいのです。

オブジェクトの中に関数を用意することで、そのオブジェクトに保管されている値を利用した処理などを作成しやすくなります。また、データだけでなく処理もひとまとめにしておくことで、「このデータを処理する関数はどれだっけ？」などと探し回ることもなくなります。

プロパティとメソッド

このように、オブジェクトの中には「値(データ)」と「処理(関数)」が保管できます。これらは、特別な呼び名があります。オブジェクト内の値は「プロパティ」、処理は「メソッド」と呼ばれます。

オブジェクトの作成とは、プロパティとメソッドを作成することだ、といっていいでしょう。

メソッドを使ってみよう

では、実際にオブジェクトにメソッドを作成してみましょう。例によって、index.htmlの<body>を修正してください。

リスト3-13

```
01 <body>
02   <h1>Hello!</h1>
03   <div class="container">
04     <p>
05       <script>
06       let keisan = {};
07       keisan.calc = function(){
08         let total = 0;
09         for(let n in this.data){
10           total += this.data[n];
11         }
12         return total;
13       }
14       keisan.report = function(){
15         document.write('Data: ' + this.data + '<br>');
16         document.write('total: ' + this.calc());
17       }
18 
19       keisan.data = [123, 45, 67, 89, 10];
20       keisan.report();
21       </script>
22     </p>
23   </div>
24 </body>
```

（6行目：5　7〜13行目：1　14〜17行目：2　19行目：3）

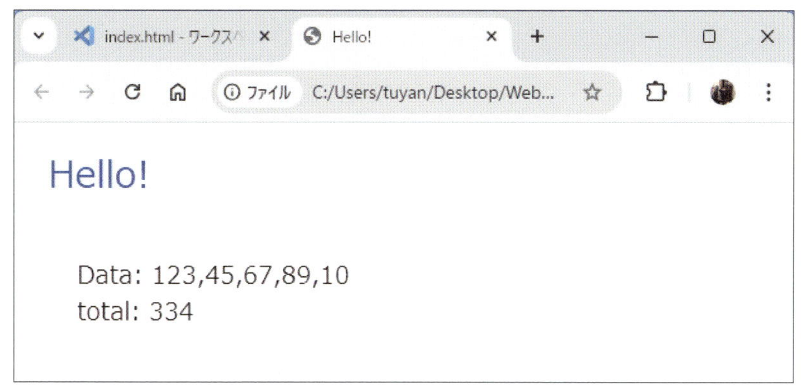

図3-16：実行すると、データを合計して表示する

実際にアクセスしてみましょう。すると、データとその合計を表示します。ここでは、keisanという変数にdata、calc、reportという値を用意しています。それぞれの内容は以下の通り。

keisan.data	データ。数字をまとめた配列が入っています（3）
keisan.calc	関数。データの合計を計算して返します（1）
keisan.report	関数。calcを呼び出しデータと合計を表示します（2）

こんな具合に、keisanの中に必要なデータや処理(関数)を全部まとめているのですね。これなら、どこに何があるのかわからない、なんてことにはなりません。

thisの利用

この中で、メソッドの記述に注目してください。例として、calcメソッドを見てみましょう。するとこのようになっていますね(1)。

```
keisan.calc = function(){
  let total = 0;
  for(let n in this.data){
    total += this.data[n];
  }
  return total;
}
```

4

ここでは、calcメソッドがあるkeisan内のdataから値を順に取り出して合計を計算しています。このdataプロパティを利用している部分を見てください。「this.data」と書かれて(4)いますね?

この「this」というのは、このメソッドがあるオブジェクト自身を示す特別な値です。同じオブジェクト内にあるプロパティやメソッドは、すべて「this.○○」というようにして指定することができます。

このthisは、オブジェクトの作成で必ず必要となる重要な値です。ここでしっかりと覚えておきましょう。

リテラルにまとめる

リスト3-13では、まず空のオブジェクトを{}で作り、その後で値を入れています(5)。しかし、考えてみると、最初からオブジェクトに値を記述していたほうがさらにわかりやすいですね。では、コードを修正してみましょう。<body>を以下のように書き直してください。

リスト3-14

```
01 <body>
02   <h1>Hello!</h1>
03   <div class="container">
04     <p>
05       <script>
06       let keisan = {
07         data:[123, 45, 67, 89, 10],
08         calc:function(){
09           let total = 0;
10           for(let n in this.data){
11             total += this.data[n];
12           }
13             return total;
14         },
15         report:function(){
16           document.write('Data: ' + this.data + '<br>');
17           document.write('total: ' + this.calc());
18         }
19       }
```

keisanオブジェクトの{}の中に移動する

```
20
21          keisan.report();
22          </script>
23      </p>
24    </div>
25  </body>
```

こんな具合になりました。全体にまとまりができましたね。最初にkeisanを作ってしまったら、後はkeisan.report();を呼び出すだけです。複雑ですが、作ってしまえば利用するのはとても簡単です。

3-2

3-3

Document Object Modelを使おう

この節のポイント

- DOMがどんなものか、どうやって使うのかを学ぼう。
- イベントを覚えてフォームを使えるようになろう。
- JavaScriptでさまざまな属性を操作しよう。

HTMLの要素とDOM

ここまでの説明で、JavaScriptの基本的な構文、そして「オブジェクト」の利用について話をしてきました。特に後半の「オブジェクト」に関する説明部分は、なかなか難しかったかもしれません。「そんな高度なこと、もう少し後で覚えればいいじゃないか」なんて思った人もいることでしょう。

が、そういうわけにはいかないのです。少々無理をしてでも「オブジェクト」の基本的な使い方まで説明した理由、それは「JavaScriptでHTMLを扱おうと思ったら、オブジェクト利用の知識は必須！」だからです。

JavaScriptは、HTMLの中に記述されます。そして、同じWebページ内にあるさまざまなHTMLの要素を扱い操作できるようになっています。が、そのためには「オブジェクト」の使い方がわかっていないといけません。

Document Object Modelというオブジェクト

HTMLの要素は、JavaScriptでは「DOM」と呼ばれるオブジェクトとして操作するようになっています。DOMというのは「Document Object Model」の略です。これは、HTMLやXMLなどの要素をJavaScriptなどの言語から利用できるようにするために用意されたオブジェクトモデル(オブジェクトを使った仕組み)です。

オブジェクトがどういうものか知っていないと、DOMをうまく使えません。このため、ちょっと難しかったけれど無理してオブジェクトについて学んでもらった、というわけです。

DOMを利用してみよう

では、このDOMというのはどういうもので、どうやって使うのでしょうか。これは、「操作したいHTML要素のDOMオブジェクトを取り出し、そのプロパティやメソッドを操作する」というやり方をします。

HTMLが読み込まれると、そこに記述されているすべてのHTML要素についてDOMオブジェクトが生成され、それぞれのHTML要素の組み込み状態そのままにオブジェクトどうしが組み込まれていきます。このオブジェクトの組み込み状態を「DOMツリー」といいます。このDOMツリーの中から、必要なものを探して取り出し利用するのです。

これには便利なメソッドがいくつか用意されています。ここでは「querySelector」というものを使うことにしましょう。

DOMオブジェクトを得る

```
変数 = document.querySelector( 要素の指定 );
```

ここで出てくる「document」というのは、JavaScriptに用意されているオブジェクトです。これは、Webページのドキュメント全体を扱うDOMオブジェクトです。ここから、必要なDOMオブジェクトを取り出していくわけですね。

「querySelector」は、引数に指定した値を元にDOMオブジェクトを取り出すメソッドです。この引数には、スタイルシートで使った「セレクタ」を文字列で指定します。セレクタ、覚えてますか？　スタイルを適用する対象を指定するのに使うものでしたね(p.052参照)。要素型セレクタやidセレクタ、クラスセレクタなどがありました。あの書き方を利用して、DOMオブジェクトを取り出す対象のHTML要素を指定すればいいのですね。

その他のDOM取得メソッド

この他にも、取り出す要素のidやnameの値を指定してDOMオブジェクトを取り出すメソッドなども用意されています。主なものを紹介しておきましょう。

idでDOMを得る

```
変数 = document.getElementById( idの値 );
```

nameでDOMを得る

```
変数 = document.getElementsByName( nameの値 );
```

タグ名でDOMを得る

```
変数 = document.getElementsByTagName( タグ名 );
```

スタイルクラスでDOMを得る

```
変数 = document.getElementsByClassName( クラス名 );
```

これらの内、getElementByIdはオブジェクトをそのまま返しますが、その他のものはオブジェクトを配列にして返すので注意しましょう。

他にもDOMオブジェクトを得る方法はいろいろあります。「そんなに一度に覚えられないよ」と思った人。大丈夫、これらは覚えなくてOKです。「こんなものもあるよ」と一応挙げておいただけですから。

とりあえず、ここでは最初の「querySelector」だけ覚えていれば、DOMは問題なく使えます。それ以外のものは、「覚えておくと便利なもの」ぐらいに考えてください。この先、だいぶJavaScriptに慣れてきたら使ってみるとよいでしょう。

表示メッセージを操作しよう

では、実際に使ってみましょう。index.htmlの<body>を修正して、<p>～</p>に表示されるメッセージを操作してみます。

リスト3-15

```
01 <body>
02   <h1>Hello!</h1>
03   <div class="container">
04     <p id="msg">wait...</p>
05     <script>
06     const p = document.querySelector('#msg');
07     p.textContent = 'これがDOM操作の威力だ！';
08     </script>
09   </div>
10 </body>
```

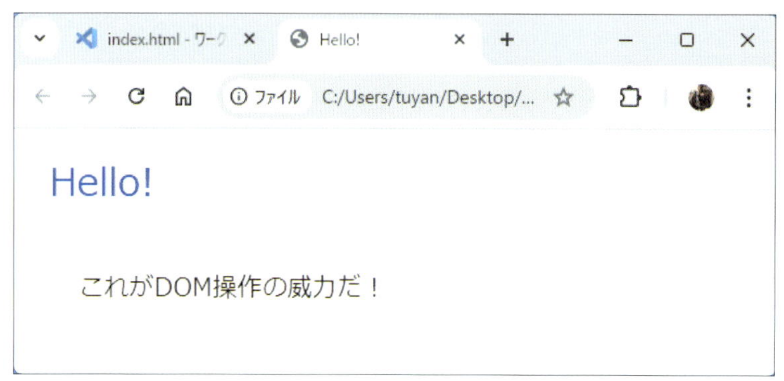

図3-17：アクセスすると、JavaScriptによりメッセージが書き換えられ表示される

アクセスをすると、「これがDOM操作の威力だ！」とメッセージが表示されます。が、ここで用意されているのは、<p id="msg">wait...</p>です。「wait...」というテキストを表示しているはずなのに、全然違うテキストが表示されている。それは、JavaScriptで表示テキストを変更しているからです。

textContentを変更する

では、ここで行っているスクリプトを見てみましょう。まず、<p id="msg">のDOMオブジェクトを取り出します。ここでは"msg"というidを指定していますから、これを使って取り出すことができます。

```
const p = document.querySelector('#msg');
```

引数の"#msg"という値は、idセレクタによる値ですね。こんな具合に"#○○"と指定することで、スタイルシートでは指定idの要素にスタイルを適用できました。全く同じやり方で、指定したidのDOMオブジェクトを取り出せるのですね。

後は、取り出したDOMオブジェクトの表示テキストを変更するだけです。

```
p.textContent = 'これがDOM操作の威力だ！';
```

「texContent」というプロパティは、このDOMオブジェクトに設定されているテキストコンテンツを示すものです。要するに、「このタグの開始タグと終了タグの間に書かれているコンテンツ」のことですね。ここでは、<p id="msg">wailt...</p>の「wait...」の部分がtextContentプロパティの値になります。

この値を操作することで、このタグに表示されるテキストを設定していたのです。

イベントを利用する

単純に「スクリプトを実行して表示を変更する」ことはできました。では、次に行うことは？　それは「ユーザーの操作に応じて処理を実行する」ということでしょう。

HTMLの要素には、「イベント」に関する属性が色々と揃っています。イベントというのは、さまざまな出来事に応じて発信される「信号」のようなものです。例えば、キーをタイプしたとか、マウスをクリックしたとか、ウィンドウサイズが変わったとか、そういったさまざまな出来事があると、それに対応したイベントが発信されます。

HTML要素には、そのイベントに対応する属性が用意されています。例えば「マウスでクリックした」というイベントに対応する属性にJavaScriptの文を書いておけば、その要素をクリックするとその処理を実行させることができるのです。

ここでは、「マウスでクリックする」というイベントを使ってみましょう。これは以下のように属性を用意します。

3-3

クリックイベントで実行させる内容を指定する

```
onclick="実行する文"
```

値には、JavaScriptの文を書いておきます。これで、この属性があるタグをクリックすると何かを実行できるようになります。

クリックしてカウントする

では、実際にonclickを試してみましょう。またindex.htmlの<body>を修正して試してみることにします。

リスト3-16

```
01 <body>
02   <h1>Hello!</h1>
03   <div class="container">
04     <p onclick="action(event)">click me!</p>          ―― 1
05     <script>
06     let counter = 0;
07
08     function action(event){                            ┐
09       counter++;                                       │
10       let dom = event.target;            ―― 3          ├― 2
11       dom.textContent = 'Count: ' + counter;   ―― 4    │
12     }                                                  ┘
13     </script>
14   </div>
15 </body>
```

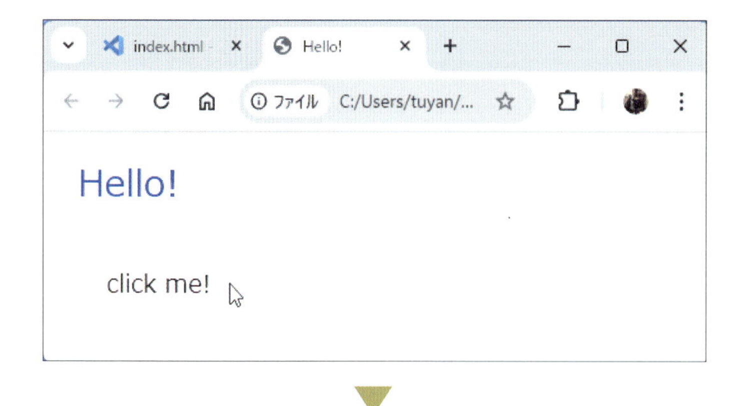

図3-18：メッセージのテキストをクリックすると、数字をカウントする

アクセスすると、「click me!」とメッセージが表示されます。そのテキスト部分をクリックすると、「Count: 1」「Count:2」というように、クリックする度に数字が増えていきます。

action関数を呼び出す

ここでは、メッセージを表示する<p>タグにクリックの属性を用意しています。1の部分ですね。

```
<p onclick="action(event)">click me!</p>
```

これで、この<p>要素をクリックするとaction関数が呼び出されるようになります。後は、action関数を定義して、そこに実行する処理を記述すればいいのです。

eventオブジェクトとtarget

では、onclickでどのような処理を実行しているのか見てみましょう。ここでは、action関数を以下のように定義しています(2)。

```
function action(event){…}
```

引数に、「event」という値がありますね？　これは、onclick属性でactionを呼び出すときにも記述されています。

```
onclick="action(event)"
```

この「event」というのは、発生したイベントに関する情報をまとめたオブジェクトで何も定義しなくても使用することができます。onclick属性で「action(event)」と呼び出すことで、このeventを引数に渡してactionを呼び出していたのです。

このeventオブジェクトには、発生したオブジェクトに関する情報がプロパティとして保管されています。action関数での処理を見てみましょう。変数counterを1増やしてから、以下のような文を実行していますね(3)。

```
let dom = event.target;
```

「target」という属性は、イベントが発生した要素のDOMオブジェクトが保管されています。これで変数domに、クリックした<p>要素のDOMオブジェクトが得られたわけです。後はそのテキストコンテンツを変更するだけです。

```
dom.textContent = 'Count: ' + counter;
```

これで、「Count: 数字」というようにテキストが表示されます。クリックするごとにcounterの値が1増え、表示も増えていくというわけです。

3-3

フォームコントロールの利用

この「クリックすると処理を実行する」ということができるようになると、HTMLのところで少しだけ触れた「フォーム用のコントロール」類の使い道がわかってきます。ただし、そのためには「フォームに入力された値」をどうやって取り出すかを知っておく必要があります。

<input>の値のプロパティ

```
《<input>のDOM》.value
```

<input>による入力フィールドの値は、「value」というプロパティとして得ることができます。これをそのまま利用すれば、コントロール類を使った処理が作成できます。

フォームの内容を表示する

では、実際に試してみましょう。今回は、2つの入力フィールドを用意し、その内容を使ったメッセージを表示させてみます。index.htmlの<body>を書き換えてください。

リスト3-17

```
01 <body>
02   <h1>Hello!</h1>
03   <div class="container">
04     <p id="msg">Enter your name & password:!</p>
05     <label for="f1">Name</label>
06     <input type="text" id="f1"> ——————————— 1
07     <label for="f2">Password</label>
```

次ページへ続く ▶

```
08      <input type="password" id="f2">  ──── 2
09      <button onclick="action(event)">
10        Click!
11      </button>
12      <script>
13      function action(event){
14        let f1 = document.querySelector('#f1');  ┐
15        let f2 = document.querySelector('#f2');  ┘── 3
16        let result = 'Your name: ' + f1.value + '<br>'  ┐
17            + 'Password:(' + f2.value.length + 'chars)';  ┘── 4
18        let msg = document.querySelector('#msg');
19        msg.innerHTML = result;  ──── 5
20      }
21      </script>
22    </div>
23  </body>
```

スタイルを追加する

今回は<label>や<input>、<button>といった要素が新たに登場したので、これらのスタイルも用意しておきましょう。styles.cssを開き、以下のコードを追記してください。

リスト3-18

```
01  label {
02    font-size: 0.75em;
03    font-weight: bold;
04    margin: 10px 0px 0px 0px;
05    display:block;
06    width: 300px;
07  }
08  input, select {
09    padding: 5px;
10    margin: 2px 0px;
11    font-size: 1.0em;
12    display:block;
13  }
14  button {
15    font-size: 1.0em;
16    padding: 3px 20px;
17    margin: 5px 0px;
18  }
```

修正できたらindex.htmlをWebページで開いて動作確認をしましょう。ここでは「Name」「Password」というフィールドが用意されます。これらに入力してボタンをクリックすると、「Name: ○○」「Password:(○○chars)」といったメッセージが表示されます。

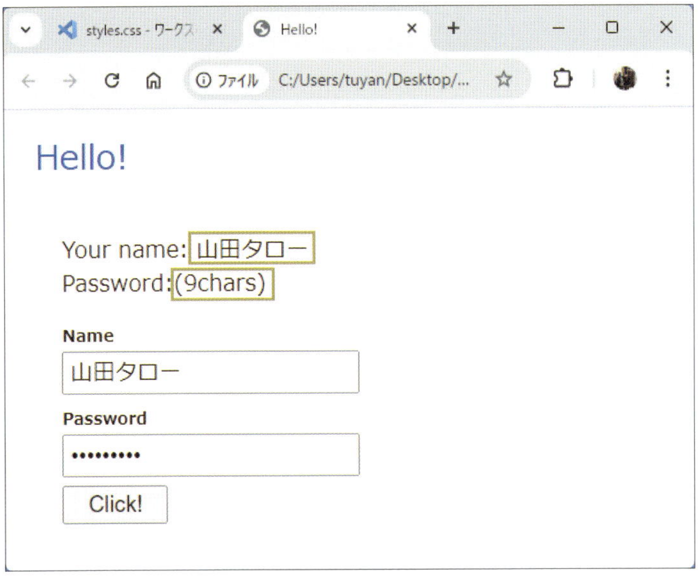

図3-19：フォームに入力しボタンを押すと内容が表示される

displayとwidthについて

今回は、新しいスタイルの設定項目が使われています。簡単に説明しておきましょう。

display

displayというのは、その要素の表示方法を示すものです。HTMLの要素は、ブロック(同じ行に別の要素を並べて置けない)と、インライン(他の要素と横に並んで置ける)があります。displayはどういう方式で表示するかを示すもので、主な値として以下のようなものが用意されています。

block	ブロックとして表示する
inline	インラインとして表示する
flex	他の要素とは関係なく自由に配置できる
none	非表示にする

width

widthは、要素の横幅を指定するものですね。これは「300px」というように数値と単位を指定します。数値だけでは設定できないので注意してください。また高さを指定する「height」というものもあります。

スクリプトのポイントをチェックする

では、リスト3-17で用意したJavaScriptのスクリプトを簡単に説明しておきましょう。ここでは、フォームで使う入力フィールドを以下のように用意してありました(1、2)。

テキストの入力フィールド

```
<input type="text" id="f1">
```

パスワードの入力フィールド

```
<input type="password" id="f2">
```

<input type="text">というのは、普通のテキストを1行だけ入力するフィールドを作成します。ユーザーからテキストを入力してもらうときの基本となるものです。

もう1つの<input type="password">は、パスワードを入力するための専用フィールドを作成します。

これらの入力フィールドを利用しているのが、ボタンクリックで実行している処理です。<button>のonclickという属性には、「action」という関数が割り当てられていますね。

ここでは、まず2つの入力フィールドのDOMオブジェクトを用意しています(3)。

```
let f1 = document.querySelector('#f1');
let f2 = document.querySelector('#f2');
```

後は、ここからvalueの値を取り出してメッセージのテキストを作成していきます。今回は、Nameフィールドのvalueと、Passwordフィールドの入力文字数をまとめています(4)。

```
let result = 'Your name: ' + f1.value + '<br>'
    + 'Password:(' + f2.value.length + 'chars)';
```

入力したテキストは、f1.valueというように取り出せます。では、文字数は？　これは、f2.value.lengthで取り出せます。f2.valueで、f2(id="f2"の<input>)に入力したテキストが得られます。このテキストの中の「length」プロパティが、テキストの文字数を示しています。

「テキストの中のlengthプロパティ？」と驚いたかもしれませんね。実はテキスト(文字列)も「オブジェクト」なのです。ですから、その中に必要な情報がプロパティとして揃っているのです。

innerHTMLについて

最後にid="msg"の<p>～</p>にメッセージを設定して表示します。が、これは今回、以下のように行っています(5)。

```
msg.innerHTML = result;
```

textContentは使っていません。なぜなら、今回設定するテキストはHTMLのコードだからです。textContentは、テキストとしてコンテンツを設定するものです。従って、textContentにメッセージを設定すると、例えば
は「
というテキスト」としてそのまま画面に表示されてしまいます。テキストではなく、HTMLのコードとして認識されないといけません。

それを行っているのが「innerHTML」です。これは、HTMLのコードをそのままHTMLコードとしてHTML要素内に設定できます。「HTMLのコードは、innerHTMLを使って設定するのが基本」と覚えておきましょう。

Column

<form>タグはいらないの？

今回のサンプルを見て、「あれ？ <form>タグがないぞ？」と思った人もいたかもしれません。その通り、今回は<form>タグは用意してありません。

<form>タグは、そのフォームの内容をまとめてサーバーに送信するのに使うものです。ここではサーバーに送信せず、JavaScriptで直接フィールドの値を利用しているため、<form>は用意する必要がないのです。

フォントのスタイルを操作しよう

続いて、表示されているテキストのスタイルを操作してみることにしましょう。HTMLでは、スタイル関係は「style」という属性に設定されています。この点はDOMオブジェクトでも同じです。DOMオブジェクトには「style」という属性があり、ここにスタイル関連の設定がまとめられています。

ただし、style属性には多数のスタイルを記述できますので、この値をそのままの状態で扱うとなると個々のスタイルを取り出したり変更したりするのがかなり面倒になるでしょう。

そこでDOMオブジェクトでは、styleは「スタイル名をプロパティにしてオブジェクトにまとめたもの」として値を用意することにしています。つまり、styleの中にさらにスタイル名のプロパティがたくさん用意されていて、それらの値を設定することでstyle属性が操作できるようにしたのです。

フォントサイズとファミリーを操作する

これは、実際に試してみないとどういうことかよくわからないかもしれませんね。実際の例として、「表示テキストのフォントファミリーとフォントサイズを変更する」というサンプルを作ってみましょう。

index.htmlの<body>を以下のように修正してください。

リスト3-19

```
01 <body>
02   <h1>Hello!</h1>
03   <div class="container">
04     <p id="msg">Set size & family.</p>
```

次ページへ続く ▶

```
05      <label for="f1">Size</label>
06      <input type="range" id="f1" min="10" max="100"
07          class="form-control-range">
08      <label for="f2">Font Family</label>
09      <select id="f2" class="form-control">
10        <option>Serif</option>
11        <option>Sans-Serif</option>
12        <option>Monospace</option>
13      </select>
14      <button onclick="action(event)" class="btn btn-primary">
15          Click!
16      </button>
17      <script>
18      function action(event){
19        let f1 = document.querySelector('#f1');        ─┐
20        let f2 = document.querySelector('#f2');        ─┴─ 1
21        let msg = document.querySelector('#msg');
22        msg.style.fontFamily = f2.value;                ─┐
23        msg.style.fontSize = f1.value + 'px';           ─┴─ 2
24        let result = f2.value + '(' + f1.value + 'px)';
25        msg.innerHTML = result;
26      }
27      </script>
28    </div>
29  </body>
```

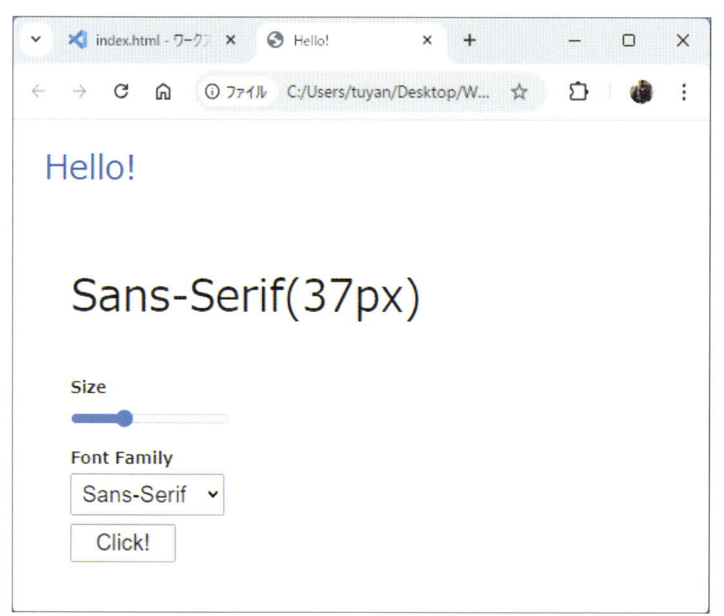

図3-20：スライダーとプルダウンメニューを選びボタンを押すとメッセージが変わる

アクセスすると、スライダーとプルダウンメニューが現れます。スライダーはテキストサイズ、プルダウンメニューはフォントファミリーをそれぞれ選択するものです。これらを適当に選んでボタンをクリックすると、その上に表示されているメッセージのフォントサイズとフォントファミリーが変わります。

ここではスライダーとプルダウンメニューのDOMオブジェクトをそれぞれf1、f2に取り出し（1）、そこからvalueを取り出してフォントファミリーとフォントサイズに設定しています（2）。

フォントファミリーの設定

```
msg.style.fontFamily = f2.value;
```

フォントサイズの設定

```
msg.style.fontSize = f1.value + 'px';
```

フォントファミリーは、styleプロパティ内の**fontFamilyプロパティ**として用意されています(Fが大文字なのに注意！)。ここにフォントファミリー名を設定すれば使用するフォントファミリーが変更されます。

フォントサイズは、styleプロパティ内の**fontSizeプロパティ**として用意されています(こちらもSが大文字なのに注意！)。これにサイズを設定しますが、これは「**数値だけではダメ**」という点に注意しましょう。フォントサイズの値は「○○px」というように、単位を付けて設定していましたね？　数値だけでは何の単位なのかわからないのでフォントサイズは変更されません。

テキストカラーを操作しよう

3-3

スタイルの中でも、値の設定が難しいのが「**色**」でしょう。単純に、"red"のように色名で指定するならば簡単ですが、RGBそれぞれの輝度を使って設定するとなるとけっこう面倒な感じがしますね。

RGBそれぞれの輝度を使って色を設定する場合、#FF0000といった16進数を使う方法の他に、「rgb(255, 0, 0)」といった形で設定することもできます。この方式なら、整数の値を組み合わせるだけなので比較的簡単に値を設定できるでしょう。

では、やってみましょう。index.htmlの<body>を修正し、RGBを指定してテキストの色を変更してみます。

リスト3-20

```
01 <body>
02   <h1>Hello!</h1>
03   <div class="container">
04     <p id="msg" class="h3 p-2">RGBを設定：</p>
05     <label for="R">R</label>
06     <input type="range" id="R" min="0" max="255"
07         class="form-control-range" oninput="action()">   ─┐
08     <label for="G">G</label>                              │
09     <input type="range" id="G" min="0" max="255"          │
10         class="form-control-range" oninput="action()">   ─┼─ 1
11     <label for="B">B</label>                              │
12     <input type="range" id="B" min="0" max="255"          │
13         class="form-control-range" oninput="action()">   ─┘
14     <script>
15     function action(){
16       let R = +document.querySelector('#R').value;   ─┐
17       let G = +document.querySelector('#G').value;   ─┼─ 2
18       let B = +document.querySelector('#B').value;   ─┘
19       let msg = document.querySelector('#msg');
20       let color = R + ',' + G + ',' + B;   ── 3
21       msg.style.backgroundColor = 'rgb(' + color + ')';   ── 4
22       let val = R + G + B;   ── 5
```

次ページへ続く ▶

```
23          if (val > 370){
24            msg.style.color = 'black';
25          } else {
26            msg.style.color = 'white';
27          }
28          msg.textContent = '[ ' + color + ' ]';
29        }
30
31        action();
32        </script>
33      </div>
34    </body>
```

6

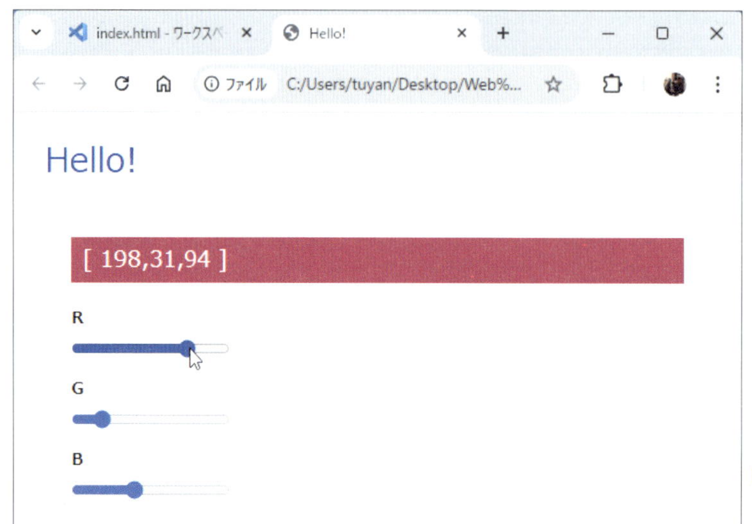

図3-21：3つのスライダーをスライドするとリアルタイムにメッセージの色が変わる

ここでは3つのスライダーを用意し、これらでRGBの各輝度を設定するようにしました。マウスでこれらをスライドすると、その上に表示されているメッセージにRGBの値が表示され、その背景色がリアルタイムに変わります。また背景色が明るくなるとテキストは黒に、暗くなると白に自動的に変更されます。

onchangeとoninput

ここでは、スライダーの値を元に<p>～</p>の色を変更する処理をaction関数に用意しています。これは、3つのスライダーの<input>タグに「oninput="action()"」というようにして設定されています(1)。これにより、スライドするとリアルタイムにactionが呼び出されテキストの表示が更新されるようになっていたのです。

スライダーによる値の変更には2つのイベント用属性が用意されています。

onchange	スライドして値を変更し、離したときに一度だけ呼び出される
oninput	スライドして値が変更されると即座に呼び出される

onchangeは、「変更が確定したとき」のイベントです。マウスでスライダーを動かしている間は発生せず、マウスを離して値が確定すると発生します。

oninputは「値が変更されたとき」のイベントです。スライダーを動かしているとき、値が変化すると即座に発生するため、リアルタイムに処理が動いているように見えるでしょう。

色の値を設定する

では色の値を設定しているaction関数の処理を見てみましょう。ここでは、まずRGBの各色を変数に取り出します(2)。

```
let R = +document.querySelector('#R').value;
let G = +document.querySelector('#G').value;
let B = +document.querySelector('#B').value;
```

<input>に入力された値は、document.querySelector(○○).valueというようにして取り出せます。しかし、よく見るとこれらの冒頭に「+」がつけられていますね？ これは、数値のプラスマイナスを表す+です。<input>の値はテキストとして取り出されます。しかし冒頭に+がついていると、「これは数値として扱うものだ」と判断し、値を数値に変換してくれます。

値が得られたら、これらの各値をカンマでつなげたテキストを作成しています(3)。

```
let color = R + ',' + G + ',' + B;
```

続いて、RGB各値を使ってbackgroundColorの値を指定のRGBの値に変更しています。これは'rgb()'を使います(4)。

```
msg.style.backgroundColor = 'rgb(' + color + ')';
```

背景色は、styleプロパティの「backgroundColor」プロパティとして用意されています。これで背景色が変更できました。

続いて、「RGBの値が一定数以上ならテキストカラーを黒にする」という処理を作成します。まずはRGBの各スライダーの値の合計を計算しています(5)。

```
let val = R + G + B;
```

この値(val)が370を超えたらテキストの色を黒にし、そうでなければ白にする、という処理を用意しておきます(6)。

```
if (val > 370){
  msg.style.color = 'black';
} else {
  msg.style.color = 'white';
}
```

これで、背景色の明るさに応じてテキストの色が変わるようになりました。色のプロパティは、RGBで指定しても色名で指定しても全く同じように変更できます。

class属性を操作する

スタイルの設定を考えたとき、style属性よりもclass属性のほうがはるかに多用することになるでしょう。このスタイルクラス(p.061参照)は、以下のように設定できます。

class属性の設定

```
《DOMオブジェクト》.className = テキスト;
```

class属性は、「class」ではなく「className」になります。これは、よく勘違いしがちなので注意しましょう。設定する値は、ただのテキストです。従って、たくさんのスタイルクラスを組み合わせて使うような場合はちょっと扱いが面倒かもしれません。その場合は、class属性に設定されているスタイルクラスを配列のようにして扱う「classList」というものも用意してあります。

classListの利用

classListは、スタイルクラスを配列のようにまとめて扱います。ここから特定のスタイルクラスを取り出して利用することができます。この値は読み取り専用なのですが、中にあるメソッドを呼び出すことでスタイルクラスを削除したり追加したりできます。

指定したインデックスのスタイルクラスを取得する

```
変数 =《DOMオブジェクト》.classList.item( 番号 );
```

スタイルクラスを追加する

```
《DOMオブジェクト》.classList.add( クラス名 );
```

スタイルクラスを削除する

```
《DOMオブジェクト》.classList.remove( クラス名 );
```

すべてのスタイルクラスをまとめて削除するメソッドはありません。ですからその場合は、classNameを空のテキストに設定するとよいでしょう。classListは、個々のスタイルクラスを扱いたい場合に使うものと考えてください。

class属性を操作する

では、実際にclass属性を扱うサンプルを挙げておきましょう。例によってindex.htmlの<body>を修正して動かします。

リスト3-21

```
01 <body>
02   <h1>Hello!</h1>
03   <div class="container">
04     <p id="msg">Select style-class!</p>
05     <label for="f2">class</label>
```

```
06      <select id="list" class="form-control"
07          onclick="action()">
08        <option>none</option>
09        <option>alert</option>
10        <option>card</option>
11      </select>
12      <script>
13      function action(){
14        let list = document.querySelector('#list');
15        let msg = document.querySelector('#msg');
16        msg.className = '';
17        msg.classList.add(list.value);
18        msg.textContent = 'スタイルクラスは "' + list.value +
19            '" に設定されています。'
20      }
21
22      action();
23      </script>
24    </div>
25  </body>
```

このサンプルでは、none、alert、cardといったスタイルクラスを使用します。これらのスタイルクラス定義も用意しておきましょう。styles.cssを開き、以下のコードを追記してください。

3-3

リスト3-22

```
01  .none {
02    background-color:#fafafc;
03    padding: 25px 50px;
04    margin: 25px 0px;
05  }
06  .alert {
07    color:white;
08    background-color: royalblue;
09    border: white 6px double;
10    padding: 25px 50px;
11    margin: 25px 0px;
12    border-radius: 0.5em;
13  }
14  .alert .title {
15    margin:10px 0px;
16    padding: 10px 0px;
17    font-size: 1.0em;
18    font-weight: bold;
19  }
20  .card {
21    border: gray 1px solid;
22    padding: 25px 50px;
23    margin: 25px 0px;
24    box-shadow: 5px 7px 5px darkgray;
25  }
26  .card .title {
27    margin:10px 0px;
28    padding: 10px 0px;
29    font-size: 1.0em;
30    font-weight: bold;
31  }
```

修正できたら動作を確認しましょう。リスト3-21では、プルダウンメニューを1つだけ用意しておきました。

ここからスタイルクラス名の項目を選ぶと、その上のメッセージが指定のスタイルクラスで表示されます。スタイルクラスを変更するだけで、表示がガラリと変わってしまうのがわかるでしょう。

図3-22：メニューを選ぶと、アラートの色が変わる

スクリプトのポイント

ではスクリプトのポイントを整理しておきましょう。ここでは、id="msg"のDOMオブジェクトを変数msgに取り出した後、以下のような手順でスタイルクラスを変更しています（1）。

class属性を空にする

```
msg.className = '';
```

classNameでスタイルクラスを初期化した後、addで必要なスタイルクラスを追加します。classNameとclassListは、このように混在して使うことができます。その時その時で使いやすい方を利用すればいいでしょう。

スタイルクラス名を追加

```
msg.classList.add(list.value);
```

新たに使ったスタイル

リスト3-22では、ボーダー関係のスタイルがいくつか追加されています。まずはボーダー(要素の輪郭線)の設定を行う「border」です。これにはいくつかの値を用意します(2)。

輪郭線の色、幅、スタイルをまとめて指定する

```
border: 色 幅 スタイル;
```

これで、指定した色と幅でボーダー線を表示します。スタイルにはいくつかのものが用意されていますが、とりあえず「solid(1本線)」と「double(2本線)」ぐらいを知っておけばいいでしょう。

このボーダー線の設定は、上下左右を個別に行うこともできます。これには以下のような項目が用意されています(左から、上部の指定、下部の指定、右側の指定、左側の指定)。

```
border-top    border-bottom  border-right    border-left
```

続いて、ボーダー線の角の丸みを設定する「border-radius:」です。以下のように幅を指定することで、ボーダーの四隅の角をどれぐらい丸くするか設定できます。なお、これも数値だけでなく単位と合わせて指定をします。

輪郭線の線の角の丸みを指定する

```
border-radius: 幅;
```

「box-shadow」というものも使いました。これは要素に影をつけるためのもので最低でも4つの値を指定します。

影を指定する

```
box-shadow: 右幅 下幅 ぼかし幅 色;
```

影は要素の右下に少しずれた感じで表示されます。その右と下の幅と、影の端をどのぐらいぼかすか、影の色を指定します。

DOM操作ではHTMLをしっかりと!

これで、だいぶJavaScriptでHTMLの要素を操作できるようになりました。たくさんの属性を操作し、エレメントを操作しましたから、「途中でよくわからなくなった」という人もいることでしょう。そういう人も、安心してください。ここでの説明は、今すぐ理解できないとダメ！　というものではありませんから。

JavaScriptでHTMLの要素を操作するというのは、「HTML要素をDOMオブジェクトとして取り出す」「そのオブジェクトの属性を操作する」というやり方をすることがわかりました。ここで取り上げたものも、基本的にはすべてHTML要素に属性として用意されているものをJavaScriptから操作していただけです。

ということは、JavaScriptでWebページを自由に操作するには、「HTMLがしっかりと理解できている」ということが何より重要である、ということになります。HTMLさえしっかり頭に入っていれば、JavaScriptで操作する際も「こういうことをしたいときは確かこういう属性がHTML要素にあったはずだ」とか、「この表示はこういうスタイルで設定されているはずだ」といったことがわかれば、スムーズにスクリプトを書いていくことができます。

Webページ(フロントエンド)に関しては、これでJavaScriptの説明はおしまいです。WebページのJavaScriptでできることは、実は意外に多くありません。「基礎文法とDOMエレメント」の2つさえきっちりわかれば、だいたいのことはできるようになるのです。

が！　これはあくまで「フロントエンドでは」の話です。バックエンド(サーバー側)では、これは通用しません。同じJavaScriptでも、フロントエンドとバックエンドはまるで違うのです。

では次の章で、フロントエンドとは全く違う、もう1つのJavaScriptについて学んでいくことにしましょう。

Part 1 基本編

Chapter 4

Node.jsでコマンドプログラムを作ろう

JavaScriptのスクリプトをパソコンで実行できるようにするのが
「Node.js」というプログラムです。
この基本的な使い方を覚え、
便利なスクリプトを自分で作成できるようになりましょう。

4-1

Node.jsを準備しよう

この節のポイント

- Node.jsでコマンドプログラムの書き方を覚えよう。
- consoleの使い方をマスターしよう。
- モジュールについて理解しよう。

JavaScriptエンジン「Node.js」について

前章で、Webページで動くJavaScriptの基本はわかりました。実際に使ってみた感想はどうでした？

JavaScriptの基本文法は、プログラミング言語としては割とわかりやすい方です。難しいのは、Webページで出てくる「DOMオブジェクト」というものですね。

このDOMオブジェクトは、さまざまなプロパティやメソッドが組み込まれた複雑なオブジェクトです。これが一通り使えるようになれば、JavaScriptによるWebページ操作の基本はだいたいできるようになる、といえます。

フォームの利用、フォントの変更、色の設定、HTML要素の作成や削除。いろいろなことをやってみましたが、考えてみるとそれらはすべて「DOMオブジェクトを操作する」ということで実現していたのですね。JavaScriptでちょっと面白いことをやろうと思ったら、DOMオブジェクトは必須。これがWebページのすべてを管理しているのですから、当然といえば当然ですね。

独立したJavaScriptエンジンの登場！

このように、JavaScriptは誰でも手軽にWebを操作できる言語として広く使われています。これだけ広く使われているのだから、Webページ以外のところでも使えるようになったらもっと便利じゃないか？

そんな考えから、「JavaScriptのスクリプトを実行するエンジン部分」をWebブラウザから切り離し、独立して使えるようにしたソフトウェアが登場しました。それが、「Node.js」です。

Node.jsは、JavaScriptのスクリプトを実行するエンジンプログラムです。スクリプトを書き、Node.jsで実行すればその場で動きます。Webブラウザは必要ありません。普通のプログラミング言語と同じように、「プログラムのソースコードを書いて実行すれば動く」という当たり前のことがJavaScriptでもできるようになったのです。

Node.jsにDOMはない！

これは便利だ！　と思って、すぐにNode.jsに挑戦しようと思っている人も多いでしょうが、ちょっと待ってください。いきなりNode.jsに挑んでも、多くの人は実際に試して愕然とするでしょう。

「DOMがない！」

当たり前です。Node.jsは、Webブラウザで動くものではありません。ですから、Webページを扱うためのDOMは、ないのです。したがって、DOMを操作する処理はすべて動きません。

では、DOMが使えないのにJavaScriptで一体何をすればいいのか。それは「普通のプログラミング言語」と同じです。ファイルを操作したり、ネットワークアクセスしたり、データベースを利用したり、そうした普通のプログラムを作成するのです。そのための機能は、ちゃんとNode.jsに用意されています。

Node.jsとWeb用JavaScriptの違い

では、Node.jsは、Webブラウザに組み込まれているJavaScriptとどこが違うのでしょうか。あるいは、どこが同じなのでしょう？　ここで簡単に整理してみましょう。

基本文法は同じ！

どちらも同じJavaScriptですから、基本的な文法は全く同じです。値・演算・制御構文・関数・オブジェクト、すべて同じ文法でスクリプトを書くことができます。ただし、何から何まですべて同じというわけではなくて、標準で用意される機能などは一部違うところもあります。

Webブラウザでは動かない！

これも考えれば当たり前ですが、Node.jsのスクリプトは、Webブラウザで読み込んでも動きません。逆に、Webページ用に書いたスクリプトをNode.jsで実行させようとしてもエラーになって動かないでしょう。両者は、使える機能が全く違いますから、コードの互換性もまったくありません。

4-1

DOMはなく、モジュールがある

「DOMがない」ということはすでに述べましたが、では代わりに何があるのか？　それは「モジュール」と呼ばれるプログラム群です。Node.jsには、さまざまな機能を実現するためのモジュールが用意されており、それらを利用してスクリプトを作成していきます。これらのモジュールの使い方を覚えていくのが、Node.jsの学習スタイルといえるでしょう。

Node.jsをインストールしよう

では、実際にNode.jsを使ってみることにしましょう。まずは、Node.jsをインストールします。以下のアドレスにアクセスしてください。

- https://nodejs.org

これがNode.jsのサイトです(図4-1)。アクセスすると、「Download Node.js (LTS)」というボタンが表示されます。これをクリックすると、インストーラがダウンロードされるので、それを起動してインストールを行いましょう。

インストール作業は、基本的にすべてデフォルトのまま進めていけば問題ありません。ただし、「使用許諾契約(End-User License Agreement)」の表示では「同意する(I accept)」という項目を選択して承認してください。承認しないとインストールはできません。

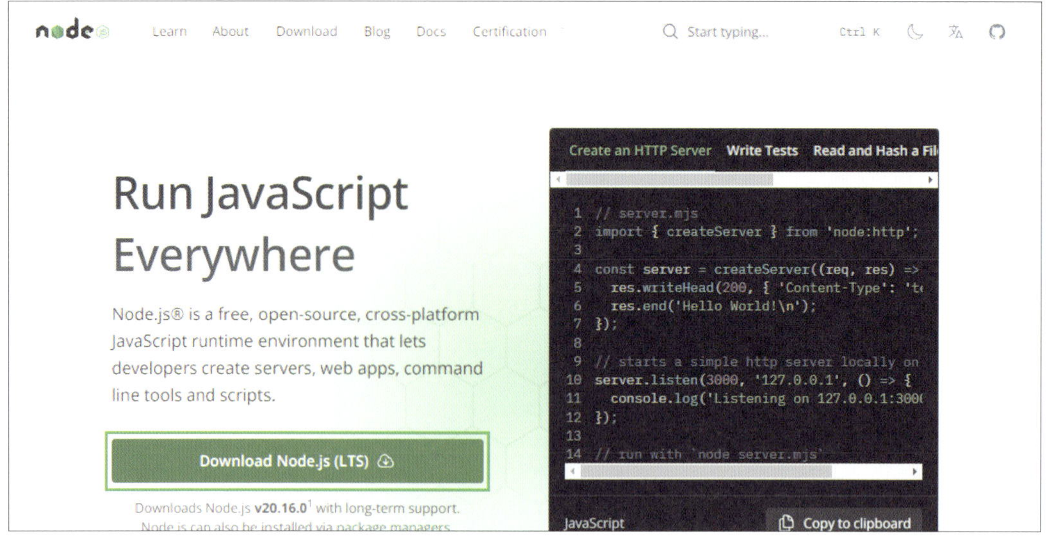

図4-1：Node.jsのサイト。ここから最新版をダウンロードする

Node.jsのバージョンをチェックしよう

インストールできたら、問題なくNode.jsが動作するかどうか確かめておきましょう。Node.jsは、コマンドプログラム(コマンドとして直接実行するプログラム)です。プログラムの実行には、ターミナルを利用します。

ターミナルは、コマンドを直接入力し実行するツールです。Windows 10/11であれば、スタートボタン横の検索バーまたはスタートボタンで現れる検索フィールドに「ターミナル」(または「PowerShell」)と入力すると「ターミナル」のアプリ(Windows 10では「PowerShell」)が見つかるのでこれを選択して起動してください。macOSの場合、「アプリケーション」フォルダー内に「ターミナル」のアプリがあります。

起動すると、テキストを入力するウィンドウが現れ、入力待ち状態となっているでしょう。ここにコマンドを記入し、[Enter] キーまたは [Return] キーを押すと、入力したコマンドが実行されるようになっています。

では、試しにNode.jsがちゃんと認識されるか、以下のコマンドを実行してみましょう。

```
node -v
```

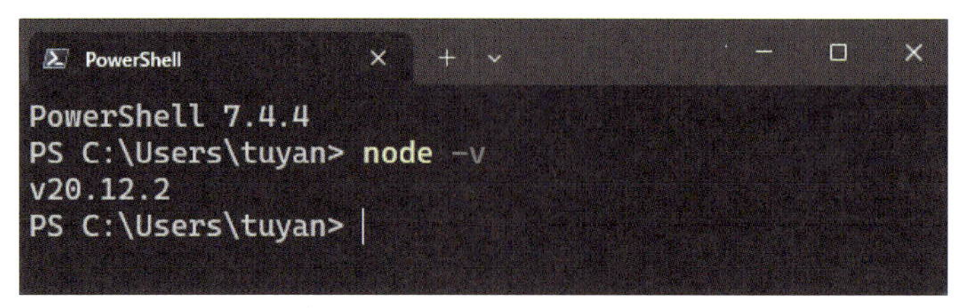

図4-2：Node.jsのバージョンをチェックする

実行すると、「v20.12.2」といったようにバージョン番号が出力されます(番号はそれぞれのインストールしたNode.jsによって変わります)。これが問題なく表示されれば、Node.jsは正しく使える状態になっています。

デスクトップ版VSCodeを用意しよう

ここまで、Web版のVSCodeを利用していましたが、そろそろデスクトップ版をインストールして使うことにしましょう。

この章から、Node.jsのプログラムを書いて実行するようになります。そうすると、単にファイルの編集だけでなく、コマンドの実行も行うことになります。Web版のVSCodeの場合、ファイルを編集するVSCodeとは別にターミナルのアプリを起動しておく必要があります。デスクトップ版ならば、VSCodeの中にターミナルが組み込まれているため、これ1つだけですべて済みます。

この他、本格的にWeb開発を行うのであれば、各種言語やライブラリ·フレームワークなどを利用するための拡張機能が多数用意されています。それらをインストールできるデスクトップ版のほうがより快適に開発を行えるでしょう。

というわけで、この章からはWeb版ではなく、デスクトップ版のVSCodeを使っていきます。まずはデスクトップ版をインストールしておきましょう。以下のURLからダウンロードできます。

- https://code.visualstudio.com/

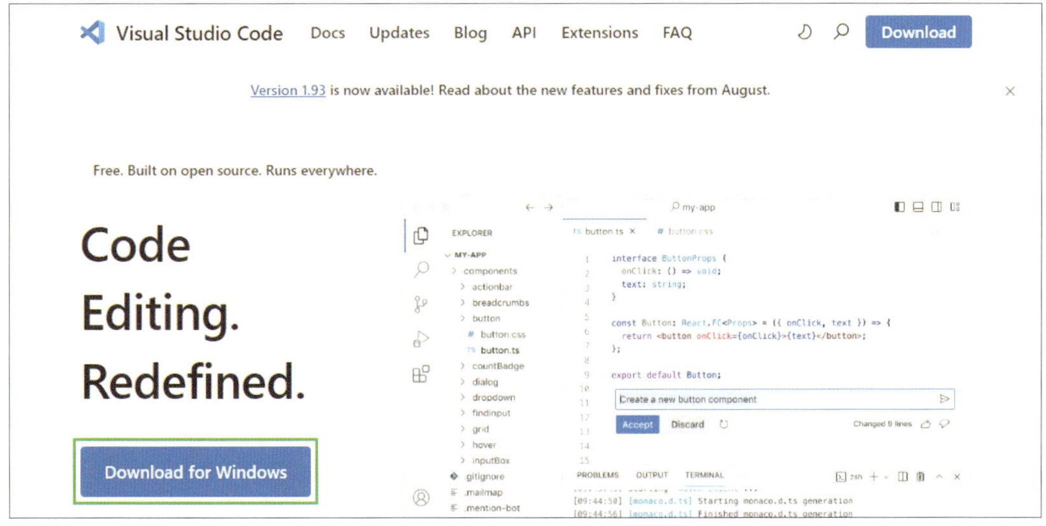

図4-3：Visual Studio CodeのWebページ

このページにある「Download for XXX」(XXXはプラットフォーム)というボタンをクリックすると、そのプラットフォーム用のソフトウェアがダウンロードできます。

Windowsの場合、インストーラを起動してインストール作業を行ってください。基本的にデフォルトのまま進めていけば問題なくインストールされます(途中、使用許諾契約書のところで「同意する」ボタンをONにする必要があります)。

図4-4：Windows版のインストーラでは使用許諾契約書で「同意する」を選んで進める

macOSの場合、アプリがそのままZipファイルに圧縮されてダウンロードされますので、これを展開保存して「アプリケーション」フォルダーに入れるだけです。インストール作業などは不要です。

Node.jsのスクリプトを動かそう

では、実際にNode.jsのスクリプトを書いて動かしてみることにしましょう。Node.jsはサーバープログラムの作成で広く利用されており、本書でもそのための解説を中心にしていきます。が、Node.jsは「サーバー開発」しかできないわけではありません。

Node.jsは、コマンドからプログラムを実行する「コマンドプログラム」の作成にも向いています。ちょっとした処理を行うのにコマンドプログラムはとても重宝します。まずは簡単なコマンドプログラムを作成しながらNode.jsに慣れていくことにしましょう。

ここまで、VSCodeで「Web site」フォルダーを開いて利用していましたね？　この章でもそのまま「Web site」フォルダーを利用していきます。先ほどインストールしたデスクトップ版VSCodeを起動してください。そしてウィンドウ内に「Web site」フォルダーをドラッグ＆ドロップして開きます。そしてエクスプローラーの「新しいファイル」アイコンで新しいファイルを作成し、「app.js」と名前を入力しましょう。

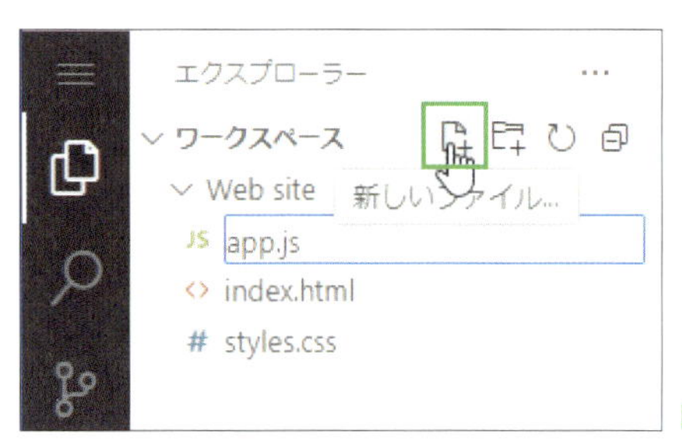

図4-5：「新しいファイル」アイコンで「app.js」ファイルを作る

JavaScriptのスクリプトファイルは、このように「.js」という拡張子をつけておくのが一般的です。ファイルが用意できたら、簡単なコードを記述しましょう。以下の文を記入し、ファイルを保存してください。

リスト4-1

```
01 console.log('This is Node.js!');
```

図4-6：app.jsにコードを記述し保存する

ターミナルで実行しよう

スクリプトファイルが作成できたら、ターミナルを起動します。さきほどは「ターミナル」のアプリを別途起動しましたが、VSCodeの中にもターミナルの機能があるのです。デスクトップ版のVSCodeの「ターミナル」メニューから「新しいターミナル」を選ぶとターミナルのパネルが現れます。

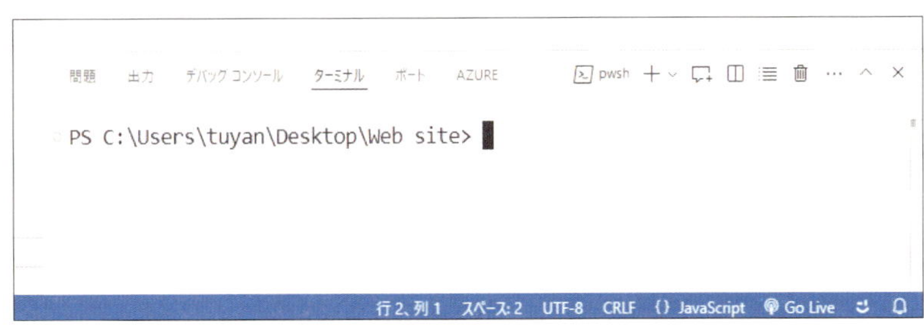

図4-7：デスクトップ版VSCodeは「ターミナル」メニューからターミナルを開ける

準備ができたら、開いたターミナルから以下のようにコマンドを実行してください。

```
node app.js
```

実行すると、「This is Node.js!」とテキストが表示されます(図4-8)。ごく単純なものですが、Node.jsのスクリプトが動いていることはこれで確認できるでしょう。

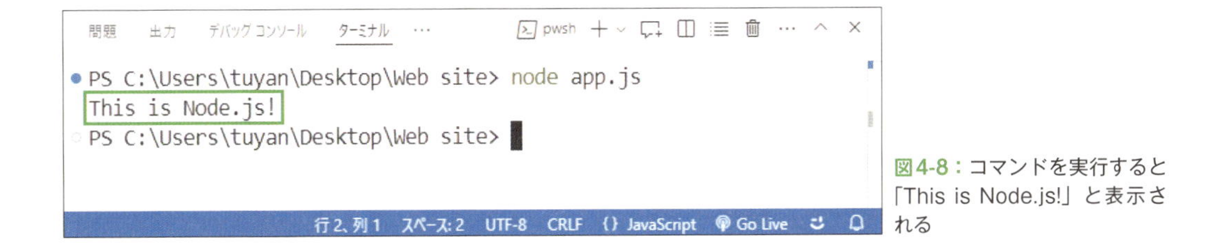

図4-8：コマンドを実行すると「This is Node.js!」と表示される

コマンドとファイルパスについて

先ほど、ターミナルで実行した「cd ～」というコマンドは、「カレントディレクトリ」というものを設定するためのものです。カレントディレクトリというのは、「現在、選択されているディレクトリ(フォルダー)」を示すものです。

cdは、カレントディレクトリを移動する命令なのです。例えば、カレントディレクトリの中にあるフォルダーの中に移動する場合は、こんな具合に実行します。

```
cd フォルダーパス
```

プログラムの世界では、ファイルやフォルダーはパスを使って識別します。この「パスでファイルやフォルダーを指定する」という考え方に早く慣れておきましょう。

consoleで出力する

先ほどのスクリプトでは「console.log」というものが使われていました。これは、consoleオブジェクトのlogメソッドを実行していたのです。

コンソールに出力する

```
console.log( 値 );
```

こんな具合に、logの引数に値を指定すると、それがそのままターミナルに表示されます。このメソッドは、コマンドプログラムで値を表示する基本として覚えておきましょう。

JavaScriptで計算させる

では、Node.jsでどんなことができるか試してみましょう。まずは、簡単な計算を行わせてみます。app.jsを以下のように書き換えてください。

リスト4-2

```
01 let n = 12345; // ☆
02 let total = 0;
03 for(let i = 1;i <= n;i++){
04   total += i;
05 }
06 console.log('total: ' + total);
```

図4-9：実行すると「total: 76205685」と表示される

修正し保存したら、ターミナルから「node app.js」を実行しましょう。すると、「total: 76205685」と計算結果が表示されます。

これは、1から12345までの合計を計算するスクリプトです。実行すると計算を行い、その結果を表示します。動作を確認したら、☆マークの数値をいろいろと書き換えて、どういう結果になるか試してみましょう。

見ればわかるように、console.log以外は、JavaScriptのごく普通のスクリプトです。Node.jsのJavaScriptも、構文などは通常のJavaScriptと全く同じですから、この種の計算は普通のJavaScriptと同じように書いて動かすことができます。

実行時間を計測する

多量の計算などをさせようとすると、「どのぐらい計算にかかるか」が気になりますね。consoleオブジェクトには、実行時間を計測するための機能が用意されています。次はこれを使ってみましょう。

計測を開始する

```
console.time( ラベル );
```

計測を終了する

```
console.timeEnd( ラベル );
```

計測は、consoleの「time」メソッドで行います。これは計測を開始するものですが、引数にラベルを指定します。このconsole.timeは、一度にいくつでも計測を行うことができます。引数にラベルを指定することで、「どの計測か」を識別するようになっているのですね。

計測の終了は、「timeEnd」というメソッドを使います。引数にはラベルを指定します。これで、指定のラベルの計測を開始してからそれまでの経過時間を表示します。このtimeEndにより、指定したラベルの計測は終了します。終了したあとでまたtimeEndを実行しても経過時間は得られません(エラーメッセージが表示されてしまいます)。

4-1

計算にかかるタイムを計測する

では、実際に処理時間の計測を行ってみましょう。app.jsのスクリプトを以下のように書き換えてみます。

リスト4-3

```
01 console.time('test');
02 
03 let result = [];
04 for (let i = 2; i < 1000; i++) {
05   let num =2;
06   let flg = true;
07   while(num < i){
08     if (i % num  == 0){
09       flg = false;
10       break;
11     }
12     num++;
13   }
14   if (flg){
15     result.push(i);
16   }
17 }
18 console.log(result);
19 console.timeEnd('test');
```

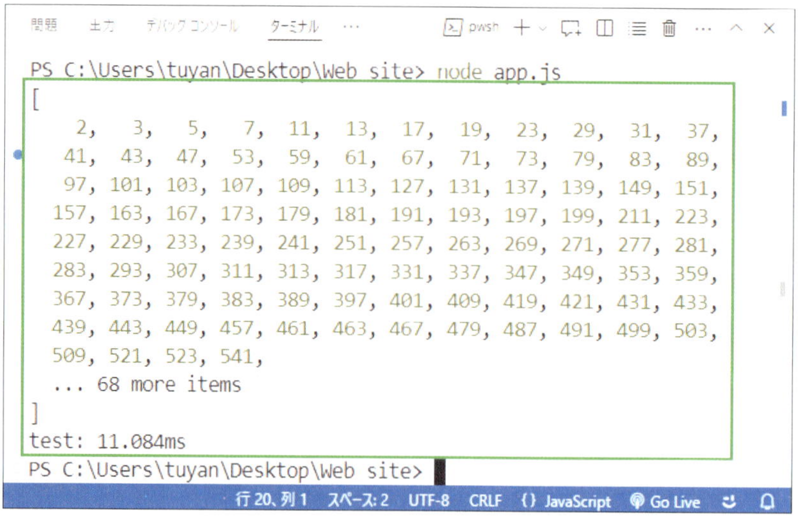

問題 出力 デバッグ コンソール ターミナル …
pwsh
PS C:\Users\tuyan\Desktop\Web site> node app.js
[
2, 3, 5, 7, 11, 13, 17, 19, 23, 29, 31, 37,
41, 43, 47, 53, 59, 61, 67, 71, 73, 79, 83, 89,
97, 101, 103, 107, 109, 113, 127, 131, 137, 139, 149, 151,
157, 163, 167, 173, 179, 181, 191, 193, 197, 199, 211, 223,
227, 229, 233, 239, 241, 251, 257, 263, 269, 271, 277, 281,
283, 293, 307, 311, 313, 317, 331, 337, 347, 349, 353, 359,
367, 373, 379, 383, 389, 397, 401, 409, 419, 421, 431, 433,
439, 443, 449, 457, 461, 463, 467, 479, 487, 491, 499, 503,
509, 521, 523, 541,
... 68 more items
]
test: 11.084ms
PS C:\Users\tuyan\Desktop\Web site>
行 20、列 1 スペース: 2 UTF-8 CRLF {} JavaScript Go Live

図4-10：実行すると、2から1000までの素数をすべて出力、かかった時間を表示する

これは、2から1000までの間ですべての素数を取り出すサンプルです。実行すると、得られた素数を配列にまとめて出力し、経過時間を表示します。おそらく、「test: 12.345ms」というような値が表示されたことでしょう。これは、testラベルの経過時間を表すものです。

timeEndを実行すると、その場で自動的に経過時間が出力されます。単位はミリ秒で表示されています。実際に長い時間がかかる処理を試してみると、「どれだけ時間がかかるか」が簡単にわかるのはけっこう便利ですよ。

入出力を行うには？

テキストを出力するのはconsole.logで簡単に行えました。では、入力（プログラムにユーザーから値などを渡す作業）はどうやるのでしょうか。

これは、実はちょっとばかり面倒です。入力を行うには、「readline」というモジュールを利用する必要があります。先に説明したように「モジュール」というのは、Node.jsに組み込まれているさまざまな機能を自分のプログラムの中から利用できるようにするための仕組みです。これを利用するためには、「require」という関数を使います。

モジュールをロードする

```
変数 = require( モジュール );
```

このrequireは、指定したモジュールを読み込み、そのオブジェクトを返します。モジュールというのは、「さまざまな機能を組み込んだオブジェクト」の形をしています。requireで指定のモジュールを読み込み、そのオブジェクトを変数などに代入して利用するのです。

Interfaceを作成する

readlineを利用するには、まずInterfaceというオブジェクトを作成する必要があります。これは、「createInterface」というメソッドを使います。

Interfaceを作成する

```
変数 = readline.createInterface({
  input: process.stdin,
  output: process.stdout
});
```

createInterfaceメソッドは、作成するInterfaceに関する設定情報をオブジェクトとしてまとめたものを引数に指定します。ここでは、inputとoutputという値を用意していますね。どちらも、process.stdinとprocess.stdoutを指定します。これは、「必ずこう書く」と覚えてしまってください。ユーザーからの入力を行うためにInterfaceを作る場合、他の値を設定することはほとんどありません。

出力を行う「write」

作成されたInterfaceには、入出力の機能が一通り揃っています。出力は「write」というメソッドを使います。これは非常に扱いが簡単です。

値を出力する

```
《Interface》.write( 値 );
```

console.logと同じような感じですね。引数に値を指定すると、それを出力します。ただし、console.logと違い、これは入出力を行うInterfaceの機能なので、動作にクセがあります(後でわかってきます)。

4-1

入力を行う「question」

値の入力は、「question」というメソッドを使います。これは以下のような形で作成をします。

テキストを読み込む

```
《Interface》.question( メッセージ , 関数);
```

何だか不思議な形をしていますね。第1引数には、テキストを読み込む際に表示する**メッセージ**を用意します。そして第2引数には、**関数**を用意します。関数？　そう、関数なんですこれは。

アロー関数について

この関数は、「**アロー関数**」(p.085参照)と呼ばれる形で書かれています。これは関数をより簡潔に記述できるようにしたもので、このように記述します。

アロー関数の書き方

```
( 引数 )=>{ …処理…}
```

()に引数を指定し、=>という記号の後に処理を記述します。

このアロー関数は、通常の関数とは違い、関数名がありません。名前のない関数なのです。その代わり、とてもコンパクトに記述できます。その特徴から、関数を値として利用するような場合によく用いられます。「関数の引数に関数を指定する」というような場合ですね。

「引数に関数？　なんだかよくわからないなぁ」と思う人は、「関数は、値だ」ということを思い出してください。前にオブジェクトについて説明をしたとき、プロパティに関数を代入してメソッドを作りましたね？　JavaScriptでは、関数は、値（オブジェクト）なんです。だから、関数の引数に関数を指定するようなことだってできるんですよ。

Interfaceの終了「close」

このInterfaceによる入出力は、使い終わったら最後に開放しなければいけません。これは「close」メソッドで行います。

Interfaceを終了する

```
《Interface》.close();
```

これで入出力が開放されます。これを忘れると、スクリプトが終了してもまだ入力状態のままになってスクリプトが終了できない状態となってしまいます。必ず最後にcloseしてください。

値を入力してみよう

では、実際にreadlineを使って、テキストを入力してもらうスクリプトを作ってみましょう。これは、実際やってみるとけっこうわかりにくいのです。とにかくシンプルに作ってみます。

リスト4-4

```
01 const readline = require('readline');
02 
03 const read = readline.createInterface({
04   input: process.stdin,
05   output: process.stdout
06 });
07 
08 read.question('type any words: ', (answer) => {
09   read.write("you typed:" + answer);
10   read.close();
11 });
```

1

```
問題　出力　デバッグ コンソール　ターミナル　ポート　AZURE
PS C:\Users\tuyan\Desktop\Web site> node app.js
type any words: こんにちは。
you typed:こんにちは。
PS C:\Users\tuyan\Desktop\Web site>
行 12、列 1 (251 個選択)　スペース: 2　UTF-8　CRLF　{} JavaScript　Go Live
```

図4-11：テキストを入力するとそれが表示される

app.jsを修正したら、「node app.js」で実行してみましょう。まず「you typed:」と表示され、入力待ちの状態になります。そこでテキストを入力し、[Enter] キーまたは [Return] キーを押すと、「you typed: ○○」と入力したテキストが表示されます。

questionで入力テキストを利用する

では、どのようにして入力したテキストを取り出し利用しているのか、questionメソッドの呼び出し部分を見てみましょう(1)。

```
read.question('type any words: ', (answer) => {
  read.write("you typed:" + answer);
  read.close();
});
```

第2引数のアロー関数

テキストが入力されると、第2引数のアロー関数が呼び出されます。このとき、引数のanswerに、入力されたテキストが渡されます。この関数内で、answerの値を使って処理を行い、closeしているというわけです。

こんな具合に、questionは、アロー関数の中で入力後の処理を記述していきます。ちょっと今までやったことのない書き方なのでわかりにくいでしょうが、「引数にアロー関数を書いて、その中で処理する」ということさえわかれば、そんなに難しいものではありません。何度かスクリプトを書いて、この書き方に慣れておくとよいでしょう。

4-1

非同期処理について

このquestionというメソッド、書き方が難しいですね。引数にアロー関数なんていう関数を用意しないといけないなんて、そんなもの今まで見たことがありません。どうしてこんな複雑な形をしているのでしょうか。

それは、このquestionが「**非同期処理**」だからなのです。

非同期処理というのを理解するためには、まず「**同期処理**」について理解しなければいけません。

同期処理というのは、「**すべての処理が完了しながら順に動いていく**」という方式です。1つの文を実行したら、その処理が完了するまで待ち、完了したら次の文を実行する。そうやって1つ1つ「完了したら、次へ進む」ということを繰り返して処理を行っていくのが同期処理です。

このやり方は、非常に時間のかかる処理が途中であると、ものすごく処理が遅くなってしまいます。しかし、例えばWebサーバーのプログラムなどでは、わずかな遅延も許されません。このような場合に用いられるのが、「非同期」処理です。

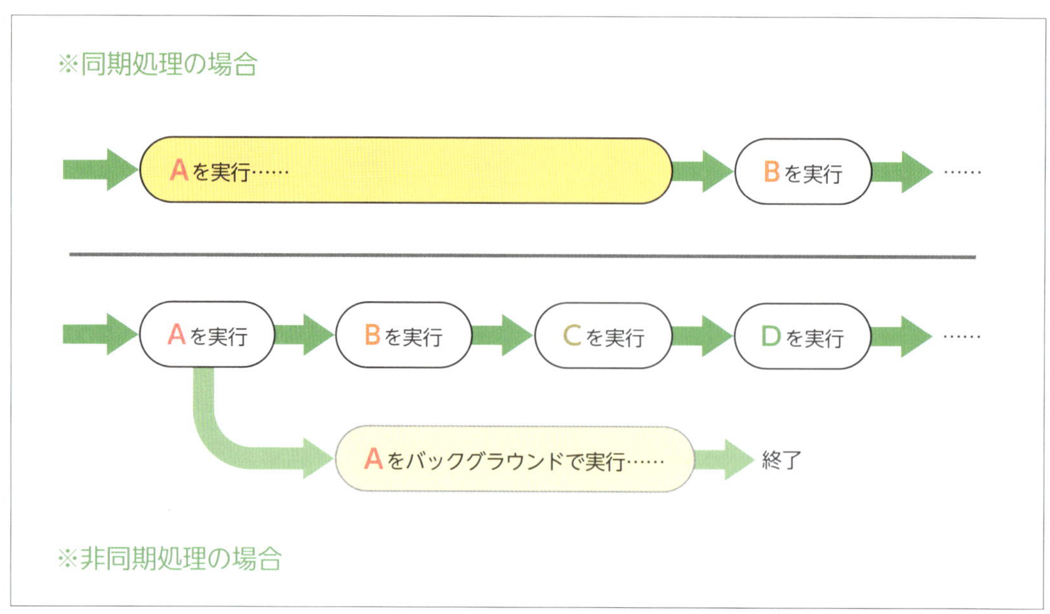

図4-12：同期処理はすべて完了してから次に進む。非同期処理は完了しなくとも次に進み、バックグラウンドで処理を続ける

非同期処理とコールバック

非同期処理は「処理の完了を待たず、すぐに次に進む」というやり方です。もちろん、処理は終わってませんから、次の文が実行されている間もバックグラウンドで処理を続けているのです。

そしてすべての処理が完了したら、あらかじめ用意しておいた関数を呼び出して後処理を行うのです。この「完了した後に呼び出す処理」を「コールバック」といいます。

今回利用したquestionは、利用者から入力してもらうのに時間がかかります。そこで非同期処理として用意されているのです。利用者からの入力が完了していなくともどんどん次の処理を実行していけるようにしているのです。

そしてquestionの第2引数にあるアロー関数が、「コールバック」と呼ばれる、完了後に呼び出される後処理だったのです。非同期であったために、こんな複雑な形をしていたのですね。

入力用モジュールを用意しよう

これで一応、入力はできるようになりましたが、正直いってちょっと入力するだけでもコードを色々と記述しないといけません。もっと簡単に使えるようにするため、「モジュール」を作成しましょう。

モジュールというのは、Node.jsで利用される小さなプログラムでしたね。今使ったreadlineもモジュールでした。モジュールとして作成したプログラムは、いつでもロードして使えるようになります。

このモジュールは、Node.jsに用意されているだけでなく、自分で作って利用することもできるのです。では、やってみましょう。

入力システムを作ろう

app.jsと同じ場所に「mymodule.js」という名前でファイルを作成してください。そして、ここに以下のように記述をします。

リスト4-5

```
01 const readline = require('readline');
02 
03 function prompt(msg){
04   const read = readline.createInterface({
05     input: process.stdin,
06     output: process.stdout
07   });
08 
09   return new Promise((resolve, reject)=>{
10     read.question(msg, (answer) => {
11       resolve(answer);
12       read.close();
13     });
14   })
15 };
16 
17 module.exports.prompt = prompt;
```

これが、入力のシステムです。内容は理解する必要はありません。今は「このまま書けば動く」と考えてください。

mymoduleモジュールを使う

では、作成したモジュールを使って入力をするサンプルを作ってみましょう。app.jsを以下のように書き換えます。

リスト4-6

```
01 const { prompt } = require('./mymodule');  ―― 1
02 
03 async function main(){
04   const name = await prompt('あなたの名前は？ ');
05   console.log(`こんにちは、${name}さん！`);
06 }
07 
08 main();
```

```
問題  出力  デバッグ コンソール  ターミナル  ポート  AZURE
PS C:\Users\tuyan\Desktop\Web site> node app.js
あなたの名前は？ 山田タロー
こんにちは、山田タローさん！
PS C:\Users\tuyan\Desktop\Web site>
行 9、列 1  スペース: 2  UTF-8  CRLF  {} JavaScript  Go Live
```

図4-13：名前を入力するとメッセージを表示する

「node app.js」を実行すると、「あなたの名前は？」と表示され入力待ちになります。そのまま名前を書いて［Enter］を押すと、「こんにちは、〇〇さん！」とメッセージが表示されます。

モジュール利用のポイント

では、スクリプトのポイントを解説しましょう。ここでは、まずmymodule.jsのモジュールをロードしています（1）。

```
const { prompt } = require('./mymodule');
```

モジュールは、requireを使って読み込むことができましたね。これで、mymodule.jsに記述した関数がpromptに割り当てられます。

このprompt関数は、以下のような形で呼び出しています。

```
async function main(){
  const name = await prompt('あなたの名前は？ ');
  …略…
}
```

main関数の前に「async」というものが書かれていますね？　この関数の中では「await」を使ってprompt処理が呼び出されています。prompt関数は、このようにawaitをつけて呼び出します。

async/awaitの働き

「asyncとかawaitとかって一体何だ？」と思ったかもしれませんが、これは非同期処理を同期処理のような感覚で扱えるようにするものです。

非同期処理は、すでに説明したように「呼び出したら、結果が返ってくる前に処理を終えて次に進んでしまう」というものでした。処理が完了したら、コールバックを呼び出してその後の処理を行いました。

これは非常にわかりにくいので、「非同期処理だけど、処理が完了するまで待って、結果を受け取って次に進む」というようにするために用意されたのがasync/awaitです。これは以下のように利用します。

async/awaitの使い方

```
async function 関数 () {
  …略…
  await 非同期関数();
}
```

asyncは、その関数を「非同期関数として定義する」ためのもので、functionの前につけます。これをつけることで、この関数自体も非同期関数として扱われるようになります。

そしてawaitは、非同期関数の前につけて「処理が完了するまで待つ」ようにするものです。これにより、戻り値がある場合もそのまま値を受け取れるようになります。

ただし、awaitすると、時間がかかる処理も終わるまで待って次に進むため、場合によってはかなり実行に時間がかかるようになります。そこで、awaitを利用する関数では必ずasyncをつけて非同期関数として定義するようになっているのですね。

async/awaitは、これからちょくちょく登場しますので、今は「なんだかよくわからない」としても、使っていく内に少しずつ使い方や働きがわかってくることでしょう。非同期処理の利用はとても難しいので、焦らず少しずつ慣れていきましょう。

ネットワークアクセス

この節のポイント

- fetch関数の使い方をマスターしよう。
- 非同期関数とはどんなものか、どう使うのか理解しよう。
- GETとPOSTの違い、ステータスコードの働きを覚えよう。

Webサイトにアクセスする

入出力の基本がわかったところで、次は外部からデータを取り出し利用することを考えてみましょう。まずは、Webサイトにアクセスする処理を考えてみます。

Webサイトにアクセスする方法はいくつかあるのですが、もっともよく使われるのは「fetch」関数でしょう。これは、WebブラウザのJavaScriptにも用意されています。この関数は以下のように利用します。

fetch関数の実行

```
fetch( アドレス );
```

引数にアクセス先のアドレス(http://○○/といったテキスト)を指定して呼び出せば、そのサイトにアクセスしてコンテンツを取得します。

ただし！　注意してほしいのが、「fetchは非同期関数である」という点です。つまり、ただ呼び出しても、アクセスした結果は受け取れないのです。

「非同期関数」は、先ほどquestionを利用したところで少し触れましたね。これは、実行後に処理を行う「コールバック」という関数を用意して処理をしないといけませんでした。

では、fetchの利用はどのように行えばいいのでしょうか。以下に基本的な使い方をまとめましょう。

fetch関数の実行

```
fetch( アドレス ).then( 関数 );
```

fetch関数は、非同期で結果を返すためのオブジェクト(Promiseというもの)が返されます。この中にある「then」というメソッドは、非同期関数のコールバックを設定するためのものです。引数には、以下のような形のアロー関数を用意します。

```
(引数) => {…}
```

fetchの場合、この引数にはResponseというオブジェクトが渡されます。これは、アクセスしたサーバーからの応答に関する情報や処理がまとめられたものです。

コンテンツを取り出す

この中から、テキストの値やJSON（後述）データなどを取り出すには、それぞれ以下のようなメソッドを呼び出します。

コンテンツをテキストとして取り出す

```
《Response》.text();
```

JSONデータをオブジェクトとして取り出す

```
《Response》.json();
```

非常にわかりにくいのは、「textやjsonメソッドも非同期である」という点です。したがって、これらも「then」メソッドを呼び出し、引数にコールバック関数を用意しないといけません。そして、コールバック関数の引数に、コンテンツのテキストやJSONデータのオブジェクトが渡されるようになっているのです。

整理すると、fetchの呼び出しは以下のようになるでしょう。

テキストコンテンツをテキストとして取り出す

```
fetch( アドレス )
  .then(resp=>text())
  .then(text=>{…textの処理…});
```

JSONコンテンツをオブジェクトとして取り出す

```
fetch( アドレス )
  .then(resp=>json())
  .then(json=>{…jsonの処理…});
```

fetchの後に、thenが2つも並んでいて非常にわかりにくい感じがしますね。けれど、最初のthenは、取り出すコンテンツがテキストかJSONかによって、どう記述するか決まっています。.then(resp=>text())か、.then(resp=>json())か、どちらかしかありません。それによって、2番目のthenのコールバック関数に渡されるコンテンツが決まってくるわけですね。

この「2つのthenを用意する」という書き方さえしっかり覚えれば、fetchは決して難しいものではないのです。

Column

JSONについて

fetch関数が広く利用されている理由は、テキストのコンテンツだけでなくJSONデータを扱う機能が標準で用意されているという点にあります。

複雑なデータを扱うためのフォーマットにはさまざまなものがありますが、JavaScriptでデータを扱うプログラムを作る場合、もっとも多用されているのは「JSON」データでしょう。

JSONというのは、「JavaScript Object Notation」の略で、JavaScriptのオブジェクトを表記するのに用いられている表記法です。見たことがある方もいるかもしれません、{}の中に名前と値をコロンでつなげて書いていく、あの書き方です。

JSONは、複雑な構造のデータをわかりやすく記述できるため、Webの世界では広く利用されています。今ではJavaScriptだけでなく、多くの言語がJSONデータをサポートしています。JSONは「構造化されたデータの標準フォーマット」といってもいいでしょう。

JSON Placeholerにアクセスする

では、実際にfetchでサイトにアクセスしてJSONデータを取り出してみましょう。ここでは、JSONのダミーデータを配信している「JSON Placeholder」というサイトを利用してみます。これは、以下のURLで公開されています。

- https://jsonplaceholder.typicode.com/

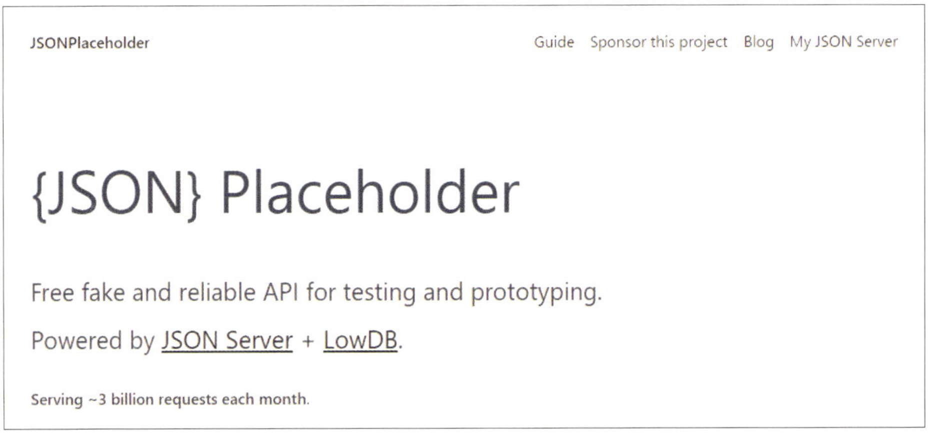

図4-14：JSON Placeholderのサイト

ここでは、さまざまなダミーデータを用意してあります。ここでは、簡単なToDoデータを取得してみましょう。これは、以下のようなアドレスで取得できます。

- https://jsonplaceholder.typicode.com/todos/番号

番号のところに1～200の整数を指定すると、その番号のデータがJSONフォーマットで取り出されます。用意されているデータはデタラメな内容ですが、JSONデータにアクセスするという基本はこれで十分学べます。

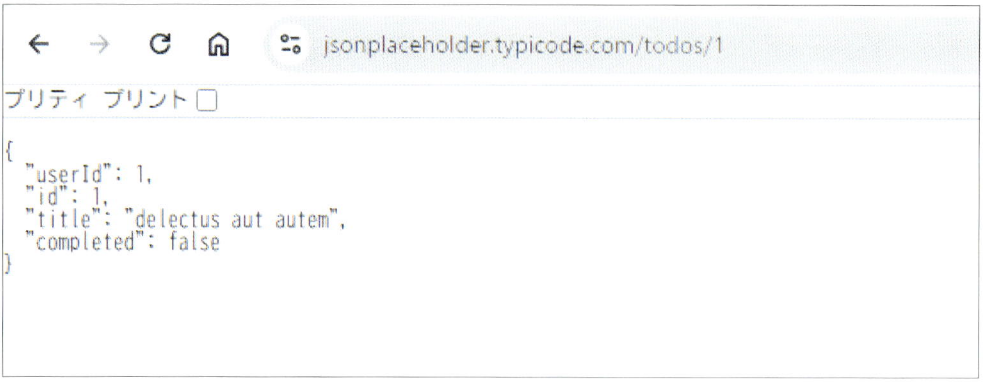

```
jsonplaceholder.typicode.com/todos/1

プリティ プリント

{
  "userId": 1,
  "id": 1,
  "title": "delectus aut autem",
  "completed": false
}
```

図4-15：/todos/1にアクセスすると、id = 1のデータが表示される

ToDoデータを取得する

では、サンプルプログラムを作成してみましょう。app.jsを以下のように書き換えてください。

リスト4-7

```
01 const { prompt } = require('./mymodule');
02
03 const url = 'https://jsonplaceholder.typicode.com/todos/';
04
05 async function main(){
06   const num = await prompt('number: ');
07   fetch(url + num)
08     .then(resp => resp.json())
09     .then(json => {
10       console.log('ID: ' + json.id);
11       console.log('User ID: ' + json.userId);
12       console.log('Title: ' + json.title);
13       console.log('Completed: ' + json.completed);
14     })
15 }
16
17 main();
```

1（07〜14行目）
2（10〜13行目）

実行すると、データの番号を聞いてくるので、1～200の範囲内で番号を入力します。すると、JSON Placeholderから指定のIDのToDoデータを取得して表示します。実際に番号を色々と入力して試してみましょう。

```
PS C:\Users\tuyan\Desktop\Web site> node app.js
number: 123
ID: 123
User ID: 7
Title: esse et quis iste est earum aut impedit
Completed: false
PS C:\Users\tuyan\Desktop\Web site>
```

図4-16：番号を入力すると、JSON Placeholderにアクセスし指定のID番号のデータを取り出す

fetch利用の流れを整理する

では、main関数で実行している処理を見てみましょう。まず、prompt関数で番号を入力してもらい、それを元にfetch関数で指定したURLにアクセスをして結果をもらっています。fetch関数の呼び出し部分は以下のようになっていますね(1)。

```
fetch(url + num)
  .then(resp => resp.json())
  .then(json => {…});
```

fetch関数を呼び出し、続けて.then(resp => resp.json())で応答からJSONデータのオブジェクトを取得し、その後の.then(json => {…});で得られたデータの処理をする。fetchと2つのthenの基本がわかれば、この処理の流れはもうわかりますね。

取得したデータの処理は、2つ目のthenのコールバック関数で行っています(2)。

```
console.log('ID: ' + json.id);
console.log('User ID: ' + json.userId);
console.log('Title: ' + json.title);
console.log('Completed: ' + json.completed);
```

jsonオブジェクトから、データの値をそれぞれ取り出し出力しています。ここで取り出されているToDoデータは、以下のような形になっています。

```
{
  "userId": ユーザーID,
  "id": データID,
  "title": "ToDoの内容",
  "completed": 終了か否か
}
```

複数の値がまとめられているのがわかるでしょう。取得したオブジェクトからこれらの値を取り出してconsole.logで表示していたのですね。

JSONでデータを得る

これでJSONデータを取り出し利用することができるようになりました。JSONデータは、fetchでデータを取得するだけでなく、さまざまなところで利用されています。そのために、JavaScriptにもJSONを扱うための機能が用意されています。ここで簡単にその使い方を説明しておきましょう。

JSONデータを利用するには、JavaScriptにある「JSON」というオブジェクトのメソッドを利用します。これには以下の2つのメソッドが用意されています。

オブジェクトをJSON形式のテキストに変換する

```
変数 = JSON.stringify( オブジェクト );
```

JSON形式のテキストをオブジェクトに変換する

```
変数 = JSON.parse( テキスト );
```

「stringify」「parse」の2つさえ覚えておけば、いつでもJavaScriptのオブジェクトをJSONデータにしたり、JSONデータからJavaScriptオブジェクトを生成したりできるようになります。

async/awaitによるfetchの利用

fetchを使ったアクセスの基本はわかりました。ただ、中には「thenを使ってデータを取り出すやり方が今ひとつわからない」という人もいたことでしょう。thenによるコールバックの設定は、慣れないと何をやっているのかわかりません。

fetchは非同期関数なので、async関数の中で利用する場合、awaitを使って処理が完了するまで待ってから実行することもできます。これを利用すると、非常に単純に処理を作成できます。

awaitしてfetchを処理する

```
変数 = await fetch(アドレス);
```

変数：《Response》オブジェクトが入る

awaitしてコンテンツを得る

```
変数 = await《Response》.text();

変数 = await《Response》.json();
```

《Response》：fetchで受け取った《Response》オブジェクト（変数）を指定する

await fetchでfetchを実行して戻り値にResponseオブジェクトを受け取ります。そしてそこからさらにtextやjsonをawaitで実行し、コンテンツやオブジェクトを戻り値で受け取ります。これなら、わかりやすいですね！

コードを修正する

では、先ほどのサンプルコードをawait利用の形に書き直してみましょう。すると、このようになります。

リスト4-8

```
01 const { prompt } = require('./mymodule');
02
03 const url = 'https://jsonplaceholder.typicode.com/todos/';
04
```

```
05 async function main(){
06   const num = await prompt('number: ');
07   const resp = await fetch(url + num);
08   const json = await resp.json();
09   console.log('ID: ' + json.id);
10   console.log('User ID: ' + json.userId);
11   console.log('Title: ' + json.title);
12   console.log('Completed: ' + json.completed);
13 }
14
15 main();
```

1 (lines 06–08)

やっていることは同じですが、格段にわかりやすくなりました。main関数で行っている処理を見るとこのようになっていますね(1)。

1. promptで番号を得る

```
const num = await prompt('number: ');
```

2. fetchでResponseを得る

```
const resp = await fetch(url + num);
```

3. jsonでオブジェクトを得る

```
const json = await resp.json();
```

ただ順番に関数やメソッドを呼び出して戻り値を受け取るだけです。非同期処理はとにかくわかりにくいものなので、慣れるまではawaitを使うのが基本と考えましょう。

await利用の注意点

awaitを使えばシンプルに処理を実行できるようになります。「じゃあ、thenなんか使わないで、fetchは全部awaitで使うことにすればいいじゃないか」と思ったかもしれませんね。しかし、そういうわけにもいかないのです。awaitは万能ではありません。

async関数でしか使えない

まず、awaitは、async関数の中でしか使えません。それ以外のところでは利用できない、という制約があります。JavaScriptで使われる多くの関数はasyncを使わず定義されているので、awaitを利用するためには関数の定義を見直さないといけません。

同時に並行して処理できない

なぜfetchが非同期関数なのかといえば「時間がかかる処理なので、実行中も並行して他の処理を実行できるように」するためです。awaitは、非同期関数を「すべて完了するまで待ってから次に進む」ようにします。awaitを使うと、処理が完了するまで待ってから次に進むため、非同期関数の「同時並行して処理を行う」というメリットが活きてこないのです。

このように、非同期関数をawaitで実行する場合、デメリットもあります。基本的に「同時に別の処理を進める必要がない」「時間がかかっても問題ない」というような場合、awaitを使ってコードをわかりやすくする方法は役立つでしょう。けれど、例えば「fetchで同時に複数のサイトにアクセスする」というような場合、awaitでは順番に1つずつアクセスするしかなく、時間もかなりかかります。それよりも非同期で同時並行してアクセスを行ったほうがはるかに快適でしょう。

サーバーにデータを送信するには？

では、サーバーにアクセスしてデータを送信する場合はどうすればいいのでしょうか？　これは、データの取得よりもさらに複雑です。

ここまでのfetch関数は、基本的にWebサーバーへ「GET」メソッドでアクセスを行っていました。これは「HTTPメソッド」というものです。HTTPメソッドというのは、Webアクセスのプロトコルであるhttp/httpsに用意されているもので、「どういうアクセスを行うのか」を表す情報です。主なHTTPメソッドとしては右のようなものがあります。

HTTPメソッドの種類

GET	情報を取得するためのもの
POST	情報を送信するためのもの
PUT	情報を更新するためのもの
DELETE	情報を削除するためのもの

Webにアクセスする際は、このHTTPメソッドの値を設定することにより「どういうことを要求するのか」をサーバーに伝えるようになっているのですね。

fetch関数は、デフォルトでGETメソッドが設定されるようになっています。ですから、Webにアクセスしてコンテンツやデータを取得するなら、これで全く問題ありません。けれど、データをサーバーに送信するようなときは、これではいけません。HTTPメソッドを「POST」に設定する必要があります。

fetchのオプション情報

では、どうやってHTTPメソッドを設定すればいいのか。実は、fetchには第2引数としてオプション情報を渡せるようになっています。

```
fetch( アドレス, オプション )
```

このようにして、第2引数にオプション情報をオブジェクトにまとめたものを用意すると、その情報を下にアクセスを行うようになっているのです。このオプション情報のオブジェクトは、ざっと右のような形になっています。

オプション情報のオブジェクト

```
{
  status: ステータスコード,
  method: HTTPメソッド,
  headers: {
    …ヘッダー情報…
  },
  body: …ボディコンテンツ…
}
```

この他にもいろいろなものがありますが、とりあえず上記の項目だけ頭に入れておけばいいでしょう。

この中の「method」というのが、HTTPメソッドを設定するためのものです。ここに、文字列で"POST"と値を指定してやれば、POSTメソッドでアクセスすることができます。

headersについて

オプションのheadersは、ヘッダー情報を設定するためのものです。ヘッダー情報とは、アクセスの際にサーバーに送られるメタ情報(表示するコンテンツなどとは直接関係のない情報)などが設定されます。

Webページを作成するHTMLでも、<head>というところに<meta ～>や<title>などを使ってさまざまな情報を設定していましたね？　あれがヘッダー情報です。あの情報に相当するものを送信するのに使うのがheadersなのですね。

ここは、オブジェクトとしてヘッダー情報をまとめたものを用意します。JSONデータを送信する場合、以下のような値を用意しておく必要があるでしょう。

```
headers: {
  'Content-Type': 'application/json',
}
```

Content-Typeというヘッダー情報は、送信するコンテンツのタイプを指定するものです。'application/json'と指定することで、送信するデータがJSONデータであることが伝えられます。

bodyについて

POSTでは、データをサーバーに送信するのに使います。この「送信するデータ」を用意しておくのが「body」です。

これは、データを文字列として指定する必要があります。多くの場合、送信するデータはオブジェクトにまとめられているでしょう。これを送信するなら、オブジェクトをJSONフォーマットのテキストに変換してbodyに設定する必要があります。

```
body: JSON.stringify( オブジェクト )
```

このように、JSON.stringifyメソッドを使ってオブジェクトをJSONデータに変換して設定するのが基本といっていいでしょう。

ステータスコードについて

オプション情報にある「status」という項目については、少し説明が必要でしょう。この値は「ステータスコード」と呼ばれるものです。

ステータスコードは、サーバーへのアクセスの状況を示すためのコード番号です。これは三桁の整数で、さまざまな状況を伝えるのに使われます。主なコード番号として次のようなものがあります。

200	Ok（正常にアクセスできた）
201	Created（正常に生成した）
204	Not Content（コンテンツがない）
400	Bad Request（リクエストに問題がある）
401	Unauthorized（認証が必要である）
403	Forbidden（アクセスが禁止されている）
404	Not Found（リソースが見つからない）
500	Internal Server Error（サーバー内部でエラーが発生した）
503	Service Unabailable（サービスが停止している）

これらの番号を指定することで、アクセスの状況を指定することができます。また、このステータスコードは、サーバーから返送されるResponseにも用意されています。この値により、サーバー側の状況もわかるようになっているのですね。

POSTで送信する

では、実際にデータをサーバーに送信してみましょう。JSON Placeholderでは、POSTを使ってコンテンツを送信すると、それを受け付け、送られたデータを返送するようになっています。「正常にデータを受け取れたかどうか」を確認するだけの機能が用意されているのですね。

では、実際にプログラムを作成して試してみましょう。app.jsの内容を以下に書き換えてください。

リスト4-9

```
01 const { prompt } = require('./mymodule');
02 
03 const url = 'https://jsonplaceholder.typicode.com/todos/';
04 
05 const data = {
06   id: 201,
07   userId: 1001,
08   title: null,
09   completed: false
10 };
11 
12 const options = {
13   method: 'POST',
14   headers: {
15     'Content-Type': 'application/json',
16   },
17   body: null
18 };
19 
20 async function main(){
21   const title = await prompt('title: ');
```

1

```
22    data.title = title;
23    options.body = JSON.stringify(data);
24    const resp = await fetch(url, options);
25    if (resp.status == 201){
26      console.log('登録しました');
27      const json = await resp.json();
28      console.log(json);
29    } else {
30      console.log('登録に失敗しました');
31      console.log('status: ' + status);
32    }
33  }
34
35  main();
```

2
3

```
問題  出力  デバッグ コンソール  ターミナル  ...   pwsh

PS C:\Users\tuyan\Desktop\Web site> node app.js
title: これはサンプルのデータです。
登録しました
{ id: 201, userId: 1001, title: 'これはサンプルのデータです。',
completed: false }
```

図4-17：コンテンツを入力すると、ToDoデータを送信し結果を表示する

実行すると、title:と表示され、タイトルのテキストを入力するようになります。何か書いて［Enter］キーを押すと、そのデータが送信されます。問題なく受け付けられたなら「登録しました」と表示され、送信されたデータが表示されます。データの受け付けに失敗すると「登録に失敗しました」と表示され、ステータスコードが出力されます。

設定情報を用意する

では、サンプルの処理を見てみましょう。ここでは、アクセスの設定情報を変数optionsにまとめています（1）。

```
const options = {
  method: 'POST',
  headers: {
    'Content-Type': 'application/json',
  },
  body: null
};
```

ここではmethod、headers、bodyといった情報をオブジェクトにまとめてあります。サンプルではJSONデータを送信するような仕様になっているので、headersのところには'Content-Type': 'application/json'と値を用意してあります。

送信するbodyはnullになっています。このnullというのは、前にちらっと出てきましたが、「値が何もない状態」を表します（p.069参照）。要するに、オブジェクトにbodyというキーだけ用意して値は後で設定する、ということですね。

fetchの実行

では、タイトルの入力からfetch実行までの流れを見てみましょう。今回もawaitを使ってfetchしているので処理は非常にシンプルな形になっています(2)。

```
const title = await prompt('title: ');
data.title = title;
options.body = JSON.stringify(data);
const resp = await fetch(url, options);
```

テキストを入力したら、送信するデータのdata.titleに値を設定し、これをJSON.strinfityで文字列にしてoptions.bodyに設定します。

これでoptionsが完成するので、これを引数にしてfetchを実行すれば、用意したデータがPOSTでサーバーに送信されます。

ステータスコードのチェック

fetchした後の戻り値では、Responseオブジェクトが返されます。ここでは、そのステータスコードで実行状況をチェックしています(3)。

```
if (resp.status == 201){…
```

Responseの「status」プロパティに、サーバーの状況を示すステータスコードが設定されています。201は、「Created」を示す番号で、サーバー側で情報が正常に作成されたことを示します。

今回のデータ送信のような処理は、サーバー側で何らかの原因でエラーが発生することもあります。このため、「ステータスコードで動作状況をチェックしエラー時の処理を行う」という手法はきちんと理解しておきたいですね!

4-3

ファイルアクセス

この節のポイント

- fsでテキストファイルを保存してみよう。
- テキストファイルを読み込んで利用しよう。
- ファイルにテキストを追加する方法を学ぼう。

fsでファイルアクセス

ネットワークアクセスについてわかってきたところで、次はファイルアクセスについて説明しましょう。

ファイルアクセスは、「fs」というモジュールを利用します。これをrequireで読み込み、そこにあるメソッドを呼び出すことで特定のファイルを読み込んでその内容を利用したりすることができます。

```
const fs = require('fs');
```

読み込みはこのような具合ですね。後は、ここからメソッドなどを呼び出して処理を行っていけばいいのです。

このfsモジュールにはさまざまなファイルアクセスの機能が用意されていますが、ここでは基本である「テキストファイルへのアクセス」について説明をしていきます。これがきちんとできるようになれば、それだけで十分役に立つはずです。

非同期でデータを書き出す

では、ファイルアクセスについて順に説明していきましょう。まずは「ファイルへの書き出し」からです。

ファイルへの書き出しの基本は「writeFile」というメソッドです。これは指定したファイルにテキストを書き出すものです。

ファイルに書き出す（非同期処理）

```
fs.writeFile( ファイルパス , テキスト, 関数 );
```

引数の内容

ファイルパス	保存するファイルのパス
テキスト	ファイルに書き出すテキスト
関数	完了後のコールバック

このwriteFileは、非同期で実行されます。このため、保存するファイルのパスやテキストだけでなく、処理完了後のコールバック関数も用意する必要があります。3つ目の引数の部分です。この関数は、以下のような形にします。

引数に指定するコールバック関数

```
( エラー )=>{
    …終了後の処理…
}
```

引数には、発生したエラーの情報をまとめたオブジェクトが渡されます。エラーがない場合、この引数はundefinedとなります。

非同期の書き出しを使ってみる

では、writeFileを使ってテキストファイルを作成する簡単なサンプルを作ってみましょう。app.jsを以下のように書き換えてください。

リスト4-10

```
01 const fs = require('fs');
02 const { prompt } = require('./mymodule.js');
03 
04 async function main(){
05   const msg = await prompt('please type:');
06   fs.writeFile('./data.txt', msg, (err)=>{
07     if (err) {
08       console.error(err.message);
09       return;
10     }
11     console.log('save data.txt to write:');
12     console.log(msg);
13   });
14 }
15 
16 main();
```

2 (07〜10行目)
1 (06〜13行目)

```
問題  出力  デバッグ コンソール  ターミナル  ポート  …   pwsh + ∨
PS C:\Users\tuyan\Desktop\Web site> node app.js
please type:これはサンプルで作成したファイルです。
save data.txt to write:
これはサンプルで作成したファイルです。
PS C:\Users\tuyan\Desktop\Web site>
```

図4-18：テキストを入力すると、data.txtファイルにそのテキストを書き出す

スクリプトを実行すると、「please type:」と表示され、何かテキストを入力するように尋ねてきます。適当に記入して［Enter］キーを押すと、スクリプトがあるフォルダー内に「data.txt」というファイルを作ってそこに入力したメッセージを保存します。

プログラムが終了したら、app.jsがあるのと同じ場所に「data.txt」というファイルが作成されているのを確認しましょう。このファイルを開くと、入力したテキストが保存されているのがわかります。

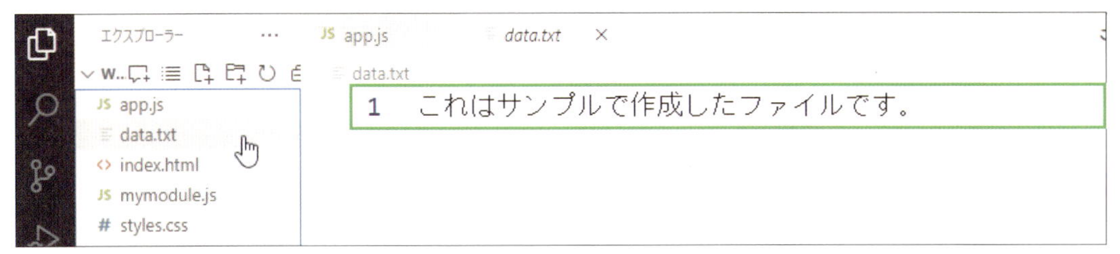

図4-19：data.txtを開くと、入力したテキストが保存されている

では、コードを見てみましょう。ここでは、以下のような形でwriteFileを呼び出していますね(1)。

```
fs.writeFile('./data.txt', msg, (err)=>{…});
```

コールバック関数では、正常に保存できたかをチェックしています。これは、引数のerrに値が入っているかどうかでわかります。

```
if (err) {
  console.error(err.message);
  return;
}
```

オブジェクトが保管される変数というのは、真偽値に変換すると面白い働きをします。値が存在すればtrue、しなければfalseとして扱われるのです。if(err)で、errが存在すれば(つまりエラーが発生してオブジェクトが設定されているなら)エラー時の処理を行い、そうでないなら(エラーのオブジェクトが存在しないから)正常に完了した処理を行えばいいのですね。

ここでは、エラー発生時にはerr.messageという値を出力しています。これは、エラーメッセージjの値です。errオブジェクトには、この他にも「code(エラーコード)」や「name(エラー名)」などのプロパティが用意されています。

なお、出力にはconsole.errorというメソッドを使っていますが、これはエラーを出力するためのものです。といっても、コンソールに出力されるという点では基本的にconsole.logと動作は変わりありません。

4-3

同期処理でファイルに書き出す

続いて、同期処理でデータをファイルに書き出すメソッドを見てみましょう。これは「writeFileSync」というメソッドとして用意されています。

ファイルに書き出す（同期処理）

```
fs.writeFileSync( ファイルパス , データ );
```

第1引数にファイルのパスを、そして第2引数に書き出すデータ(テキスト)を指定して呼び出します。これで指定のファイルにデータが保存されます。もし、まだファイルがなければ新たにファイルを作って保存をしますし、すでにある場合はそのファイルを上書きして保存をします。

ファイル保存を使ってみよう

では、実際に簡単なテキストをファイルに保存するスクリプトを作ってみましょう。以下のようにapp.jsを書き換えてください。

リスト4-11

```
01 const fs = require('fs');
02 const { prompt } = require('./mymodule.js');
03 
04 async function main(){
05   const msg = await prompt('please type:');
06   try {
07     fs.writeFileSync('./data.txt', msg);        ―― 1
08     console.log('save data.txt to write:');
09     console.log(msg);                           ―― 2
10   } catch(e) {
11     console.error(e.message);
12   }
13 }
14 
15 main();
```

図4-20：メッセージを入力するとそれをdata.txtに保存する

先ほどと同様に、実行するとテキストを入力するようになるので、ここで何かを記入して［Enter］すると、data.txtにそのテキストを書き出します。すでにファイルがある場合は上書きするので、ファイルの内容が書き換えられているか確認しておきましょう。

ここでは、メッセージを入力した後、`writeFileSync`で入力テキストをファイルに保存しています。これは以下のように実行していますね（1）。

```
fs.writeFileSync('./data.txt', msg);
```

これで、data.txtに`msg`の内容が保存されました。同期処理のほうが扱いは圧倒的に簡単ですね！
2の部分で登場している`try`についてはこの後説明します。

例外処理について

writeFileSyncでは、非同期のwriteFileと決定的に異なっている点があるのに気づいたひともいることでしょう。それは、「エラー発生時の対応がない」という点です。

非同期のwriteFileでは、コールバック関数でエラー処理ができましたが、writeFileSyncではそれがありません。では、同期処理ではエラー時の処理はできないのでしょうか？

もちろん、そんなことはありません。その場合は、JavaScriptの標準的なエラー処理を行えばいいのです。それは「例外処理」と一般に呼ばれるものです。

JavaScriptには、実行時に何らかの問題が発生したときには「例外」と呼ばれる信号が送られます。これを受け取るために、「try」という構文が用意されています。

例外処理の構文

```
try {
  …例外が発生する処理…
} catch( 引数 ) {
  …例外時の処理…
}
```

tryの後の{}内に、例外が発生する可能性のある処理を記述します。ここで実際に問題が発生すると、例外の信号が送られます。

この信号はcatchで捉えられ、送られた例外情報のオブジェクトが引数に渡されます。もし、例外が発生せず正常に処理が完了したなら、catch部分は実行されずそのまま次へ進みます。

このtry構文は、ファイルアクセスだけでなく、さまざまなところで発生する例外の処理に利用されます。ここで基本的な書き方だけでも覚えておきましょう。

4-3

例外処理の使い方

先ほどのサンプルプログラムを見ると、writeFileSyncは以下のように記述されていることがわかります(2)。

```
try {
  fs.writeFileSync('./data.txt', msg);
  console.log('save data.txt to write:');
  console.log(msg);
} catch(e) {
  console.error(e.message);
}
```

writeFileSyncは、try内で実行されているのがわかります。問題なければ、その後のconsole.logもそのまま実行されます。が、もしwriteFileSync時に例外が発生した場合、その時点でcatchにジャンプするので、writeFileSyncの後にあるconsole.logは実行されません。代わりに、catchのconsole.error(e.message);が実行され、エラーメッセージが表示されます。

Column

基本は、非同期!

writeFileとwriteFileSyncのように、ファイルアクセスには同期メソッドと非同期メソッドが用意されています。「どちらを使ったほうがいいのか？」と疑問を持った人も多いでしょう。

Node.jsの場合、ファイルアクセスに関しては「非同期処理メソッドを使うのが基本」と考えましょう。

Node.jsは、サーバープログラムの開発に多用されます。Webサーバーでは、「時間のかかる同期処理」の利用は厳禁です。同じ処理で「すぐに次に進める非同期処理」が用意されているなら、そちらを使うべきです。

非同期処理は、完了後のコールバック関数を用意しないといけないのでどうしても複雑になります。ですから、ついシンプルな同期処理を選んでしまうかもしれません。しかし、Node.jsをマスターしたいのであれば、なるべく早く非同期処理に慣れるようにしましょう。

非同期で読み込む

続いて、ファイルからのテキストの読み込みについて説明します。これもいくつかのメソッドが用意されています。一番の基本となるものは「readFile」メソッドでしょう。これは非同期で指定したファイルからコンテンツを読み込むものです。

非同期でファイルを読み込む

```
fs.readFile( ファイルパス , 関数 );
```

引数は2つあります。1つ目には、読み込むファイルのパスをテキストで指定します。2つ目は、読み込みが完了したあとの処理を行うためのコールバック関数です。これは以下のようなものです。

コールバック関数

```
( エラー , バッファ )=>{
    …読み込み後の処理…
}
```

コールバック関数には引数が2つ用意されています。1つ目にはエラーが発生した場合のエラー情報をまとめたオブジェクトが、2つ目は読み込んだデータが渡されます。といっても、この読み込んだデータは、読み込んだテキストそのものではなく、「バッファ(Buffer)」という読み込んだデータを一時的に保管し管理するオブジェクトが渡されます。テキストファイルの場合、このバッファからメソッドを呼び出してテキストとして結果を取り出します。

バッファから結果をテキストとして取り出す

```
変数 = バッファ.toString();
変数 = バッファ.toString( エンコード名 );
```

「toString」というのは、オブジェクトの内容を文字列として取得するメソッドで、バッファだけでなくほとんどのオブジェクトに用意されています。通常はtoStringでテキストを取り出せば問題ありませんが、特定のエンコードに変換したいときはエンコード名を文字列で指定することもできます。

非同期で読み込む

では、実際に非同期による読み込みを使ってみましょう。今回も、data.txtを利用します。ファイルを開いて適当にテキストを記入しておいてください。そしてapp.jsを以下のように書き換えます。

リスト4-12

```
01 const fs = require('fs');
02 
03 async function main(){
04   fs.readFile('./data.txt',(err, data) => {
05     if (err) {
06       console.error(err.message);
07       return;
08     }
09     console.log('data.txtの内容：');
10     console.log(data.toString()); ──── 1
11   });
12 }
13 
14 main();
```

図4-21：data.txtのテキストを読み込んで表示する

実行すると、data.txtの内容が読み込まれ表示されます。問題なく動作しているのがわかりますね。readFileのコールバック関数では、引数に渡されるdataからtoStringを呼び出してテキストを取り出し、それをconsole.logで出力しています(1)。

もう非同期関数のコールバックの使い方にだいぶ慣れてきたのではないでしょうか。やり方さえわかれば、コールバックは決して難しいものではありません。

同期処理でファイルを読み込む

続いて、もう1つの「同期処理でファイルを読み込む」というメソッドです。これは「readFileSync」という名前で用意されています。

ファイルを同期で読み込む

```
変数 = fs.readFileSync( ファイルパス );
```

このreadFileSyncは、引数に指定したファイルから内容を読み込み、結果を返します。この戻り値は「Buffer」オブジェクトになります。Bufferの使い方は、先ほどのreadFileと同じで、toStringメソッドを呼び出せばテキストを取り出せます。場合によっては引数にテキストエンコード名を指定することもできます。

readFileSyncはエラー情報が返されません。問題が起きたときは例外が送信されるので、try構文を使ってそれを受け取り処理を行います。

ファイルを読み込む

では、こちらも簡単な例を挙げておきましょう。先ほどのdata.txtファイルを読み込んで中身を表示させるコードをreadFileSyncに書き換えてみましょう。app.jsを以下のように修正してください。

リスト4-13

```
01 const fs = require('fs');
02 const { prompt } = require('./mymodule.js');
03 
04 async function main(){
05   try {
06     const data = fs.readFileSync('./data.txt');
07     console.log('data.txtの内容：');
08     console.log(data.toString());
09   } catch (err) {
10     console.error(err.message);
11   }
12 }
13 
14 main();
```

実行すると、data.txtの中身を読み込んで出力します。やっていることはとても単純ですね。ただ読み込むだけならreadFileSyncだけでいいのですが、例外時のことを考えてtry構文で処理するようにしてあります。

ファイルに追記するには?

writeFile/writeFileSyncによるファイルへの書き出しは、すでにファイルがあった場合はそれを上書きしてしまいます。しかし、「ファイルに追記をする」ということもよくあるでしょう。このような場合、writeFile/writeFileSyncは使えません。

ファイルに追記をする場合は、「appenFile」または「appendFileSync」といったメソッドを使います。前者が非同期、後者が同期のメソッドになります。

ファイルに追記する（同期）

```
fs.appendFileSync( ファイルパス , データ );
```

ファイルに追記する（非同期）

```
fs.appendFile( ファイルパス , データ , アロー関数 );
```

appendFileのアロー関数

```
( エラー )=>{
    …追記後の処理…
}
```

基本的な使い方は、writeFile/wirteFileSyncとほぼ同じですね。ファイルパスと書き出すデータ（テキスト）を引数に指定して呼び出します。では、appendFileSyncの利用例を挙げておきましょう。

リスト4-14

```
01 const fs = require('fs');
02 const { prompt } = require('./mymodule.js');
03 
04 async function main(){
05   while(true){
06     let msg = await prompt('prompt:'); ―――― 1
07     if (msg == ''){
08       break; ―――― 2
09     }
10     try {
11       fs.appendFileSync('./data.txt', msg + '\n'); ―――― 3
12     } catch (err) {
13       console.error(err.message);
14       break;
15     }
16   }
17 }
18 
19 main();
```

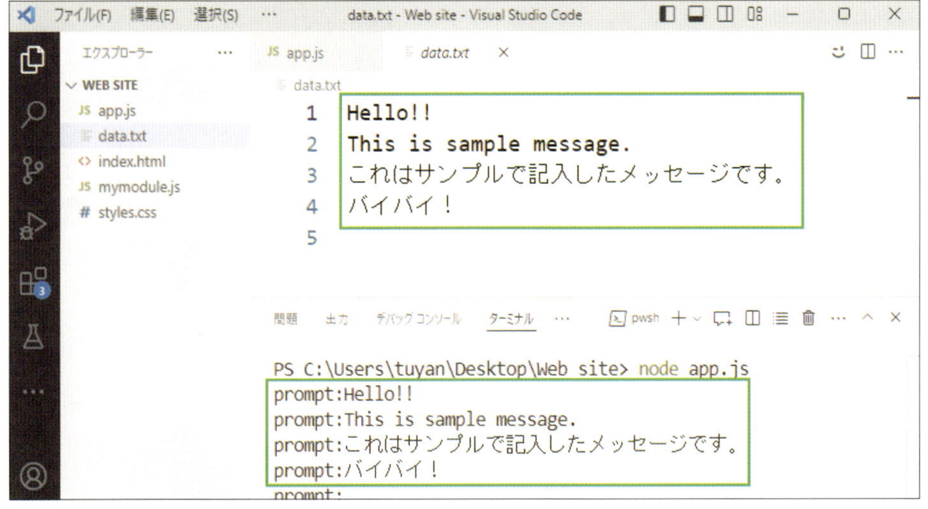

図4-22：メッセージを次々と入力していくと、data.txtにそれが追記されていく

実行すると、「prompt:」と表示され入力待ちになります。ここでテキストを記入し、[Enter] を押します。すぐにまた次の入力待ちになるので、また記入して [Enter]、そしてまた……という具合に、次々にメッセージを記入していきます。やめたくなったら、何も書かずに [Enter] するとプログラムを終了します。

終了したら、data.txtを開いてみてください。入力したメッセージがそれぞれ改行した状態で保存されているのがわかるでしょう。

ここでは、whileを使って繰り返し入力とファイルへの出力を繰り返しています。promptでテキストを入力してもらい(1)、それが空の文字列だったらbreakで繰り返しを抜けます(2)。そうでない場合は、以下のようにしてテキストをファイルに追記します(3)。

```
fs.appendFileSync('./data.txt', msg + '\n');
```

ファイル名に'./data.txt'を指定し、出力する値にはmsg + '\n'と指定をしています。「\n」というのは「エスケープ文字」と呼ばれるものです。特殊な記号などを表すのに、バックスラッシュ＋アルファベットによるエスケープ文字を使います。この'\n'は、改行コードを示すエスケープ文字です。これをつけることで、msgの最後を改行するようにしています。

Column

相対パスと絶対パス

ファイルを利用する場合、注意したいのが「ファイルの指定の仕方」です。ファイルの指定には、「パス」と呼ばれる値を使います。これはファイルが置かれている場所を表すテキスト値で、「相対パス」と「絶対パス」の2通りの書き方があります。

絶対パスは、そのファイルがある場所を、それが置かれているボリュームを開いたところ(ルートと呼ばれます)から順にすべて記します。例えば「Taro」ユーザーのデスクトップに「sample.txt」というファイルがあったとすると、絶対パスはこんな形になるでしょう。

```
/Users/Taro/Desktop/sample.txt
```

※Windowsの場合、c:\Users\Taro\Desktop\sample.txtという書き方もあります

これに対し、「現在使ってる場所からの相対的な位置」として表すようにしたのが「相対パス」です。例えば、プロジェクト内に「files」というフォルダーがあり、その中にsample.txtがあるなら、プロジェクトフォルダの直下にあるプログラムではこのように記せばいいのです。

```
./files/sample.txt
```

相対パスは、例えばプロジェクトのフォルダーを別の場所に移動しても修正する必要がありません。プログラムの中で使うには絶対パスよりも便利なのです。

4-4

覚え書きツールを作ろう

この節のポイント

- 複雑なプログラムを読んで流れを理解しよう。
- JSONデータの扱い方を学ぼう。
- 日時データの基本を覚えよう。

どんどんメモれるスクリプト!

以上、Node.jsのごく基本的な機能をいくつか説明してきました。まだまだほんの一握りの機能を覚えただけですが、これだけでも使えるようになればちょっとしたスクリプトぐらいは作れるようになるはずです。特にファイル関係が使えると、入力データを保管できるようになるので、意外と実用的なものが作れるのです。

では、Node.jsを使ったサンプルとして、「覚え書きツール」を作ってみましょう。

これは、簡単なメモ書きを入力して保存するものです。用意している機能は「メモの追加」「削除」「検索」の3つ。必要最低限のものだけですが、それでもそこそこ使えるはずですよ。

スクリプトの使い方

スクリプトを実行すると、「cmd(a/d/f/q)」と表示され入力待ちになります。ここで、実行するコマンドを入力します。コマンドは4つ用意されています。

aコマンド(追加)

「a」を入力すると、メッセージを尋ねてきます。そのままメッセージを記入し[Enter]すれば、そのメッセージが追加されます。

dコマンド(削除)

「d」を入力すると、削除するデータのインデックス番号を尋ねてきます。数字を入力し[Enter/Return]するとその番号のメッセージが表示されます。それを削除したければ「y」を入力します。それ以外を入力すると削除されません。

fコマンド(検索)

「f」を入力すると、検索テキストを尋ねてきます。ここでテキストを記入し[Enter]すると、そのテキストを含むメッセージとそのインデックス番号をすべて表示します。なお、検索テキストを何も入力せず[Enter]すると全メッセージを表示します。

qコマンド（終了）

「q」を入力すると、現在のデータをmessage.txtに保存してスクリプトを終了します。［Ctrl］＋「C」キーなどで強制中断すると変更データが保存されないので注意しましょう。

コマンドを選んで操作を行うと、（q以外は）再びコマンド入力待ちの状態に戻ります。削除などは、まず検索を行って該当メッセージのインデックスを調べてから行えばいいでしょう。

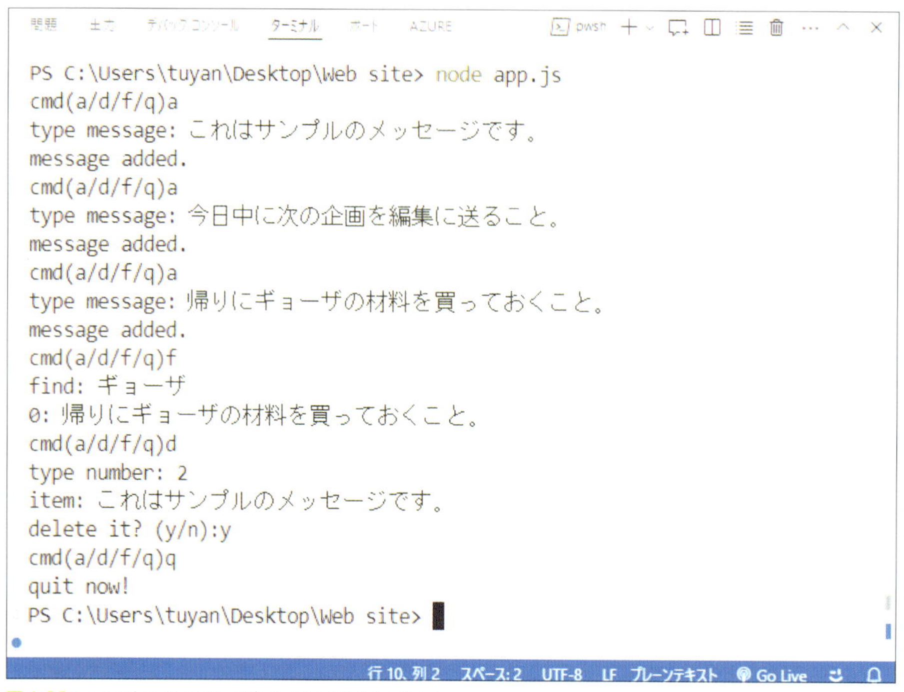

図4-23：a/d/f/qのコマンドを入力して操作していく

messages.jsonを用意する

まず最初に、データを保存しておくためのファイルを用意しておきましょう。

スクリプトファイルと同じ場所に、「messages.json」という名前でテキストファイルを用意してください。このファイルには、以下のように記述をしておきます。

リスト4-15

```
01 []
```

たったこれだけです。[ ]というのは、「何もない、空っぽの配列」のリテラルです。messages.jsonでは、JSONフォーマットでデータを保存します（図4-24）。初期状態は、空の配列を用意しておけばOKです。

JS app.js　　messages.txt ×

messages.txt

```
1  [
2    {
3      "date": "2024-08-06T02:27:20.253Z",
4      "message": "帰りにギョーザの材料を買っておくこと。"
5    },
6    {
7      "date": "2024-08-06T02:26:59.412Z",
8      "message": "今日中に次の企画を編集に送ること。"
9    }
10 ]
```

図4-24：messages.jsonファイルを用意すると、そこにデータがJSON形式で保存される

スクリプトを作成しよう

では、スクリプトを作成しましょう。今回は、app.jsをそのまま使ってもいいですし、新たなファイルを用意して記述しても構いません。なお、このスクリプトでは内部でmymodule.jsを使っていますので、必ず同じフォルダー内にmymodule.jsを用意しておくのを忘れないでください。

4-4

リスト4-16

```
01 const fs = require('fs');
02 const { prompt } = require('./mymodule');
03 
04 let data = []; // データ配列
05 let fname = './messages.json'; // データファイル
06 let flg = true; // ループの終了フラグ
07 
08 // メイン処理
09 async function main(){
10   let opt = {encoding:'utf8'}
11   let bf = fs.readFileSync(fname, opt);
12   data = JSON.parse(bf.toString('utf8'));
13 
14   while(flg){
15     let cmd = await prompt('cmd(a/d/f/q)');
16     switch(cmd.toString()){
17       case 'a':
18         await add(); break;
19       case 'd':
20         await del(); break;
21       case 'f':
22         await find(); break;
23       case 'q':
24         quit(); break;
25       default:
26         console.log('no-command.');
27     }
28   }
29 }
30 
```

(図中の注記：04～06行 1、09行 2、10～12行 3、14～27行 6)

次ページへ続く ▶

```
31 // メッセージの追加
32 async function add(){
33   let bf = await prompt('type message: ');       ┐
34   let msg = bf.toString('utf8');                 ┘ 7
35   let item = {                                   ┐
36     date:new Date(),                             │
37     message: msg                                 │ 8
38   }                                              │
39   data.unshift(item);                            ┘
 4   console.log('message added.');
41 }
42 
43 // メッセージの削除
44 async function del(){
45   let bf = await prompt('type number: ');        ┐
46   let num = +bf.toString();                      ┘ 9
47   console.log('item: ' + data[num].message);     ┐
48   bf = await prompt('delete it? (y/n):');        ┘ 10
49   if (bf.toString() == 'y'){
50     data.splice(num, 1);
51   }
52 }
53 
54 // メッセージの検索
55 async function find(){
56   let bf = await prompt('find: ');               ┐
57   let find = bf.toString('utf8');                ┘ 11
58   for(let i in data){
59     if (data[i].message.indexOf(find) > -1){     ┐
60       console.log(i + ': ' + data[i].message);   ┘ 12
61     }
62   }
63 }
64 
65 // スクリプトの終了
66 function quit(){
67   flg = false;                                   13
68   let opt = {encoding:'utf8'}                                            ┐
69   fs.writeFile(fname, JSON.stringify(data, '', 2), opt, (err) => {       ┘ 14
70     if (err) {
71       console.error(err.message);
72       return;
73     }
74     console.log('quit now!');
75   });
76 
77 }
78 
79 main(); // メイン処理の実行
```

スクリプトを整理しよう

では、作成したスクリプトの内容を簡単に整理しておきましょう。このスクリプトでは、全体の処理をmain関数にまとめ、そこからコマンドごとに関数を呼び出すようにしています。それぞれの関数の働きがわかれば、全体の処理の流れも理解できるでしょう。

まずは、メイン処理についてです。これは、以下のような関数として定義してあります(2)。

```
async function main(){…}
```

冒頭にasyncがついていますね。これは、内部でpromptを利用しているためです。このmainに限らず、promptの関数を使っている関数ではすべてasyncをつけるのを忘れないようにしましょう。

最初に、必要な変数を用意していますね（1）。

```
let data = []; // データ配列
let fname = './messages.json'; // データファイル
let flg = true; // ループの終了フラグ
```

データを保管しておく配列、ファイルのパス、そしてループ用のフラグ変数です。この後で説明しますが、このプログラムでは変数flgの値をチェックして繰り返しを行っています。この値を操作することでプログラムを終了するようになっているのですね。

ファイルのロード

このmainでは、最初にファイルを読み込んで、それをもとにデータ用のオブジェクトを変数に代入しています（3）。

```
let opt = { encoding:'utf8' }
let bf = fs.readFileSync(fname, opt); ──── 4
data = JSON.parse(bf.toString('utf8')); ──── 5
```

readFileSyncで読み込み、その内容をJSON.parseでオブジェクトに変換しています（4）。データに日本語が含まれていることもあるでしょうから、テキストエンコードをutf8に指定して扱うようにしています。readFileSyncメソッドでは、第2引数に読み込みのためのオプション設定を用意できます（5）。これはJSON形式のオブジェクトリテラルとして用意しておくのが一般的です。今回は、{ encoding:'utf8' }としてテキストエンコードをutf8にしています。また、取得したBufferからテキストを取り出す際も、toStringでutf8を指定しておきます。

メイン処理は、whileを使って繰り返しコマンドを入力してもらい、それに応じた処理を呼び出す形で実行しています（6）。

```
while(flg){
  let cmd = await prompt('cmd(a/d/f/q)');
  switch(cmd.toString()){
    …入力コマンドごとにcaseを用意…
  }
}
```

while(flg)というようにして、変数flgがtrueでいる間、常に繰り返し続けるようになっています。この中で、まずpromptでコマンドを入力してもらい、それをswitchでチェックして入力したコマンドごとに処理を分岐しています。「それぞれのコマンドごとに処理する」という仕組みはこうして作っていたのですね。

add関数について

メッセージの追加は、add関数で行っています。まずメッセージを入力してもらいます(7)。

```
let bf = await prompt('type message: ');
let msg = bf.toString('utf8');
```

これでメッセージが用意できました。これをそのままdataに追加してもいいのですが、今回は現在の日時を示す「Date」というオブジェクトとメッセージを1つにまとめたものをdataに追加しています(8)。

```
let item = {
  date:new Date(),
  message: msg
}
data.unshift(item);
```

データの追加は、「unshift」というメソッドを使っています。これは、配列の最初に値を追加するメソッドです。こうすることで、一番新しいものが配列の一番前に来るようにしてあります。

また、dateの値は、実はこのサンプルでは全く使っていません。が、メッセージを保存した日時が保管されていれば、後からさらに機能拡張して色々利用できるようになるだろう、ということで追加しておきました。

Dateと日時の扱い

ここで使っている「Date」というオブジェクトは、JavaScriptで日時を扱う際の基本となるものです。これは以下のようにオブジェクトを作成します。

現在の日時を得る

```
変数 = new Date();
```

指定の日にちのオブジェクトを得る

```
変数 = new Date( 年, 月, 日 );
```

指定の時刻のオブジェクトを得る

```
変数 = new Date( 年, 月, 日, 時, 分, 秒 );
```

年月日や時分秒は整数で指定します。ちょっと注意が必要なのは「月」の値です。これは1～12ではなくて「0～11」で指定します。つまり、1月はゼロ、12月は11になるのです。

こうして作成されたDateオブジェクトは、toStringで日時の値を文字列として取り出せます。今回はDateオブジェクトのままdataに保管していますが、これをファイルに保存する際には自動的にtoStringで文字列の値として書き出され、読み込んでJSON.parseでオブジェクトに変換する際には自動的にDateオブジェクトに戻されます。

Dateは非常に奥が深いオブジェクトですが、とりあえず「さまざまな日時の作成」「文字列での表記の取り出し」だけでもわかっていれば、日時を表す基本の値として使えるようになるでしょう。

del関数について

del関数は、メッセージの削除を行うものです。これは、まず削除するメッセージのインデックス番号をユーザーに入力してもらっています(9)。

```
let bf = await prompt('type number: ');
let num = +bf.toString();
```

toStringで取り出した値に+をつけていますね。こうすることで、取り出したテキストを数字に変換しているのですね。

こうして取り出したメッセージを表示し、削除するか改めて入力をしてもらいます(10)。

```
console.log('item: ' + data[num].message);
bf = await prompt('delete it? (y/n):');
```


data[num]で指定のインデックス番号のデータを取り出し、そこからさらにmessageの値を出力しています。そしてpromptでyかnを入力してもらっています。

```
if (bf.toString() == 'y'){
  data.splice(num, 1);
}
```

yが入力されたら、dataからインデックス番号numのデータを削除します。これは「splice」というメソッドを使います。これは**削除する位置**を示す整数と**削除する項目数**を引数に指定して呼び出します。これで配列から不要なものだけ削除できます。

find関数について

find関数は検索を行うものです。これはまずユーザーに検索テキストを入力してもらい、それを変数に取り出します(11)。

```
let bf = await prompt('find: ');
let find = bf.toString('utf8');
```

後は、dataから順にデータを取り出し、そのmessageに検索テキストfindが含まれているかどうかを調べていきます(12)。

```
for(let i in data){
  if (data[i].message.indexOf(find) > -1){
    console.log(i + ': ' + data[i].message);
  }
}
```

あるテキストが別のテキストに含まれているかどうかは、調べる対象となるテキストの「indexOf」メソッドを利用できます。これは引数に指定したテキストが、対象となるテキストの難文字目にあるかを調べるものです。テキストが見つからなければ戻り値は -1 になります。つまり、この値が-1より大きければ、どこかにテキストが見つかったことになるわけです。

quit関数について

スクリプトを終了するquit関数は、実はスクリプトの終了そのものは行っていません。ここで行っているのは、終了フラグの変更と、データを保管している変数dataの内容をファイルに保存する処理です。

まず、以下のようにして変数を書き換えていますね（13）。

```
flg = false;
```

これで、main関数のwhileで次の繰り返しに進んだとき、繰り返しを抜けるようになります。終了のための処理は、たったこれだけです。

後は、データをファイルに保存する処理です（14）。

```
let opt = {encoding:'utf8'}
fs.writeFile(fname, JSON.stringify(data, '', 2), opt, (err) => {
```

writeFileでデータを保存しますが、JSON.stringify(data, '', 2)で変数dataのオブジェクトをJSON形式のテキストに変換して保存しています。また、このwriteFileでも、第3引数に保存のためのオプション設定を用意することができます。オプション設定で{encoding:'utf8'}と指定をして、utf8のエンコードで保存するようにしてあります。テキストのエンコードを利用する場合は、「値の保存と読み込み」の両方で同じエンコードを使うようにしてください。

Node.jsを使って処理を自動化！

以上、Node.jsを使って簡単なスクリプトを書き、いろいろと便利な機能を作ってみる、というサンプルを紹介しました。JavaScriptを覚えれば、Webページの操作だけでなく、こんな具合にけっこう身近に使える便利なスクリプトを色々作成できるようになります。

が、Node.jsは、そうした「身の回りの処理」だけで利用されているわけではありません。もっとも注目されているのは、「Webサーバーの処理」でしょう。サーバープログラミングというのは、やったことがないと「ものすごく難しそう」に感じるでしょうが、Node.jsを使えばビギナーでも十分理解できるはずです。

というわけで、次章ではNode.jsを使ったサーバー開発について学習していきましょう。

Part 2 開発編

Chapter 5

Express フレームワークを学ぼう

Node.jsでWebアプリケーションを作成する場合、
もっとも広く使われるのが「Express」というフレームワークです。
このExpressを使ったWeb開発の基本について
ここでしっかりと学んでいきましょう。

5-1

Expressの基本を理解しよう

この節のポイント

- Node.jsでサーバープログラムを書いてみよう。
- Node.jsとExpressのコードの違いを理解しよう。
- ルートハンドラの働きと作り方を学ぼう。

Node.jsは「サーバーそのもの」を作る

前章でNode.jsによるコマンドプログラムをいくつか作成しました。Node.jsは、ちょっとした処理をJavaScriptで自動化するのにけっこう使えます。

が、Node.jsが世の中でもてはやされるようになったのは、そういう「ちょっとした処理をササッと作る」という用途ばかりではありません。それ以上に大きいのが「サーバーサイドの開発」にNode.jsを用いる、という使い方です。

「サーバーサイドの開発」という場合、そのやり方は大きく2通りに分かれます。

- サーバーで実行するプログラムを作成して設置する。サーバーサイドには、通常のWebサーバーがあり、更にそのプログラムを実行する環境がある。Webサーバーにアクセスすると、必要に応じて指定のプログラムが実行されるようになっている。

- Webサーバーのプログラムそのものを開発し設置する。自分でWebにアクセスした際の処理をすべて作るので、どのような処理も実装可能。

前者の「Webサーバー＋プログラム」という方式は、PHPなどの言語を使った開発で広く使われています。これは、「レンタルサーバー」を利用するような場合に多用されます（図5-1の左）。レンタルサーバーがPHPなどのプログラミング言語に対応していれば、Webサイトのファイルとともにスクリプトファイルをアップロードして動かせるようになります。実行する処理の部分だけを作成すればいいのです。

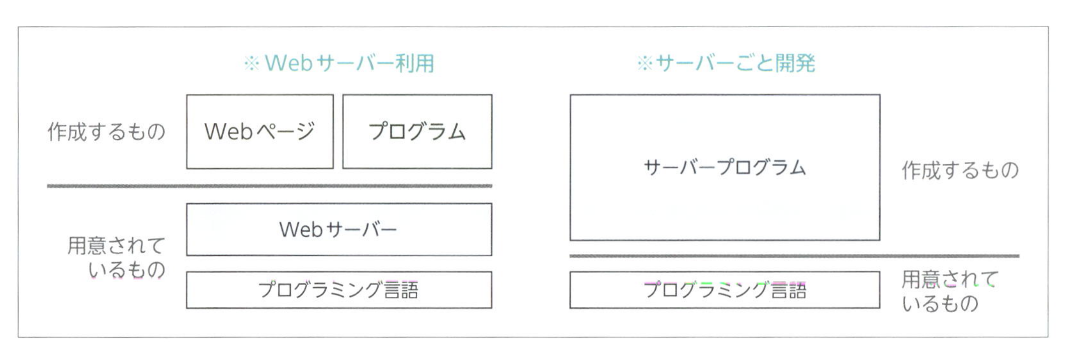

図5-1：Webサーバーを利用する場合は、Webページと実行するプログラムだけ作成すればいい。クラウドなどでは、サーバープログラムから開発する

後者の「Webサーバーのプログラムそのものをサーバーで実行して動かす」という方式は、最近増えてきた「クラウドサービス」を使ったWebアプリケーション開発で多用されます。クラウドサービスでは、サーバー側にプログラムを設置し実行できるため、Webサーバーそのものも自分で用意する必要があります。「それならWebサーバーそのものを作ったほうが、何もかも自分で制御できて柔軟な処理が可能になるだろう」というわけです。

Webサーバーなんて作れるの？

「でも、サーバープログラムなんて、そう簡単に作れないだろう。ものすごく難しいんじゃないか？」

そう思った人も多いことでしょう。が、必ずしもそうとは限りません。例えば、Node.jsでは、Webサーバーとしての基本的な機能がモジュールとして用意されています。それらを呼び出すことで、非常に簡単にWebサーバーの基本的な処理を実装できるようになっているのです。

Webサーバーというのは、シンプルに考えれば「誰かが特定のアドレスにアクセスしてきたら、そのアドレスで表示する内容(HTMLのテキスト)を送り返す」という処理をするだけのプログラムです。基本的な受け答えの仕組みが用意してあれば、自分で作るのもそう難しいものではないのです。

実際に作ってみよう

まぁ、こういうのはいくら「簡単だよ」と説明されても、疑ってかかる人も多いでしょう。そこで、実際にNode.jsでWebサーバープログラムを作ってみることにしましょう。

この章でも、引き続き「Web site」フォルダーのファイル類を利用していきます。デスクトップ版VSCodeで「Web site」フォルダーを開いてください。そしてapp.jsを開いて、その中身を以下のように書き換えてください。

リスト5-1(app.js)

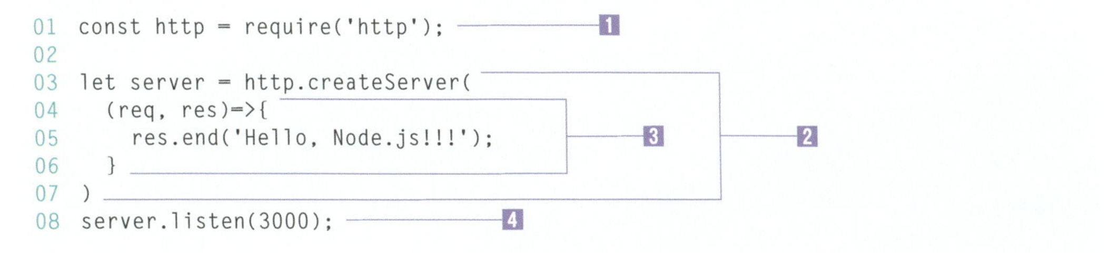

```
01 const http = require('http');        ―― 1
02
03 let server = http.createServer(      ┐
04   (req, res)=>{                   ┐  │
05     res.end('Hello, Node.js!!!');  ├ 3 ├ 2
06   }                               ┘  │
07 )                                    ┘
08 server.listen(3000);                 ―― 4
```

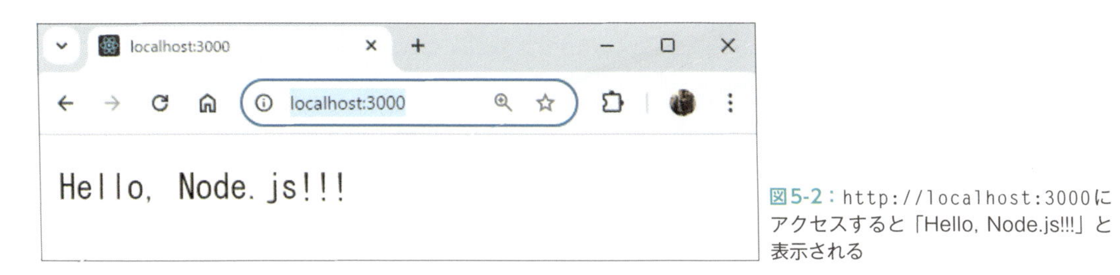

図5-2：http://localhost:3000にアクセスすると「Hello, Node.js!!!」と表示される

記述して保存できたら、VSCodeのターミナルで「node app.js」を実行しましょう。そしてWebブラウザから「http://localhost:3000」とアドレスを指定してアクセスしてみてください。「Hello, Node.js!!!」とテキストが表示されます。

これが、今作成したスクリプトによる表示です。「Webブラウザで指定アドレスにアクセスするとコンテンツを表示する」という、Webサーバーのもっとも基本的な部分はこの短いスクリプトでちゃんと動作しているのがわかるでしょう。

動作を確認したら、[Ctrl] ＋「C」キーを押してスクリプトを中断するとサーバーが停止します。

スクリプトを簡単に説明

では、今のスクリプトは一体、どういうことをやっていたのでしょうか。簡単に説明しましょう。

httpオブジェクトの用意

```
const http = require('http');
```

まず最初に「http」というモジュールをインポートしています(1)。このhttpが、HTTPプロトコルによる処理全般を扱うためのオブジェクトです。

サーバーの作成

```
let server = http.createServer(…);
```

サーバーの処理を行うオブジェクトを作成しています(2)。これは、httpオブジェクトの「createServer」というメソッドで行えます。このメソッドでは、このサーバーにアクセスした際に呼び出される処理をコールバック関数として引数に用意しておきます。

アクセス時の処理

```
(req, res)=>{
  res.end('Hello, Node.js!!!');
}
```

createServerの引数に指定したコールバックのアロー関数はこのようになっています。引数には、リクエストとレスポンスを扱うためのオブジェクトが用意されます。

ここでは、レスポンス(アクセスしてきた相手への返信)のオブジェクトにある「end」というメソッドを呼び出しています。このendは、引数に指定した値をアクセスして来た側に送り返すものです。つまりここで「Hello, Node.js!!!」とメッセージを送り返しているのですね。

待ち受けを開始

```
server.listen(3000);
```

サーバーというのは、準備が整ったら「待ち受け」という状態になります。これを行っているのが、「listen」メソッドです(4)。

待ち受けというのは、誰かがアクセスしてくるのをじっと待ち続けるものです。そして誰かがアクセスをしたら、createServerで指定したコールバック関数を呼び出す処理を行います。

全体の流れをまとめる

このように、Node.jsでは簡単な処理を作成するだけでWebサーバーの基本部分が作れるのです。整理すると、以下のようになります。

- createServerによるサーバーオブジェクトの作成
- コールバック関数によるアクセス時の処理
- listenによる待受の開始

どうです、思った以上に簡単でしょう？　これなら「誰でもちょっと勉強すればWebサーバーが作れるようになる」というのも納得ですね！

フレームワークを利用しよう

ただし、実際に本格的なWebアプリケーションを動かすためのサーバープログラムを作ろうとすると、それなりに難しいことがわかるでしょう。

まず、「アドレスごとの処理」の作成を考えないといけません。先ほどのサンプルでは、http://localhost:3000にアクセスするとメッセージを表示しましたが、実をいえばこのサーバーのどんなパスにアクセスしても同じメッセージが表示されるのです。

試しに、http://localhost:3000/abcというようにサーバー名の後に適当にパスを指定してアクセスしてみましょう。どこにアクセスをしても、常に同じメッセージが表示されることがわかるでしょう。

また、HTMLによるWebページを作ろうとすると、「あらかじめ用意したHTMLファイルを読み込んで表示する内容を送り返す」といった処理を作らないといけません。スタイルシートファイルやJavaScriptのファイル、イメージファイルといったものも、特定のパスにアクセスしたらちゃんと使えるようにしないといけません。

こうした諸々のことを考えると、全部自分でスクリプトを書いて……というのは、それなりに大変なことがわかってくるでしょう。

5-1

そこでフレームワーク！

では、どうすればいいのか。もちろん、「複雑な処理をスラスラ書けるようになるまでNode.jsを勉強する」というのも一つの考え方です。が、「難しい部分をもっと簡単に作成できるようにする方法を見つける」というのもまた一つの考え方でしょう。

こういう「やってみたら意外に難しそうな処理」というのは、あなただけでなく、誰にとっても難しいものであるはずです。そうした難しい処理ならば、すでに誰かが「こうすればもっと簡単に作れるはずだ」という方法を考えついているに違いありません。

実は、そうしたものはすでにいろいろと登場しています。それが、「フレームワーク」と呼ばれるプログラムです。

フレームワークというのは、便利な処理を簡単に使えるようにするプログラムです。といっても、ライブラリのようなものではありません。フレームワークは、機能だけでなく「仕組み」を提供するプログラムなのです。

Webアプリケーションならば、「このアドレスにアクセスしたらこういう処理を行い、こういうコンテンツを用意してアクセスした側に送り返す」といった一連の手続きがだいたい決まっています。

そこでフレームワークでは、そうした基本的な処理を行うためのシステムを用意し、「アクセスするアドレスはここで用意する」「指定したアドレスにアクセスしたときの処理はこうやって定義する」「表示するコンテンツはこのように用意する」というように、基本的なルールを決めておくのです。

プログラマは、そのルールに従って必要な「部品」を作成していくだけです。フレームワークを実行すると、システムの中からそれらが自動的に読み込まれ必要に応じて動作するようになる、というわけです。

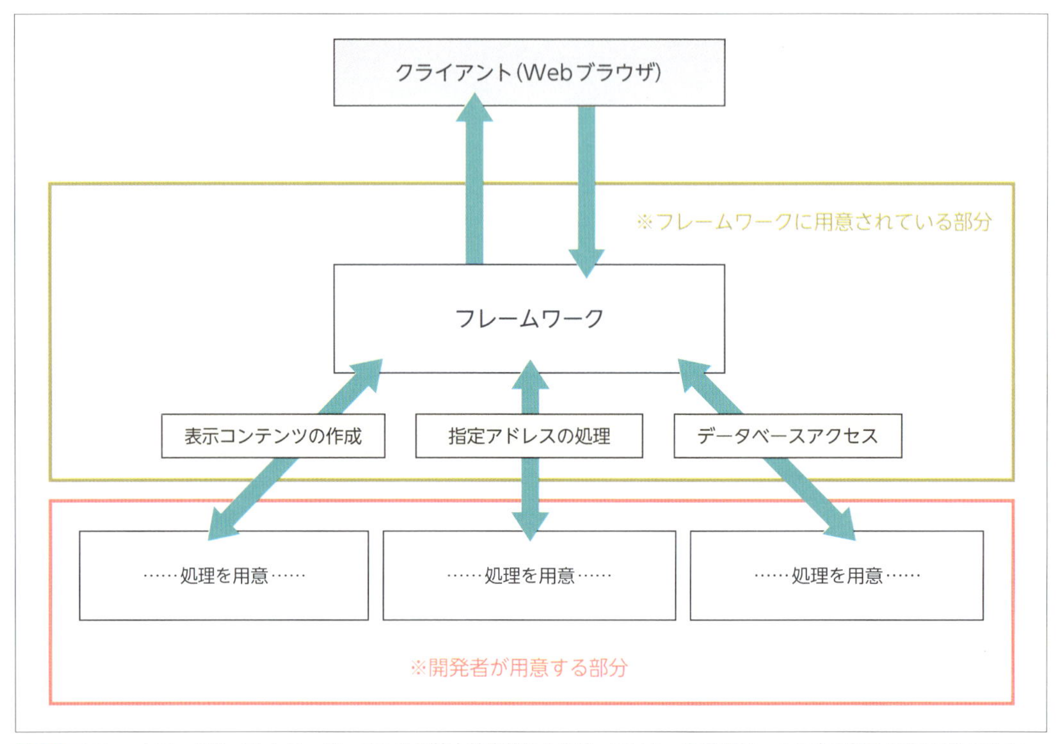

図5-3：フレームワークは、Webサーバーのための基本的な仕組みを持っている。開発者は、その中の部品を作るだけでいい

Expressについて

では、Node.jsではどのようなフレームワークがあるのでしょうか。これは本当にさまざまなものが用意されています。メジャーなものだけでも十数種類のフレームワークがあるでしょう。そうした数多あるフレームワークの中で「とりあえずこれを覚えておけばOK！」といえるものが「Express」です。

Expressは、フレームワークの中では比較的小型で軽量なプログラムです。もっと本格的で高機能なものもたくさんあるのですが、「Node.jsでWebサーバー開発」を始めるなら、おそらくほとんどの人がこのExpressを使って開発をスタートするでしょう。

その理由は、「機能と使い勝手のバランス」です。高機能のものは、それだけ使い方も難しく、複雑な仕組みを理解しないといけません。低機能のものは、簡単に使えてもそれほど便利ではありません。

Expressは、非常に小さなプログラムで、新たに覚えなければいけない機能もそんなに膨大ではありません。それで、必要十分なくらいに開発しやすい機能を提供してくれます。

Expressは、Node.js単体でのプログラミングスタイルを踏襲し、それを少しだけ使いやすくしてくれます。つまり、Node.jsでの開発で得た知識を捨てずに済むのです。Node.jsの基本を覚えた開発者が、新たに覚えなければいけない知識はごく僅かです。その僅かな学習だけで、Node.js単体よりも格段に開発しやすい環境を手に入れられる。それこそがExpressを使う最大の利点なのです。

Expressアプリを作ろう

では、実際にExpressを利用したWebアプリケーションを作成してみましょう。ここまで、「Web site」というフォルダーを使ってきましたが、今回は新たにExpress用のアプリを作成することにします。

まず、デスクトップに「express-app」という名前のフォルダーを作成してください。これが、今回作成するWebアプリのフォルダーになります。作成したら、VSCodeにドラッグ&ドロップして開いておきましょう。

なお、VSCodeで「Web site」フォルダーが開いたままの人は、「ファイル」メニューから「フォルダーを閉じる」を選ぶとフォルダーを閉じて新たにフォルダーを開ける状態になります。

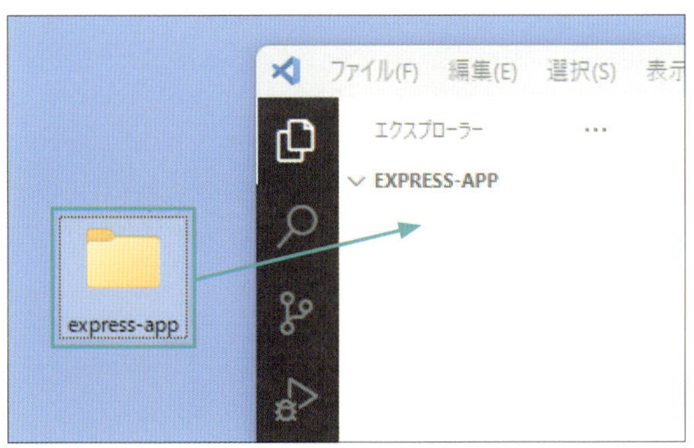

図5-4：「express-app」フォルダーをVSCodeで開く

パッケージを初期化する

Expressをアプリに組み込んで利用するには、Webアプリのフォルダーを「パッケージ」と呼ばれるものとして初期化する必要があります。

パッケージというのは、Node.jsに用意されている「npm」というツールで管理できる、コードを書いたファイルの集まりです。npmは、Node.jsのパッケージを管理するツールです。npmでは、すべてのプログラムはパッケージと呼ばれる形式で作成されるようになっています。そしてnpmを利用して、必要なパッケージを自由にインストールして利用できるようになっているのです。npmでさまざまなプログラムを利用するためには、パッケージとしてWebアプリを作成する必要があります。

これは、別に難しい作業ではありません。VSCodeの「ターミナル」メニューから「新しいターミナル」を選んでターミナルのパネルを開いてください。そして以下のコマンドを実行します。

ターミナルで実行

```
npm init -y
```

5-1

```
PS C:\Users\tuyan\Desktop\express-app> npm init -y
Wrote to C:\Users\tuyan\Desktop\express-app\package.json:

{
  "name": "express-app",
  "version": "1.0.0",
  "main": "index.js",
  "scripts": {
    "test": "echo \"Error: no test specified\" && exit 1"
  },
  "keywords": [],
  "author": "",
  "license": "ISC",
  "description": ""
}



PS C:\Users\tuyan\Desktop\express-app>
```

図5-5：npm initでパッケージとして初期化する

これを実行すると、フォルダー内に「package.json」というファイルが作成されます。おそらく以下のようなコードが書かれているでしょう。

リスト5-2（package.json）

```
01 {
02   "name": "express-app",
03   "version": "1.0.0",
04   "main": "index.js",
05   "scripts": {
06     "test": "echo \"Error: no test specified\" && exit 1"
07   },
08   "keywords": [],
09   "author": "",
10   "license": "ISC",
11   "description": ""
12 }
```

これが、「express-app」フォルダーのパッケージ情報です。パッケージに関する各種の設定などがすべてここに記述されます。このファイルさえあれば、フォルダーはパッケージとして認識されるようになるのです。

Expressのインストール

では、このパッケージにExpressをインストールします。ターミナルから以下を実行してください。

ターミナルで実行

```
npm install express
```

```
問題　出力　デバッグ コンソール　ターミナル　ポート　AZURE
PS C:\Users\tuyan\Desktop\express-app> npm install express

added 64 packages, and audited 65 packages in 2s

12 packages are looking for funding
  run `npm fund` for details

found 0 vulnerabilities
PS C:\Users\tuyan\Desktop\express-app> 
```

図5-6：`npm install`でExpressを組み込む

これで、Expressのパッケージがexpress-appにインストールされます。実行すると、「node_modules」というフォルダーが作成され、この中に必要なパッケージが保存されるようになります。

また、package.jsonにもパッケージ情報が追記されます。ファイルを開くと、以下のような記述が追加されていることに気がつくでしょう。

リスト5-3（package.json）

```
01 "dependencies": {
02   "express": "^4.19.2"
03 }
```

この"dependencies"というのは、依存パッケージを示す設定です。依存パッケージというのは、このパッケージを動かすのに必要なパッケージのことです。パッケージをインストールすると、ここにその情報が追記されるようになっています（なお、"^4.19.2"というバージョンの値の部分は現時点の最新バージョンが設定されます。Expressのバージョンについては、p.206のコラムも参照してください）。

Expressでサーバーを動かす

では、Expressを利用したプログラムを作成してみましょう。「express-app」内に、「app.js」という名前のファイルを作成しましょう。

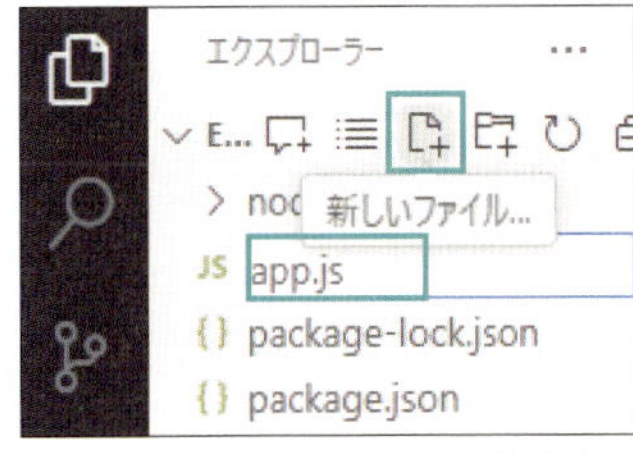

図5-7：「app.js」ファイルを作成する

ファイルが用意できたら、これに以下のスクリプトを記述します。これが、Expressアプリのソースコードです。

リスト5-4（app.js）

```
01 const express = require('express');   ―― 1
02
03 const app = express();   ―― 2
04
05 // ルートの設定
06 app.get('/', (req, res) => {
07   res.send('Welcome to Express-world!');   ―― 3
08 });
09
```

次ページへ続く ▶

```
10 // サーバーを起動
11 app.listen(3000, () => {
12   console.log('Server running at http://localhost:3000/');
13 });
```
4

記述できたら、ターミナルから「node app.js」を実行してみましょう。ターミナルに「Server running at http://localhost:3000/」とメッセージが表示されたら、Webブラウザから http://localhost:3000/にアクセスしてください。「Welcome to Express-world!」というテキストが表示されます。

ごく単純なものですが、Expressでテキストを表示する、というもっともシンプルな処理はできました！

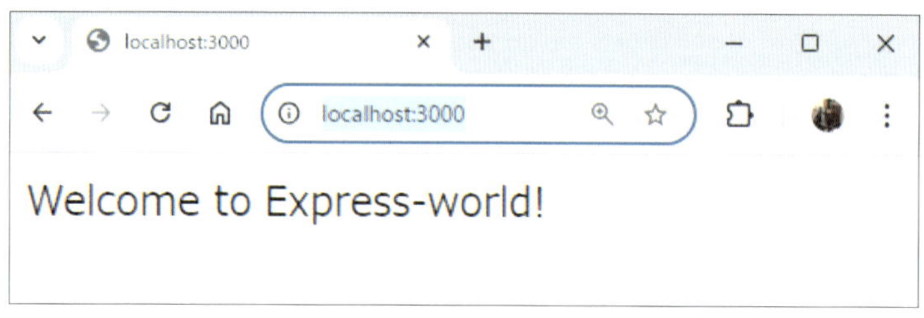

図5-8：http://localhost:3000/にアクセスするとテキストが表示される

コードの流れを調べる

では、どのようなことを行っているのか、作成したコードを見ていきましょう。まず最初に、Expressのモジュールを読み込んでいます(1)。

```
const express = require('express');
```

これでexpressという定数にパッケージの内容が読み込まれました。これは、関数になっており、この関数を実行してExpressのオブジェクトを作成します(2)。

```
const app = express();
```

これでExpressオブジェクトが変数appに代入されます。後は、このappからメソッドなどを呼び出して処理を行っていくのです。

ルートの設定

次にルートの設定を行っています。Node.jsでは、特定のパスに特定のHTTPメソッドでアクセスしたときに実行する処理を割り当てる(ルーティングといいます)ためのメソッドがいろいろと用意されています。このルーティングを行っているのが以下の部分です(3)。

```
app.get('/', (req, res) => {
  res.send('Welcome to Express-world!');
});
```

「get」は、ルーティングの基本となるメソッドです。これは、第1引数のパスにアクセスすると、第2引数の関数を実行します。ここでは、'/'というパスに処理を割り当てていますね。これにより、トップページ(http://localhost:3000/)にGETメソッド(普通にアクセスするときに使われるメソッド)でアクセスすると、この処理が実行されるようになります。

パスに割り当てるコールバック関数は、以下のような形をしています。

```
( リクエスト, レスポンス ) => {
  …実行する処理…
}
```

引数には、クライアント(Webブラウザなど)からサーバーにアクセスされた情報を管理する「リクエスト」と、サーバーからクライアントにアクセスするための情報を管理する「レスポンス」がそれぞれオブジェクトとして渡されます。クライアントから送られた情報を取り出したり、クライアントに返送するコンテンツを作成したりする作業は、これらのオブジェクトからメソッドなどを呼び出して行います。

Column

ルートハンドラについて

ルーティングは、このapp.getのようにメソッドを使って設定します。もっと後で説明しますが、Express本体のメソッドを呼び出すだけでなく、ルーティングのためのミドルウェアを作成して組み込んだりすることもあります。

こうした、ルーティングを行う関数やミドルウェアを「ルートハンドラ」といいます。Expressの基本は「ルートハンドラを作ること」といっていいでしょう。

5-1

レスポンスにテキストを送信する

今回、app.getのコールバック関数で実行しているのは、以下のようなシンプルな文です。

```
res.send('Welcome to Express-world!');
```

resは、サーバーからクライアントへ返送するレスポンスのオブジェクトですね。「send」は、引数に指定した値をクライアントに送信するメソッドです。これにより、'Welcome to Express-world!'というテキストがクライアントに送られ表示されるようになるのです。

サーバーを起動

最後に、サーバープログラムを起動し、待受状態にします。これは以下のように実行しています(4)。

```
app.listen(3000, () => {
  console.log('Server running at http://localhost:3000/');
});
```

「listen」は、サーバーを待ち受け状態にするものです。「待ち受け」状態とは、クライアントからアクセスがあるのをひたすら待ち続け、アクセスがあったらルートハンドラを元にすぐ処理を実行できる、という状態を示します。これは以下のように実行します。

```
app.listen( ポート番号 , 関数 );
```

第1引数には、ポート番号を指定します。これは、Webの技術を利用したサービスに割り当てられる番号です。ここでは、3000を設定していますね。これにより、http://○○:3000/でサーバーにアクセスできるようになります。

第2引数の関数は、サーバーの起動が完了すると実行されるものです。今回は、起動したことを知らせる簡単なメッセージを表示しています。

静的ファイルを使う

一応、これでサーバープログラムの実行はできるようになりました。しかし、テキストを表示するだけでは実用にはなりません。やはり、HTMLファイルを表示できるようにしたいですね。

Expressでは、HTMLやCSSのように「ファイルをそのままクライアントに送るだけ」のものは「静的ファイル」としてまとめて扱えるようになっています。静的フィルのフォルダーを用意し、そこにファイルを入れておけば、それに直接アクセスできるようになっているのですね。

では、試してみましょう。「express-app」フォルダーの中に「public」という名前でフォルダーを作成してください。これを静的ファイルのフォルダーにしましょう。

フォルダーを用意したら、その中にファイルを作ります。まず「index.html」というファイルを作成しましょう。そして以下のように記述をしておきます。

リスト5-5（public/index.html）

```
01 <!DOCTYPE html>
02 <html lang="ja">
03 <head>
04   <meta charset="UTF-8">
05   <title>Hello!</title>
06   <link rel="stylesheet" href="./styles.css">
07 </head>
08 <body>
09   <h1>Express</h1>
10   <div class="container">
11     <p>This is Sample page.</p>
12   </div>
13 </body>
14 </html>
```

続いて、スタイルシートのファイルも用意しておきます。「public」フォルダーに「styles.css」という名前でファイルを作成してください。そして、Chapter 3で「Web site」フォルダーのstyles.cssファイルに記述した内容をコピーし、ペーストしてください。これで基本的なHTML要素のスタイルが用意できました。

app.jsを修正する

では、「public」フォルダーを静的ファイルの保管場所として認識するようにスクリプトを修正しましょう。「app.js」を開き、以下のように内容を書き換えてください。

リスト5-6（app.js）

```
01 const express = require('express');
02 const path = require('path');  ――― 1
03
04 const app = express();
05
06 app.use(express.static(path.join(__dirname, 'public')));  ――― 2
07
08 // サーバーを起動
09 app.listen(3000, () => {
10   console.log('Server running at http://localhost:3000/');
11 });
```

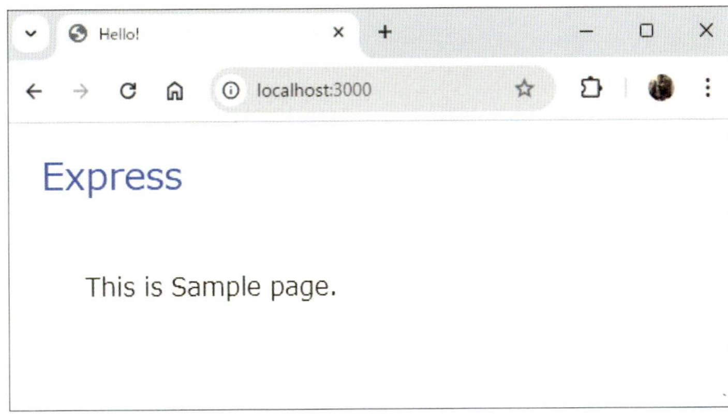

図5-9：index.htmlが表示されるようになった

修正ができたら、ターミナルから「node app.js」を実行してください。そしてWebブラウザから、http://localhost:3000/にアクセスしてみましょう。すると、「public」フォルダーに用意したindex.htmlが表示されます。「public」フォルダーの中身は「http://localhost:3000/ファイル名」という形でアクセスできるようになっていることがわかります。

コードの流れをチェックする

では、作成したコードを見ていきましょう。ここでは、「path」というモジュールを読み込んでいますね。1の文です。

```
const path = require('path');
```

このpathは、ファイルパスを扱うための機能を提供するものです。これを使い、静的フォルダーの設定を行っています。

```
app.use(express.static(path.join(__dirname, 'public')));
```

2 は、ちょっと説明が必要でしょう。これは、expressにある「use」というメソッドを呼び出すものです。このuseは「ミドルウェア」と呼ばれるものを使用するためのもので、以下のように実行します。

```
app.use(ミドルウェア)
```

ミドルウェアは、Expressに機能を追加するものです。ここでは、静的フォルダーを作成するミドルウェアを以下のように呼び出して引数に指定しています。

```
express.static( フォルダーパス )
```

express.staticは、引数に指定したフォルダーを静的フォルダーとして設定するミドルウェアです。この引数には、以下のようにフォルダーのパスが設定されています。

```
path.join( パス, フォルダー )
```

path.joinは、引数に指定したパスとフォルダーをつなげて正しい形式のパスを作成します。ここでは、以下のものを引数に指定しています。

__dirname	このパッケージのフォルダーパス
'public'	「public」フォルダー

これで、「public」フォルダーの正確なパスが得られます。このパスを指定してexpress.staticで静的フォルダーのミドルウェアが作成され、それを引数にしてapp.useでミドルウェアがExpressに組み込まれた、というわけです。

今回のサンプルコードには、app.getがありません。つまり、ルートの設定がまったくないのです。それなのに、トップページにアクセスすればちゃんとindex.htmlのページが表示される。それは、静的フォルダーのファイルがそのまま公開されているからです。またスタイルが正しく反映されるのも、styles.cssが静的フォルダーにあって公開されているからです。

このように、「ファイルに直接アクセスできるようにしておきたいものは、静的フォルダーに用意しておく」ということを知っておきましょう。

5-2

EJSでWebページを作成しよう

この節のポイント

- EJSでさまざまな値を表示しよう。
- 三項演算子やmapで表現力をアップしよう。
- テンプレートにコードを埋め込んで動かそう。

テンプレートエンジンを使おう

静的フォルダーを使って、HTMLファイルをそのまま公開することはできるようになりました。しかし、ただHTMLファイルを表示するだけでは、わざわざWebサーバープログラムを作成する意味がありません。

サーバープログラムを作るからには、プログラムを利用してWebページを作成できるようにしたいものです。例えば、用意したデータを使ってページを表示したり、状況に応じて表示を変えたり、といったことですね。

こうした表示のカスタマイズを行うために用意されているのが「テンプレートエンジン」です。これは、Webページをテンプレートファイルとして用意しクライアントから要求された際に必要な値を組み込んだり表示を変更したりして表示を作成するのです。

5-2

EJSを用意する

このテンプレートエンジンにはさまざまなものがありますが、もっとも広く利用されているのは「EJS」というものでしょう。EJSは「Embedded JavaScript」の略で、HTMLのコード内にJavaScriptの値やコードを埋め込んで表示を作成できます。テンプレートエンジンの中でももっとも使い方が簡単で、初心者には最適なものといえるでしょう。

では、さっそくEJSをパッケージに組み込みましょう。ターミナルから以下のコマンドを実行してください。

ターミナルで実行

```
npm install ejs
```

これで、EJSがパッケージに組み込まれます。後は、EJSを利用するようにコードを修正するだけです。

EJSを組み込む

Expressには、テンプレートエンジンを設定するための機能が標準で用意されています。これを呼び出すことで、簡単にテンプレートエンジンを組み込むことができます。

では、app.jsのコードを修正してEJSが使えるようにしましょう。

リスト5-7（app.js）

```
01 const express = require('express');
02 const path = require('path');
03
04 const app = express();
05
06 // テンプレートエンジンの設定
07 app.set('view engine', 'ejs');
08 app.set('views', path.join(__dirname, 'views'));
09
10 // 静的ファイルのルートを設定
11 app.use(express.static(path.join(__dirname, 'public')));
12
13 // サーバーを起動
14 app.listen(3000, () => {
15   console.log('Server running at http://localhost:3000/');
16 });
```

（07〜08行目：1）

1では、テンプレートエンジンを組み込むための処理を追記しています。これは以下のようになっています。

テンプレートエンジンの設定

```
app.set('view engine', エンジン名 );
```

テンプレートファイルの配置場所の設定

```
app.set('views', フォルダーパス );
```

`app.set`は、Expressに用意されている設定を行うためのものです。ここでは2つの設定を変更しています。

テンプレートエンジンの設定は、「種類の設定」と「配置場所の設定」が必要です。`'view engine'`で使用するテンプレートエンジン名を設定し、`'views'`でテンプレートファイルを配置する場所を設定します。

ここではエンジン名を`'ejs'`にし、配置場所を`path.join(__dirname, 'views')`としてパッケージ内の「views」フォルダーにしておきました。後は、「views」フォルダーを用意し、そこにテンプレートファイルを作成すればいいのです。

テンプレートファイルを用意する

では、実際にテンプレートファイルを作成してみましょう。まず、パッケージ内に「views」というフォルダーを新たに作成してください。そして、先ほど「public」フォルダーに用意したindex.htmlを「views」

フォルダーにドラッグして移動し、ファイル名を「index.ejs」と変更しましょう。ファイル名の変更は、項目を右クリックして「名前の変更」メニューを選ぶと行えます。

EJSのテンプレートファイルは、このように「.ejs」という拡張子をつけた名前にしておくのが基本です。

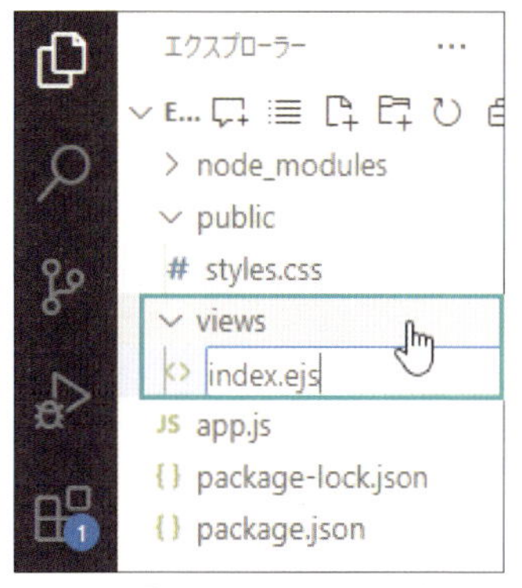

図5-10：「views」フォルダーにindex.htmlを移動し、名前を「index.ejs」に変更する

テンプレートを記述する

では、このindex.ejsを開いてテンプレートを記述しましょう。すでに記述しているもの(index.htmlで記述したもの)をベースにして少し修正すれば作成できます。

リスト5-8（views/index.ejs）

```
01 <!DOCTYPE html>
02 <html lang="ja">
03 <head>
04   <meta charset="UTF-8">
05   <title<%=title %></title>
06   <link rel="stylesheet" href="./styles.css">
07 </head>
08
09 <body>
10   <h1><%=title %></h1>          ┐
11   <div class="container">       ├─ 1
12     <p><%=message %></p>        ┘
13   </div>
14 </body>
15
16 </html>
```

<%= %>について

コードのほとんどの部分は、index.htmlのときと同じです。違っているのは、以下の3文だけです(1)。

```
<title<%=title %></title>
<h1><%=title %></h1>
<p><%=message %></p>
```

ここでは、<%=　○○　%>という記述がありますね。これは、EJSに用意されている特殊なタグで、JavaScriptの変数や式を埋め込むものです。ここでは、titleやmessageといった変数を<%= %>で埋め込んでいるのです。

後は、これらの変数をJavaScript側からテンプレートファイルに渡してやれば、それらの値が<%= %>にはめ込まれてページが生成されるようになります。

ルートハンドラを作成する

では、作成したindex.ejsを使ってページを表示する処理を作成しましょう。これは、指定のパスにアクセスしたときの処理を行う「ルート」の設定(ルートハンドラ)を用意して行います。

ルートハンドラは、先にapp.jsにapp.getというものを使って記述しました。これでもいいのですが、この先、アクセスするページなどが増えてくると、何もかもすべてapp.jsに書いていると収拾がつかなくなってきます。そこで、アクセス先に応じてルートハンドラを別ファイルで記述できるようにしましょう。

ここでは、「routes」というフォルダーを用意し、ここにルートハンドラのためのファイルをまとめておくことにします。パッケージに「routes」フォルダーを作成してください。

ルートファイルを作成する

では、「routes」フォルダーに、ルートの処理を行うファイルを用意しましょう。今回は「index.js」という名前でファイルを作成することにします。

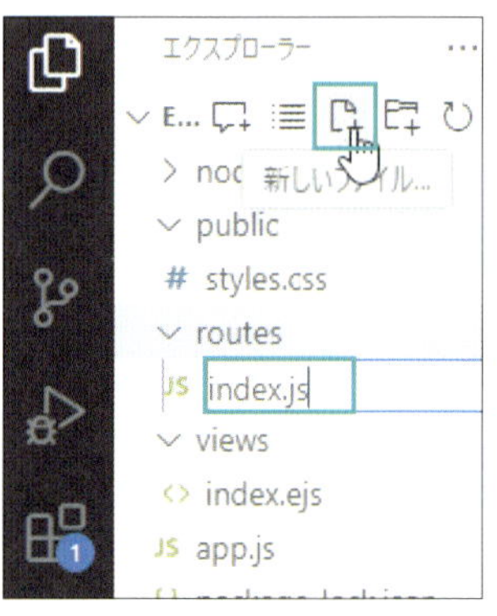

図5-11:「routes」フォルダーに「index.js」ファイルを作成する

ファイルを用意したら、これを開いて以下のようにコードを記述してください。

リスト5-9(routes/index.js)

```
01 const express = require('express');
02 const router = express.Router();
03
04 // ルートハンドラ
05 router.get('/', (req, res) => {
06   const data = {
07     title: 'Express-app',
08     message: 'これはサンプルのメッセージです。'
09   };
10   res.render('index', data);
11 });
12
13 module.exports = router;
```

(1: 01〜02行、2: 05〜11行、3: 06〜09行、4: 10行、5: 13行)

ここでは、最初にExpressをインポートし、そこからRouterというオブジェクトを作成しています。1の部分ですね。

```
const express = require('express');
const router = express.Router();
```

このRouterが、ルーティングのための機能を提供するオブジェクトです。この中には、expressオブジェクト同様にルーティングを設定するためのメソッドが一通り用意されています。今回は、getメソッドを使っています。

```
router.get('/', 関数 );
```

このように呼び出します(2)。そう、expressにあったgetと使い方は全く同じなのです。第1引数にパスを指定し、第2引数にコールバック関数を用意します。コールバック関数では、リクエストとレスポンスのオブジェクトが渡されます。

テンプレートのレンダリング

コールバック関数では、「views」内に用意したテンプレートファイルを使ってページを作成し表示する処理を用意しています。

まず、テンプレートに渡すデータをオブジェクトにまとめます(3)。

```
const data = {
  title: 'Express-app',
  message: 'これはサンプルのメッセージです。'
};
```

ここでは、titleとmessageという値をオブジェクトに用意してあります。これらは、index.ejsで<%= %>を使って埋め込んでいる変数名ですね。

こうしてテンプレートに渡す値が用意できたら、以下のようにしてテンプレートを表示します(4)。

```
res.render('index', data);
```

「render」は、テンプレートをレンダリングするためのものです。レンダリングというのは、テンプレートファイルに記述してある<%= %>などの特殊タグに変数や式の値を埋め込み、実際に表示されるHTMLコードを生成する作業です。これは第1引数にテンプレートファイル名を、第2引数にはテンプレートに渡すオブジェクトをそれぞれ指定します。テンプレート名は、拡張子はつけず、名前の部分だけを指定します。

最後に、routerをエクスポートして外部から利用できるようにします(5)。

```
module.exports = router;
```

このルーティングを設定したオブジェクト(ルートハンドラ)をメインプログラムからロードし、Expressに組み込んで使うのです。

ルートハンドラをapp.jsに組み込む

これで、index.jsのルートハンドラが用意できました。最後に、このindex.jsをExpressに組み込む処理を用意します。

app.jsを開き、最後のサーバー待ち受け処理（app.listenの文）の手前に以下を追記してください。

リスト5-10（app.js）

```
01  const indexRouter = require('./routes/index');
02  app.use('/', indexRouter);
```

```
10  // 静的ファイルのルートを設定
11  app.use(express.static(path.join(__dirname, 'public')));
12
13  const indexRouter = require('./routes/index');
14  app.use('/', indexRouter);
15
16  // サーバーを起動
17  app.listen(3000, () => {
18    console.log('Server running at http://localhost:3000/');
19  });
20
```

図5-12：app.listenよりも手前に追加する

requireで「routes」フォルダーのindex.jsを読み込み、これをapp.useで指定のパスに割り当てます。これで、別ファイルに作成したルートハンドラをExpressに組み込むことができます。

すべて完了したら、サーバーを起動し、http://localhost:3000/にアクセスしてみましょう。index.ejsにtitleとmessageを組み込んだWebページが表示されます。

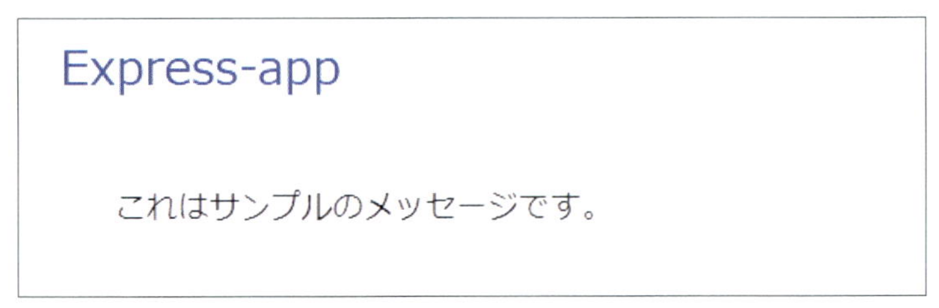

図5-13：index.ejsのテンプレートを元にページが表示される

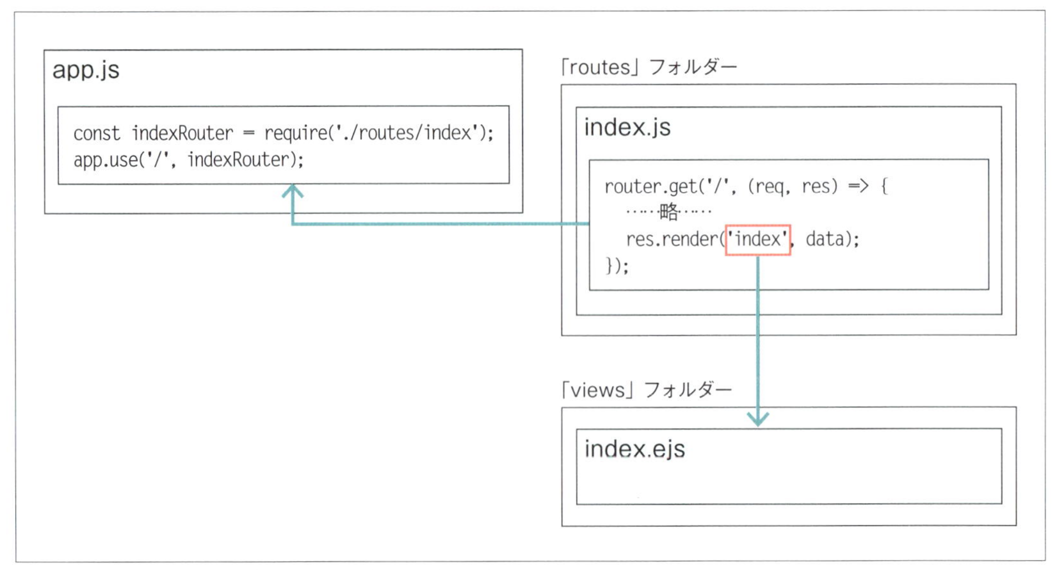

図5-14：index.ejsのテンプレートを元にページが表示される

<%= %>で表示を切り替える

この<%= %>は、「値を埋め込む」という非常に単純なものですが、アイデア次第でいろいろな使い方ができます。

例えば、「変数の内容によって表示を変える」ということもできます。簡単な例として、変数flgの値がtrueかfalseかで表示が変わるサンプルを作ってみましょう。

まず、「routes」フォルダーのindex.jsを開き、ルーティングを行っているrouter.get('/', (req, res) => {…}); の部分を以下のように書き換えましょう。

リスト5-11 (routes/index.js)

```
01 router.get('/', (req, res) => {
02   const data = {
03     title: 'Express-app',
04     flg: true, //☆ ———— 1
05     message: 'これはサンプルのメッセージです。'
06   };
07   res.render('index', data);
08 });
```

ここでは、titleとflgという値をテンプレートに渡すようにしています。1のflgは真偽値で、trueかfalseを指定します。この値によって表示が変わるようにしてみます。

では「views」フォルダー内の「index.ejs」を開き、<body>～</body>の部分を以下のように変更します。

リスト5-12 (views/index.ejs)

```
01 <body>
02   <h1><%=title %></h1>
03   <div class="container">
04     <div class="<%=flg ? 'alert' : 'card' %>"> ———— 2
05       <p><%=message %></p>
06     </div>
07   </div>
08 </body>
```

ここでは、<div>で囲んだ中にmessageを出力しています。この<div>のclass部分を見るとこのような値が設定されていますね(2)。

```
<%=flg ? 'alert' : 'card' %>
```

ここでは「三項演算子」というものを使っています。これは、用意した式の結果がtrueかfalseかによって異なる値を取り出すもので、以下のように記述します。

三項演算子の書き方

《式や変数》 ? 《true時の値》 : 《false時の値》

真偽値の値になる式や変数などを用意し、その後に?をつけてtrueのときの値を指定し、更に:をつけてfalseのときの値を指定します。

ここでは、変数flgの値がtrueならば'alert'、そうでなければ'card'という値がclassに設定されるようにしています。flgの値次第でスタイルクラスが変わり、表示が変わるようになるわけです。

修正したら、ターミナルで「node app.js」と入力してサーバーを起動してWebブラウザからアクセスしましょう。flgの値がtrueだと、alertクラスで表示されますが、falseに変更するとcardクラスで表示されるようになります。テンプレートに渡すflgの値を変更して表示がどう変わるか確かめましょう。

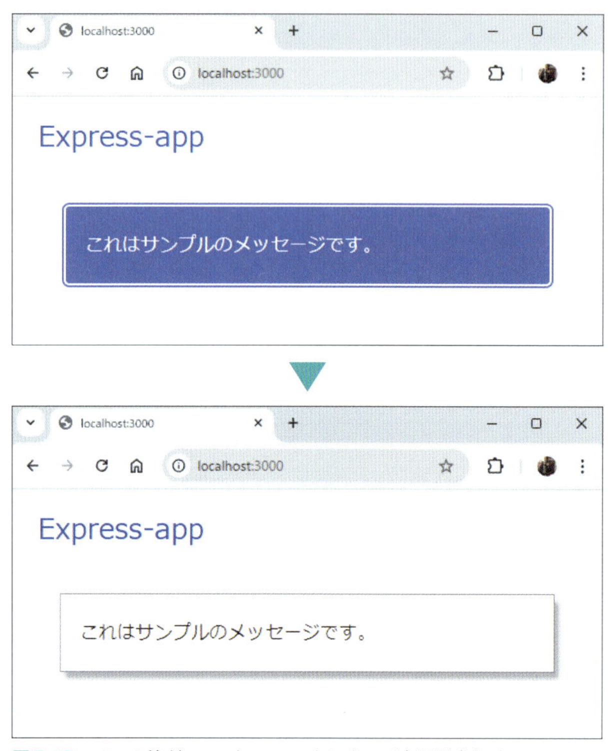

図5-15：flgの値がtrueかfalseかによって表示が変わる

<%= %>に数式を指定する

三項演算子というのは、一種の「式」です。<%= %>では式を記述することもできます。この場合、表示されるのは式の結果になります。

この「式を表示する」ということを利用すれば、ちょっとした処理なども組み込むことができるようになります。実際にやってみましょう。

まず、「routes」フォルダーのindex.jsにあるルートハンドラ(router.get部分)を以下のように修正します。

リスト5-13（routes/index.js）

```
01 router.get('/', (req, res) => {
02   const data = {
03     title: 'Express-app',
04     value: 1234, //☆
05   };
06   res.render('index', data);
07 });
```

ここでは、titleとvalueという値をテンプレートに渡すようにしています(1)。このvalueの値をテンプレート側の式で利用します。

続いて、テンプレートを修正しましょう。「views」フォルダー内のindex.ejsを開き、<body>部分を以下のように修正してください。

リスト5-14(views/index.ejs)

```
01 <body>
02   <h1><%=title %></h1>
03   <div class="container">
04     <div class="card">
05       <p><%=value %>の値は、
06         「<%=value % 2 == 0 ? '偶数' : '奇数' %>」 ——— 2
07         です。</p>
08     </div>
09   </div>
10 </body>
```

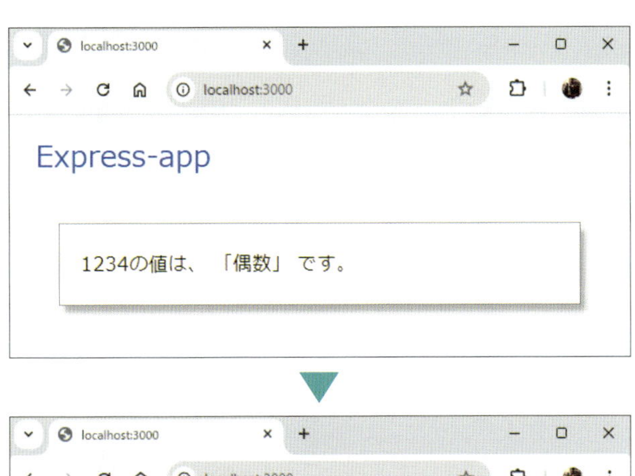

図5-16：valueの値が偶数か奇数かを表示する

サーバーを実行してアクセスすると、「1234の値は、『偶数』です。」と表示されます。valueの値が偶数か奇数かを調べて表示しているのがわかりますね。表示を確認したら、index.jsのvalueの値をいろいろと変更して表示を確かめてみましょう。

ここでは、valueの値が偶数か奇数かを調べて表示するのに以下のようなやり方をしています(2)。

```
<%=value % 2 == 0 ? '偶数' : '奇数' %>
```

value % 2 == 0で、valueを2で割った余りがゼロかどうかを調べています。これにより、偶数か奇数かどちらかを表示するようになります。

このように、三項演算子にさまざまな式を用意することで、式の結果に応じた表示が作成できます。

配列データの変換

ここでの三項演算子は、「表示のif文」ともいえる働きをしています。条件によって表示を切り替えることができるわけですね。では、繰り返しの表示はどうでしょうか。

配列などのデータを出力する場合、EJSでは、JavaScriptのコードを利用して表示を作成できるようにはなっているのですが(これについては後述します)、<%= %>だけでも配列の各値をカスタマイズして表示することはできます。これは、配列の「map」メソッドを利用します。

配列の「map」メソッドの使い方

```
配列.map( 関数 );
```

mapは、引数に指定した関数を使って配列の各要素を変換するのに用いられます。例えば、こういう使い方を考えてみましょう。

```
["A", "B", "C"].map(value=> "「" + value + "」");
```

このような文を実行すると、結果として以下のような値が出力されるようになります。

```
「A」,「B」,「C」
```

mapの引数に指定されている関数を見てみると、以下のようになっていますね。

```
value=> "「" + value + "」"
```

これで、valueの値がカッコに挟まれた形で出力されるようになるわけですね。mapでは、配列の各要素を引数valueに1つずつ渡して呼び出していきます。これにより、以下のように値が変換されていきます。

```
"A"  →  「A」
"B"  →  「B」
"C"  →  「C」
```

こんな具合に、配列の1つ1つの値をカスタマイズして出力できるようになるわけです。

配列をナンバリングして表示する

では、実際にこのmapを使って配列をカスタマイズして表示させてみましょう。「routes」フォルダーのindex.jsにあるルートハンドラ(router.get部分)を以下のように書き換えてください。

リスト5-15 (routes/index.js)

```
01 router.get('/', (req, res) => {
02   const data = {
03     title: 'Express-app',
04     values: ['Hello', 'Welcome', 'Goodbye'], //☆
05   };
```

```
06    res.render('index', data);
07  });
```

ここでは、valuesに['Hello', 'Welcome', 'Goodbye']という配列を用意しておきました。これをテンプレートで出力させます。

「views」フォルダーのindex.ejsを開き、<body>部分を以下のように修正しましょう。

リスト5-16（views/index.ejs）

```
01 <body>
02   <h1><%=title %></h1>
03   <div class="container">
04     <div class="card">
05       <pre><%=values.map(
06         (value,index)=>'\n[' +
07         (+index + 1) + '] ' + value)
08         .toString().trim() %></pre>
09     </div>
10   </div>
11 </body>
```

（05〜08行目：1）

1の部分については後述します。

ここでは<pre>で結果を出力しているので、これのスタイルを用意しておきましょう。「public」フォルダーのstyles.cssを開き、以下を追記してください。

リスト5-17（public/styles.css）

```
01 pre {
02   border: lightgray 1px solid;
03   padding: 10px 20px;
04   margin: 10px 0px;
05   line-height: 1.5em;
06   font-size: 1.1em;
07 }
```

（05行目：2）

line-heightという項目が新たに登場しましたが（2）、これは行幅（行の高さ）を指定するものです。

これで修正は終わりです。サーバープログラムを起動し、Webブラウザからアクセスをしましょう。すると、配列の各要素に番号を割り振って表示します。

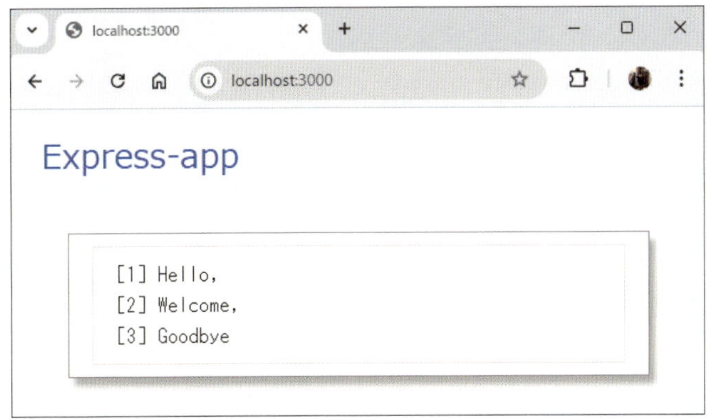

図5-17：配列の各要素に番号を振って表示する

map利用の流れを整理する

今回、1の<%= %>部分に設定されているのは、values.mapメソッドです。このように、<%= %>には式だけでなくメソッドの呼び出しなども記述することができます。この場合、メソッドの戻り値がそのまま値として出力されることになります。

今回、設定しているメソッドは以下のように記述されています。

```
values.map((value,index)=>'\n[' + (+index + 1) + '] ' + value).toString().trim()
```

かなりわかりにくいですね。これは、もう少し整理すると以下のような文を実行しているのがわかります。

```
values.map(…).toString().trim()
```

toStringは文字列として値を取り出すもので、trimは文字列の前後の空白を取り除くものです。つまり、mapの結果を文字列として取り出し、前後の空白を取り除いていたのですね。肝心のmapの引数には、以下のような関数が指定されています。

```
(value,index)=>'\n[' + (+index + 1) + '] ' + value
```

ここでは、(value,index)=>○○といったアロー関数が使われています。2つの引数がありますが、valueには配列の各要素の値が、indexにはインデックスの番号がそれぞれ渡されます。これらの値を使い、[番号] ○○という形の文字列を作成していたのですね。なおindexに1を足しているのは、番号を0から開始するのではなく、1から開始させるためです。

HTMLを表示させる

EJSの基本は、<%= %>で値などを表示するというものですが、実は<%= %>以外にもサポートされている特殊タグがあります。

1つは、<%- %>というものです。これは「HTMLコードをそのまま出力する」というものです。実は、<%= %>ではHTMLのコードを出力することはできません。<%= "<h1>Hello</h1>" %>などというようにして<h1>の要素を書き出そうとしても、画面にはそのまま<h1>Hello</h1>というテキストが表示されてしまいます。<h1>はただの値であり、HTMLのコードとは認識されないのです。

<%- %>では、値として指定されたHTMLのコードは、そのままHTMLコードとして認識されるようになります。つまり、<%- %>を使えば、HTMLの要素を追加することができるのです。

メッセージをHTML要素として表示する

では、<%- %>によるHTML出力を試してみましょう。まず「routes」フォルダーのindex.jsにあるルートハンドラ(router.get部分)を以下のように書き換えます。

リスト5-18（routes/index.js）

```
01 router.get('/', (req, res) => {
02   const data = {
03     title: 'Express-app',
04     message: 'これはサンプルページです。'        1
05   };
06   res.render('index', data);
07 });
```

titleとmessageをテンプレートに渡すように戻しました（1）。ではテンプレートを修正しましょう。「views」フォルダーのindex.ejsを開き、<body>部分を以下のように修正します。

リスト5-19（views/index.ejs）

```
01 <body>
02   <h1><%=title %></h1>
03   <div class="container">
04     <%- `<div class="card">
05       <p class="title">${message}</p>        2
06     </div>` %>
07   </div>
08 </body>
```

図5-18：class="card"でメッセージが表示される

これを実行すると、class="card"を指定したカードのスタイルでメッセージが表示されます。今回は、以下のようにしてメッセージの表示を作成しています（2）。

```
<%- `<div class="card"><p class="title">${message}</p></div>` %>
```

HTMLの要素がそのまま文字列として出力されているのがわかります。<%= %>では、これらはそのままテキストとして表示されますが、<%- %>を使えばこのように自由にHTMLの要素を出力できます。

<%- %>の内側にある`（バッククォート）については次のコラムで解説します。

Column

テンプレートリテラルとは？

今回のサンプルでは、「`（バッククォート）」という記号で前後を挟んだ文字列が使われていますね。これは「テンプレートリテラル」と呼ばれるものです。

テンプレートリテラルは、文字列の中に${ ○○ }というようにして式や変数を埋め込むことのできる特殊な文字列リテラルです。ここでは、リテラル内に${message}という記号が埋め込まれていますね。これにより、この部分に変数messageの値が埋め込まれる形で文字列が作成されます。

テンプレートリテラルはEJSの機能ではなく、JavaScriptの標準機能です。JavaScriptのコードのどこでも利用できますので、ここで使い方を覚えておきましょう。

配列をリストとして表示する

<%- %>によるHTML要素の出力が十分に活かされるのは、mapによる配列要素の出力でしょう。mapでは、配列の要素をカスタマイズして出力されますが、このときにHTML要素が使えると、配列を自由な形にアレンジできるようになります。

では、実際に試してみましょう。「routes」フォルダーのindex.jsを開き、ルートハンドラ（router.getの部分）を以下のように修正します。

リスト5-20（routes/index.js）

```
01 router.get('/', (req, res) => {
02   const data = {
03     title: 'Express-app',
04     values: ['こんにちは', 'こんばんは', 'さようなら'], //☆
05   };
06   res.render('index', data);
07 });
```

valuesに配列を指定していますね。これをテンプレート側で受け取り、mapを使って表示をカスタマイズします。「views」フォルダーのindex.ejsを開いて<body>部分を以下のように修正してください。

リスト5-21（views/index.ejs）

```
01 <body>
02   <h1><%=title %></h1>
03   <div class="container">
04     <div class="card">
05       <p class="title">配列のデータ</p>
06       <ul><!--
07         <%-values.map(                          ┐
08           (value,index)=>'--><li>[' +           │
09           (+index + 1) + '] ' + value +         ├─ 1
10           '</li><!--') %>                       ┘
11       --></ul>
12     </div>
13   </div>
14 </body>
```

今回は<ul>と<li>によるリスト表示を作成しますので、これのスタイルも追加しておきましょう。「public」フォルダーのstyles.cssを開いて以下を追記してください。

リスト5-22（public/styles.css）

```
01 li {
02   margin: 5px 0px;
03   border-bottom: lightgray 1px solid;
04 }
```

これで完成です。サーバープログラムを実行し、Webブラウザからアクセスすると、vuewsに用意した配列の要素がリストにまとめられて表示されます。

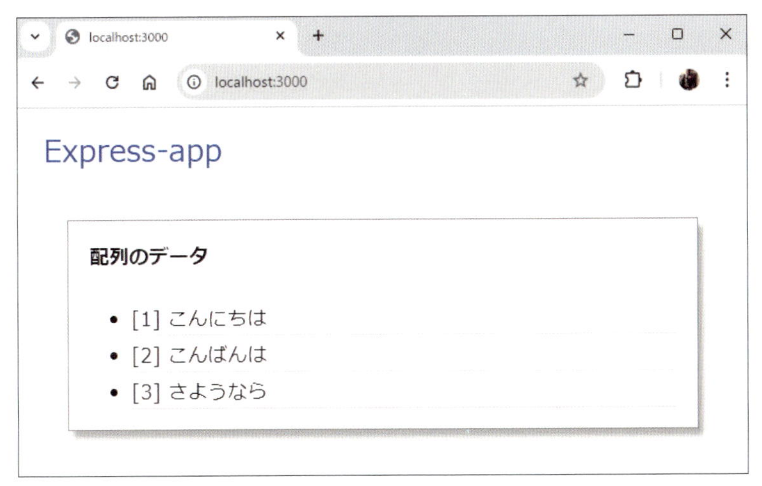

図5-19：配列がリストの項目として表示される

今回、テンプレートに用意している<%- %>は、以下のような内容になっています（1）。

```
<%-values.map((value,index)=>'--><li>[' + (+index + 1) + '] ' + value + '</li><!--') %>
```

先ほどのmapと基本的な使い方は変わっていませんが、出力されるテキストの前後に<li>と</li>をつけ、それぞれリストの項目として扱われるようにしました。<%- %>を使うと、<li>○○</li>といったHTMLのコードをそのまま出力して表示できましたね。

<!-- -->はコメントタグ

よく見てみると、出力される値の中で、'<!-- 'や'-->'といった値が書き出されているのがわかります。これは、HTMLのコメントタグです。

HTMLでは、コードにコメントを記述するようなとき、以下のようなタグを用意します。

コメント文

```
<!-- コメント文 -->
```

この<!--と-->の間に挟まれた文字列は、コメントを記述するためのものであり、表示は一切行われません。今回、mapで配列の各要素をHTMLの<li>でリストにまとめていますが、配列の各要素間には、要素を区切る「,」(カンマ)が出力されてしまいます。これを非表示にするため、要素が出力されたら最後に<!--をつけ、次の要素の最初に-->をつける、といったことをしています。

これにより、元の配列は以下のように変換されます。

```
['こんにちは', 'こんばんは', 'さようなら']
↓
<!--
--><li>[1] こんにちは</li><!-- ,
--><li>[2] こんばんは</li><!-- ,
--><li>[3] さようなら</li><!--
-->
```

間の区切り(,)記号は、<!-- -->によるコメントとして非表示となります。まぁ、<%- %>で配列をmapでリスト表示するということを無理やり行っているため、このようなテクニックを使っているのですね。

HTMLのコードだけでなく、JavaScriptのコードもテンプレートに埋め込むことができれば、こうした問題もすべて解決できるでしょう。

コードを実行させる

テンプレートでは、<%= %>や<%- %>といった特殊なタグを使って値を出力できます。が、単に値を書き出すだけでなく、何らかの処理を行いたい、という場合もあります。このような場合に用いられるのが<% %>という特殊タグです。これは「スクリプトレット」と呼ばれます。

この<% %>は、JavaScriptのコード(スクリプト)を埋め込むことができます。

スクリプトレットの書き方

```
<% スクリプト %>
```

<%と%>の間に、スクリプトを記述します。これはもちろん、適当に改行して構いません。このタグが読み込まれたところでスクリプトが実行されます。

このスクリプトレット内では、処理の実行はできますが、値の出力は行えません。出力は、別に<%= %>タグなどを使って行う必要があります。

スクリプトレットを利用しよう

では、実際にスクリプトレットを使ったサンプルを作成してみましょう。まずは、ルートハンドラのスクリプトから修正します。「routes」フォルダー内のindex.jsを以下のように修正してください。

リスト5-23(routes/index.js)

```
01 router.get('/', (req, res) => {
02   const data = {
03     title: 'Express-app',
04     values: ['one','two','three','four','five'], //☆
05   };
06   res.render('index', data);
07 });
```

valuesに配列を用意しました。今回は表示がよく分かるように項目数を増やしてあります。

では、テンプレートを修正しましょう。「views」フォルダーのindex.ejsを開き、<body>部分を以下に変更します。

リスト5-24（views/index.ejs）

```
01 <body>
02   <h1><%=title %></h1>
03   <div class="container">
04     <div class="card">
05       <p class="title">配列のデータ</p>
06       <table>
07         <tr><th class="header">value</th></tr>
08         <% for(let i = 0;i < values.length;i++) { %>
09           <% if (i % 2 == 0) { %>
10           <tr>
11             <td class="even"><%=values[i] %></td>
12           </tr>
13           <% } else { %>
14             <tr>
15               <td class="odd"><%=values[i] %></td>
16             </tr>
17           <% } %>
18         </tr>
19         <% } %>
20         </table>
21     </div>
22   </div>
23 </body>
```

2 (09〜17行目)　1 (06〜20行目)

今回はテーブルを表示しているので、そのためのスタイルも追加しておきます。「public」フォルダーのstyles.cssに以下を追記してください。

5-2

リスト5-25（public/styles.css）

```
01 table {
02   margin: 10px 0px;
03   min-width: 200px;
04 }
05 tr .header {
06   text-align: left;
07   padding: 5px 20px;
08   color: white;
09   background-color: black;
10 }
11 tr .odd {
12   text-align: left;
13   padding: 5px 20px;
14   color: white;
15   background-color: orange;
16 }
17 tr .even {
18   text-align: left;
19   padding: 5px 20px;
20   color: darkblue;
21   background-color: yellow;
22 }
```

修正できたらサーバープログラムを実行して表示を確かめましょう。配列データが1行ごとに色分けしたテーブルにまとめて表示されます。

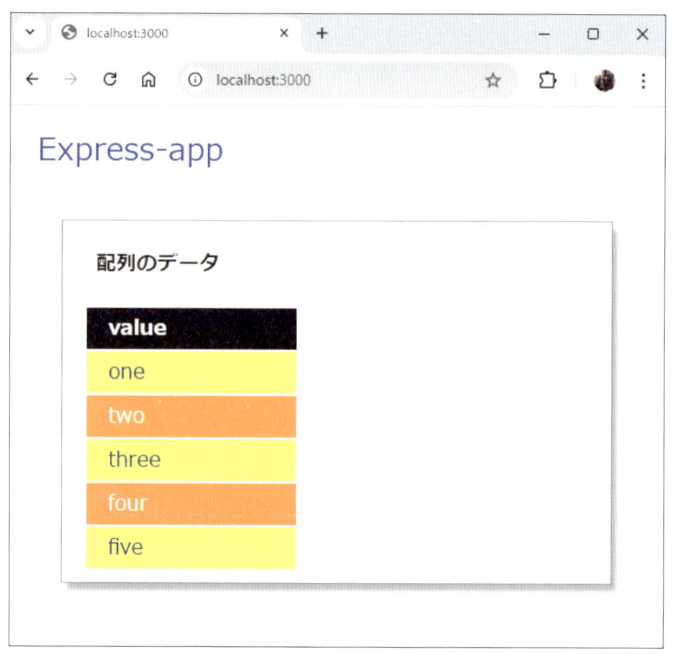

図5-20：配列をテーブルにして表示する

テーブルの出力をチェックする

では、テーブルがどのように出力されているのか見てみましょう。<table>の部分は、整理すると以下のような形になっていることがわかります(1)。

```
<table>
  <tr><th class="header">value</th></tr>
  <% for(let i = 0;i < values.length;i++) { %>
    …繰り返し表示する内容…
  <% } %>
</table>
```

<% %>を使い、for(let i = 0;i < values.length;i++)という繰り返しを実行していますね。その{と}の間に、繰り返し表示する内容を用意しているのです。この記述を見ればわかるように、<% %>によるJavaScriptのスクリプトは、すべての<% %>が1つのスクリプトにつながった形で扱われます。例えば、このforによる繰り返し部分は、以下のように扱われるわけです。

```
<% for(let i = 0;i < values.length;i++) { %>
  <〇〇>
<% } %>
```

▼

```
for(let i = 0;i < values.length;i++) {
  <〇〇>
}
```

こんな具合に、<% %>内のコードは、レンダリング時にすべてまとめて1つのスクリプトとして処理されます。

では、繰り返し出力される内容を見てみましょう。ここではインデックスが偶数か奇数かによって異なる表示を行っています(2)。

```
<% if (i % 2 == 0) { %>
  …偶数の表示…
<% } else { %>
  …奇数の表示…
<% } %>
```

今度は、<% %>を使ってif文を記述していますね。これも実際には以下のようなスクリプトとして実行されます。

```
if (i % 2 == 0) {
  …偶数の表示…
} else {
  …奇数の表示…
}
```

スクリプトレットは、このように<%と%>を取り外して考えるとやっていることがよくわかります。慣れないうちは、細々と<% %>をつけて書くのが煩わしく感じるでしょうが、慣れてしまえばテンプレート内に自由にJavaScriptのコードを埋め込めるようになります。

5-3

Webの機能を活用しよう

この節のポイント

- クエリパラメータで値を受け渡そう。
- フォーム送信の方法をマスターしよう。
- セッションの働きと使い方を知ろう。

クエリパラメータを利用しよう

EJSによるテンプレートの使い方もだいぶわかってきました。次は、ExpressでのWebページの機能について考えていきましょう。まずは、Webページに情報を渡すことから考えてみます。

「routes」に用意したスクリプトファイル内からテンプレートに値を渡すのは簡単にできることがわかりました。では、指定のWebページにアクセスする際、何らかの値を渡すにはどうすればいいでしょうか。

1つの方法は、「アクセスするアドレスに値を付け加える」というものです。よく、Amazonなどの高度なWebサイトでは、アクセスするとアドレスの後にxxx=123&yyy=456……というような記号のような値が延々と付け足されていることがありますね。あれは「クエリパラメータ」と呼ばれるもので、アドレスに値を付け足してアクセスすることで、その値をサーバーに渡すことができるのです。

クエリパラメータは以下のような形で記述されます。

クエリパラメータの形

```
http://ドメイン/パス?キー=値&キー=値&…
```

パスの最後に？をつけ、その後にキー(名前)と値を＝でつなげたものを記述します。複数の値を渡すときは、＆記号でつなげます。これで、値に名前をつけてサーバーに送信することができるのです。

後は、サーバー側のプログラムで、クエリパラメータの値を取り出して処理する方法を学べばいいわけですね！

クエリパラメータを利用する

では、実際に試してみましょう。先ほど作った/indexの処理を使うことにしましょう。「routes」フォルダー内のindex.jsにあるルートハンドラ(router.get部分)を以下のように書き換えてください。

リスト5-26(routes/index.js)

```
01 router.get('/', function(req, res) {
02   const name = req.query.name;
03   const pass = req.query.pass;      ─── 1
04   const opt = {
05     title: 'Express',
```

```
06      name: name,
07      pass: pass
08    }
09    res.render('index', opt);
10  });
```

では、コードを見てみましょう。ここでは、nameとpassというクエリパラメータを取り出して利用しています。この部分ですね(1)。

```
const name = req.query.name;
const pass = req.query.pass;
```

クエリパラメータは、リクエストの「query」というプロパティに保管されています。これはオブジェクトになっていて、送られてきたパラメータ名をキーにして値が設定されています。つまり、こういうことですね。

クエリパラメータの例

```
http://localhost:3000/?name=値&pass=値
```

パラメータ	保管された値の取り出し方
name	変数 = req.query.name;
pass	変数 = req.query.pass;

このようにしてクエリパラメータの値を取り出して利用することができるのです。今回は、nameとpassの値を取り出し、それらをまとめてテンプレートに渡します。

パラメータを表示する

では、テンプレートを修正しましょう。「views」フォルダーのindex.ejsを開き、<body>部分を以下のように書き換えてください。

リスト5-27(views/index.ejs)

```
01  <body>
02    <h1><%=title %></h1>
03    <div class="container">
04      <div class="card">
05        <p class="title">クエリパラメータ</p>
06        <table>
07          <tr><th>Name</th><td><%=name %></td></tr>
08          <tr><th>Password</th><td><%=pass %></td></tr>
09        </table>
10      </div>
11    </div>
12  </body>
```

(07〜08行目: パラメータの表示)

5-3

修正できたら、サーバープログラムを起動しアクセスしましょう。

http://localhost:3000/?name=hanako&pass=flowerにアクセスすると、「name hanako」「password flower」とメッセージが表示されます。クエリパラメータで送った値が取り出され、表示されているのがわかるでしょう。

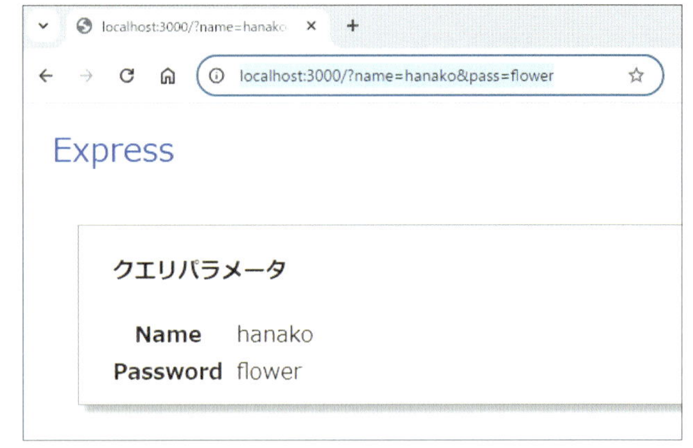

図5-21：nameとpassパラメータの値が表示される

フォームを送信しよう

クエリパラメータはアドレスに値を追加するだけで利用でき、大変便利です。けれど、いちいち「アドレスに値を追記する」ということは普通のユーザーは行わないでしょう。一般的なユーザーを考えたなら、フォームを利用するのが基本といえます。

フォームの利用は、Expressでももちろんサポートされています。これには、Expressのuseを使って「urlencooded」というミドルウェアを組み込む必要があります。

app.jsを開き、静的フォルダーを設定するapp.use(express.static～);という文の下に、以下の文を追記してください(図5-22)。

リスト5-28(app.js)

```
01 app.use(express.urlencoded({ extended: false }));
```

これでフォームが利用できるようになります。ここで追加しているexpress.urlencodedというミドルウェアは、フォーム送信などされた情報をURLエンコードで通常の文字列として扱えるようにするものです。これを用意することで、送信されたフォームの内容をサーバー側で受け取れるようになります。

```
JS app.js ●
JS app.js > ...
 8  app.set('views', path.join(__dirname, 'views'));
 9
10  // 静的ファイルのルートを設定
11  app.use(express.static(path.join(__dirname, 'public')));
12
13  // URLエンコーディングの設定
14  app.use(express.urlencoded({ extended: false }));
15
16  const indexRouter = require('./routes/index');
17  app.use('/', indexRouter);
18
19  // サーバーを起動
20  app.listen(3000, () => {
21    console.log('Server running at http://localhost:3000/');
22  });
```

図5-22：app.use(express.static～);の後にURLエンコーディングのミドルウェアを追加する

テンプレートにフォームを用意する

では、実際にサンプルを作りながら使い方を説明していきましょう。まずは、テンプレートの修正からです。「views」フォルダー内のindex.ejsを開き、<body>タグの部分を以下のように書き換えてください。

リスト5-29(views/index.ejs)

```
01 <body>
02   <h1><%=title %></h1>
03   <div class="container">
04     <div class="card">
05       <p class="title"><%- message %></p>
06       <form method="post" action="/">            ← 2
07         <label for="f1">Name</label>
08         <input type="text" id="f1" name="f1">      ← 1
09         <label for="f2">Password</label>
10         <input type="password" id="f2" name="f2" >
11         <button type="submit">Click</button>
12       </form>
13     </div>
14   </div>
15 </body>
```

ここでは、2つの入力フィールドを持ったフォームを用意しました(1)。name="f1"とname="f2"と名前をつけてありますね。そしてフォームは以下のように送信の設定をしています(2)。

```
<form method="post" action="/">
```

action="/"でトップページに送信するようにしてあります。index.ejsのテンプレートを表示するページも同じパス(/)に割り当てていました。このテンプレートを表示しているのと同じアドレスにフォームを送信するようにしているのです。

テンプレートを修正したら、フォーム関係のスタイルも合わせて用意しておきましょう。「public」フォルダーのstyles.cssに以下を追記してください。

リスト5-30(public/styles.css)

```
01 form {
02   margin: 10px 0px;
03 }
04 label {
05   display: block;
06   margin: 5px 0px 0px  0px;
07   font-size: 0.9em;
08   font-weight: bold;
09 }
10 input {
11   display: block;
12   border: darkgray 1px solid;
13   border-radius: 0.25em;
14   color: black;
15   background-color: white;
16   padding: 5px 10px 5px 0px;
17   margin: 3px 0px 5px -5px;
18   font-size: 0.9em;
19 }
20 button {
```

次ページへ続く ▶

```
21    border: lightgray 1px solid;
22    border-radius: 0.25em;
23    color: white;
24    background-color: gray;
25    padding:5px 25px;
26    margin: 5px 0px;
27    font-size: 0.9em;
28  }
```

ルートハンドラを修正しよう

では、ルートハンドラのスクリプトを修正しましょう。「routes」フォルダー内のindex.jsを以下のように書き換えてください。

リスト5-31 (routes/index.js)

```
01  const express = require('express');
02  const router = express.Router();
03
04  router.get('/', function(req, res) {        ─┐
05    let opt = {                                │
06      title: 'Express',                        │
07      message:'フォームを入力:'                ├─ 1
08    }                                          │
09    res.render('index', opt);                  │
10  });                                         ─┘
11
12  router.post('/', function(req, res) {       ─┐
13    let name = req.body.f1;    ─┐              │
14    let pass = req.body.f2;    ─┴─ 3           │
15    let msg = 'name: ' + name +                │
16      ', password: ' + pass;                   │
17    let opt = {                                ├─ 2
18      title: 'Express',                        │
19      message: msg                             │
20    }                                          │
21    res.render('index', opt);                  │
22  });                                         ─┘
23
24  module.exports = router;
```

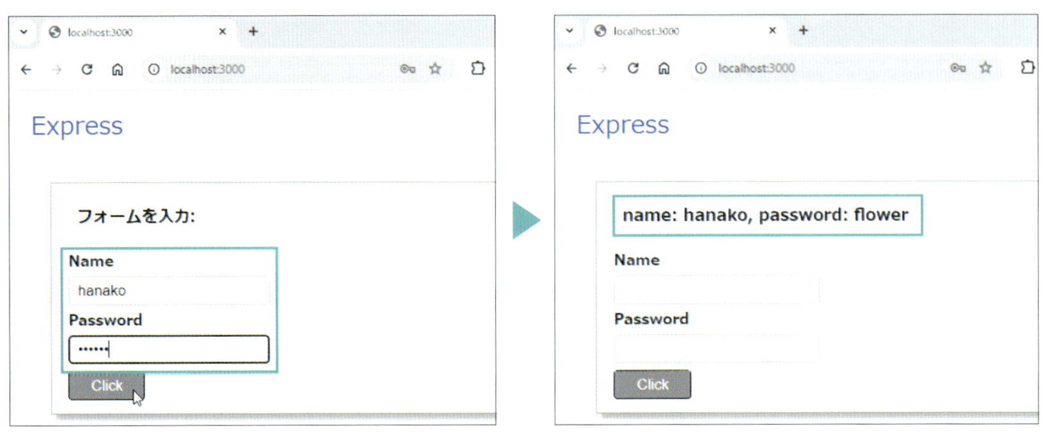

図5-23：フォームに名前とパスワードを入力し送信するとその内容が表示される

修正できたら、サーバープログラムを実行してWebブラウザからアクセスしてみましょう。フォームにテキストを記入して送信すると、nameとpasswordの値がメッセージとして表示されます。ちゃんと送信されたフォームの内容を受け取って利用していることがわかりますね。

POST送信の処理

では、修正したスクリプトを見てみましょう。ここでは、以下のように2つのメソッド呼び出しが記述されていることがわかります(1、2)。

```
router.get('/', function(req, res) {…});
router.post('/', function(req, res) {…});
```

router.getが、GETアクセスのときの処理で、router.postがPOSTアクセスのときの処理です。routerでは、こんな具合にHTTPメソッドの種類に応じて呼び出すメソッドが変わります。ここではgetもpostも同じ'/'に指定していますね。HTTPメソッドの種類が違えば、同じアドレスにアクセスしてもちゃんとそれぞれ別々に処理を用意できるのです。

bodyからフォーム内容を取り出す

router.postのアロー関数では、送信されたフォームの内容をそれぞれ以下のようにして変数に取り出しています(3)。

```
let name = req.body.f1;
let pass = req.body.f2;
```

送信されたフォームの内容は、リクエストの「body」プロパティにまとめられています。そこから、コントロールのnameと同じ名前のプロパティを取り出せば、コントロールの値が得られるのです。これもクエリパラメータと同様、非常に利用は簡単ですね！

アプリケーション変数の利用

Webアプリケーションでは、さまざまな情報を扱いますが、それらは大きく「利用者ごとに用意されるもの」と「アプリ全体で用意されるもの」に分けて考えることができます。例えば、フォーム送信された値などは、送信した利用者だけが利用するものですね。複数の利用者がWebサイトにアクセスしてフォームを送信したとしても、それぞれの値は利用者ごとに別々のものが保管されます。

が、例えばメッセージボードのようなものを用意したとき、表示されるメッセージはすべての利用者で共通のものでないといけません。アクセスする人ごとに表示が違うのではメッセージボードとして機能しませんから。

では、この「すべての利用者で共通して使われる情報」というのは、どうやって用意すればいいのでしょうか。実は、これは意外と簡単です。アプリケーションの「グローバル変数」として用意すればいいのです。

5-3

実をいえば、「すべての利用者に共通する情報」というのは、すでに使っています。app.jsでは、requireを使ってさまざまなモジュールを読み込んでいました。これらは、どの利用者でも同じものが使われますね。app.jsでは、const app = express();というようにしてExpressのオブジェクトを定数appに保管していますが、これも「利用者ごとに異なるオブジェクトがappに用意される」というわけではありません。用意したappは、どの利用者であっても同じオブジェクトが使われます。グローバル変数に用意されているものは、クライアントに関係なく同じものが使われるのです。

このことがわかっていれば、「すべての利用者で共通して使える情報」をどう用意して利用すればいいか、わかってきます。routerのgetやpostなどルートハンドラの中で用意された変数は、利用者ごとに値が用意され使われます。が、そうした関数やメソッドの外に用意された変数は、すべてのユーザーで同じものが使われるのです。

メッセージを保管する

では、簡単なサンプルを作ってみましょう。送信したメッセージをどんどん保管して表示するサンプルを考えてみます。

まず、テンプレートを修正しておきましょう。「views」フォルダー内のindex.ejsを開き、<body>部分を以下のように書き換えます。

リスト5-32(views/index.ejs)

```
01 <body>
02   <h1><%=title %></h1>
03   <div class="container">
04     <div class="card">
05       <p class="title">メッセージの送信：</p>
06       <form method="post" action="/">
07         <label for="f1">Message:</label>
08         <input type="text" id="msg" name="msg"
09           style="width:100%;">                    ─ 1
10         <button type="submit">Click</button>
11       </form>
12     </div>
13     <hr>
14     <h2>※メッセージリスト</h2>
15     <ol>
16     <% for(let item of data){ %>
17       <li><%= item %></li>                       ─ 2
18     <% } %>
19     </ol>
20   </div>
21 </body>
```

ここでは、name="msg" と名前を設定した<input>タグが1つあるフォームを用意しています(1)。そして、以下のようにして変数dataの内容をすべて表示しています(2)。

```
<% for(let item of data){ %>
  <li><%= item %></li>
<% } %>
```

<% %>は、スクリプトを実行するためのタグでしたね。ここでは、for(let item of data){と}の2つの文を<% %>で用意し、その間に<%= item %>と値を出力しています。これで、data配列のす

べての要素がリストとして表示されるようになります。

変数dataにメッセージを蓄積する

続いて、スクリプトを修正しましょう。「routes」フォルダー内のindex.jsの内容を以下のように書き換えてください。

リスト5-33

```
01 const express = require('express');
02 const router = express.Router();
03 
04 let data = [];                         ── 1
05 
06 router.get('/', function(req, res) {
07   let opt = {
08     title: 'Express',
09     data:data
10   }
11   res.render('index', opt);
12 });
13 
14 router.post('/', function(req, res) {
15   data.unshift(req.body.msg);          ── 2
16   res.redirect('/');                   ── 3
17 });
18 
19 module.exports = router;
```

図5-24：メッセージを送信するとフォームの下に一覧表示される

修正したらサーバープログラムを実行して動作を確認しましょう。ここではフォームとメッセージリストの表示が用意されています。フォームにメッセージを書いて送信すると、それが保管され、下のリストに追加されます。次々にメッセージを書いて送信してみましょう。それらが、新しいものから順に下のリストに追加されていくのがわかります。

ここでは、`data`という変数を用意しています(1)。これは、`router.get`や`router.post`内ではなく、その外側で変数宣言されていますから、グローバル変数としてアプリケーション全体で利用されます。

router.postでは、data.unshift(req.body.msg);として送信されたmsgという値をdataの先頭に追加しています(2)。このdataをテンプレートに渡し、それをリストとして出力していたのですね。
このdataは、どの利用者にも同じ値が使われるので、ここにメッセージを追加しておけばすべての利用者で同じように内容が表示されます。

データの追加後は、トップページにリダイレクトしています。ページのリダイレクトは以下のように行えます(3)。

リダイレクトの設定

```
res.redirect( パス );
```

リクエストにあるredirectメソッドで、引数に指定したパスにリダイレクトして移動します。同じWebアプリ内なら、この方法で指定のページに移動できます。なにかの処理を実行した後、指定のページに移動する方法として覚えておきましょう。

セッションを利用しよう

では、それぞれの利用者ごとに、グローバル変数のような形で値を保管しておきたい、という場合はどうすればいいのでしょうか。
これは、通常の変数などで実現するのはちょっと難しいでしょう。利用者ごとに値を保管する場合、アクセスした相手が誰なのか識別して処理する仕組みが必要になります。これは、自分で処理を実装しようとすると結構難しそうですね。
このように「利用者ごとに別々に情報を管理する」という場合は通常、「セッション」と呼ばれる機能を使います。セッションは、アクセスしてくる相手との接続を維持する機能です。セッションにより、アクセスする相手との間に常時保持される値を用意することができるようになります。
このセッションは、Node.jsやExpressには標準で用意されていません。ここでは、「express-session」というExpress用のパッケージを利用することにしましょう。
コマンドプロンプトまたはターミナルで、アプリケーションのフォルダー(ここでは「express-app」フォルダー)内に移動しているのを確認し、以下のコマンドを実行してください。

ターミナルで実行

```
npm install express-session
```

これで、アプリケーションにexpress-sessionがインストールされます。後は、セッションの組み込みと設定を行います。

セッションの組み込み

セッションは、app.jsでexpress-sessionをロードして利用します。app.jsを開き、先ほどフォーム利用のために記述したapp.use(express.urlencoded～);という文の下に以下を追記してください。

リスト5-34（app.js）

```
01 const session = require('express-session');
```

これで、express-sessionのオブジェクトが変数sessionに代入されます。続いて、app.jsのapp.user文が並んでいるところにexpress-sessionの設定を行う文を追加します。これは、app.use('/', indexRouter); などのルートハンドラの組み込みを行う文より必ず前に記述してください。

express-sessionをロードしたら、セッションに関する設定を行います。リスト5-34の下に、以下のコードを更に追記してください(図5-25)。

リスト5-35（app.js）

```
01 app.use(session({
02   secret: 'my secret',
03   resave: false,
04   saveUninitialized: false,
05   cookie: { maxAge: 60 * 60 * 1000 }
06 }));
```

```
13 // URLエンコーディングの設定
14 app.use(express.urlencoded({ extended: false }));
15
16 // セッションの設定
17 const session = require('express-session');
18
19 app.use(session({
20   secret: 'my secret',
21   resave: false,
22   saveUninitialized: false,
23   cookie: { maxAge: 60 * 60 * 1000 }
24 }));    Alt+K to Edit, Alt+L to Chat
25
26 const indexRouter = require('./routes/index');
27 app.use('/', indexRouter);
```

図5-25：セッションの追加コードをURLエンコードのミドルウェアの後に追記する

ここではセッションの設定項目をsessionオブジェクトとして作成し、app.useで組み込んでいます。

sessionの引数では、セッションの設定として以下の4つの項目を用意してあります。これらは、セッション利用の最も基本となるものと考えてください。

secret	「キー」となるものです。キーは、暗号化の際に使われる値です。これは、同じ値ではなく、適当なテキストをそれぞれで指定してください
resave	セッションを強制的に保存するものです。真偽値で指定します。これはtrueでなくともちゃんとセッションに値は保管されます
saveUnititialized	初期化されていないセッションの値を強制的に保存するものです。真偽値で指定します
cookie	クッキーの設定です。ここでは、「maxAge」という項目のみ用意されています。これはクッキーの保管期間を指定するもので、ミリ秒単位で値を設定します。ここでは60 * 60 * 1000と指定して1時間保管しています

それぞれのアプリでセッションを設定する場合、secretとcookieの値には注意しておきましょう。secretは、必ずアプリごとに独自の値を指定してください。またcookieでは、maxAgeでどのぐらいの期間、セッションを保管するかを指定しておきましょう。

セッションを使ってメッセージを保管する

では、実際にセッションを利用してみましょう。先ほど、メッセージを保管し表示するサンプルを作りましたね。あのデータをグローバル変数からセッションに保管するように変更してみましょう。

「routes」フォルダー内のindex.jsを開き、スクリプトを以下のように書き換えてください。

リスト5-36 (routes/index.js)

```
01 const express = require('express');
02 const router = express.Router();
03
04 router.get('/', function(req, res) {
05   if (req.session.data == undefined){        ─┐
06     req.session.data = [];                     ├─ 1
07   }                                           ─┘
08   let opt = {
09     title: 'Hello!',
10     data:req.session.data                     ── 2
11   }
12   res.render('index', opt);
13 });
14
15 router.post('/', function(req, res) {
16   req.session.data.unshift(req.body.msg);
17   res.redirect('/');
18 });
19
20 module.exports = router;
```

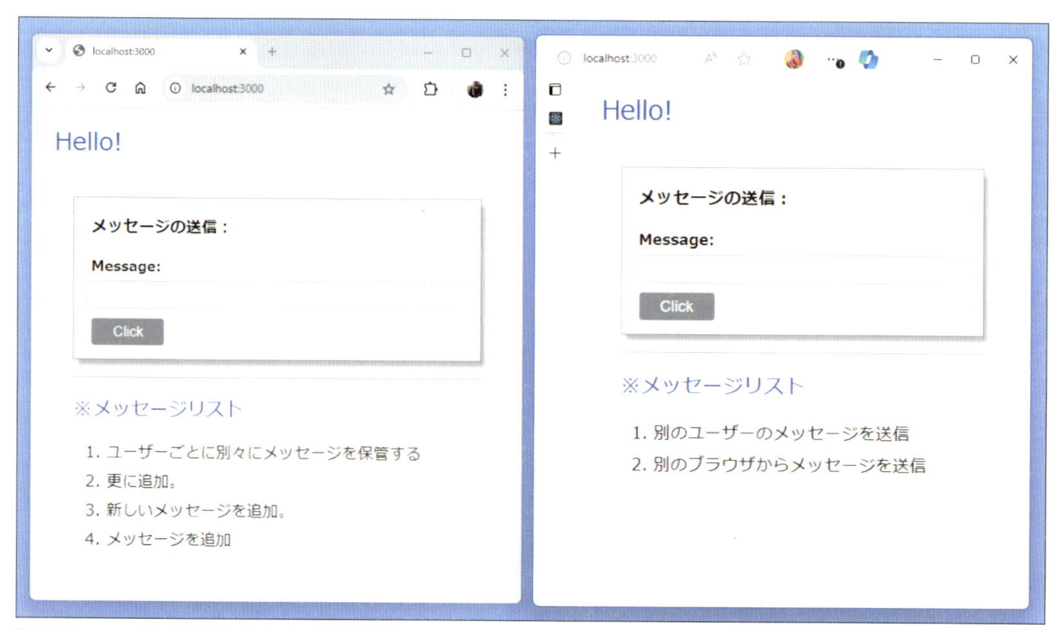

図5-26：ユーザーごとに異なるデータを保管する

テンプレートは先ほどのものをそのまま使います。修正ができたら、サーバープログラムを実行して動作を試してみましょう。複数のWebブラウザがある人は、それらを使ってアクセスをしてみましょう。ブラウザごとに異なるメッセージが保管されることがわかります。

セッションの利用をチェック!

では、作成したindex.jsの内容を見ていきましょう。ここでは、まずrouter.getの冒頭で、req.session.dataという値が用意されているかチェックしています。そしてもしなければ空の配列を追加しておきます(1)。

```
if (req.session.data == undefined){
    req.session.data = [];
}
```

リクエスト内にある「session」というプロパティが、セッションを管理するオブジェクト(Sessionオブジェクト)を保管しているところです。このsession内にプロパティとして値を保管しておくと、そのセッションが維持されている間、その値を保管し続けます。

2では、data:req.session.dataというようにしてdataにreq.session.dataの値を設定してあります。これにより、セッションに保管されたdataをテンプレートに渡して表示していたのですね。

req.session内に保管した値は、クライアントごとに別々に保管されます。セッションが維持されている間は、保管されている値も保たれます。セッションが失われると、保管されていた値も消滅します。

これで、「全ユーザー共通のデータの保管」「ユーザーごとのデータの保管」が行えるようになりました。ここまでの知識が一通り使えるようになれば、ちょっとしたWebアプリなら作れるようになりますよ!

Column

複数のWebブラウザでのチェックについて

本書では、動作確認の環境としてGoogle Chromeを使っています(p.030参照)。しかし、リスト5-36では、Chromeと、Chrome以外のブラウザで確認してみてください。macOSの方はSafari、Windowsの方はEdgeが標準でインストールされているので、それらを使うと確認しやすいでしょう。

Column

Express 5について

ここまで、皆さんは「npm install」でexpressをインストールし、利用してきました。おそらく、インストールされているのは4.x.xというバージョンでしょう。これは、Express 4という、これまで広く利用されてきたバージョンです。

Expressは、2024年9月に新しいバージョンである「Express 5」を発表しました。今後は、こちらの新バージョンにゆっくりと移行していくことになるでしょう。

Expressは、サーバー開発で用いられるフレームワークです。サーバー開発は、完成して稼働すると簡単に停止したりアップデートしたりできません。ちょっとした変更で正常に動作しなくなる可能性もありますから、アップデートには慎重になります。このため、Express 5が発表された現在(2024年10月)も、「npm install express」ではExpress 4がインストールされるようになっています。「Express 5を使ってみたい」という人は、以下のようにしてExpressをインストールしてください。

```
npm install express@5.0.0
```

これでExpress 5を利用することができます。

Express 5は、さまざまな改良がされていますが、基本部分は4をそのまま踏襲しており、全く同じです。本書に掲載されているリストも、すべてExpress 5でそのまま動きます。

従って、「新バージョンが出たから」といって、慌ててExpress 5にする必要はありません。まずは現在広く使われているExpress 4ベースでしっかりと学習をしましょう。

近い将来、Express 5の主要なバグが取り除かれ、安定してくれば、npm installでExpress 5がインストールされるようになるでしょう。そうなってから、Express 5を利用すればいいでしょう。

Part 2 開発編

Chapter 6

データベースを使おう

たくさんのデータを管理するには、
データベースを利用するのが基本です。
そのためには「SQL」というデータアクセス言語を理解する必要があります。
ここではSQLite3というデータベースを使い、
SQLでデータベースを操作する方法について説明しましょう。

6-1

SQLite3を使おう

この節のポイント

- SQLiteを使うにはどうすればいいか知ろう。
- テーブルとレコードの仕組みを理解しよう。
- テーブルのレコードを表示できるようになろう。

データ管理はデータベースで！

前章で、Expressを使ったWebアプリ開発の基本について説明をしました。基本的なWebアプリの作り方はこれでだいたい頭に入ったことでしょう。しかし、「もうすぐにでも本格的なWebアプリが作れるか」というと、まだまだ難しいのではないでしょうか。なぜなら、Webアプリ開発における非常に重要な技術がまだ頭に入っていないからです。

その技術とは「データベース」です。

Webアプリの多くは、多量のデータを扱います。まったくデータを必要としないWebアプリのほうが少数派でしょう。そうなったとき、どうやってデータを管理すればいいのでしょうか。

データがそれほど複雑でなければ、テキストファイルなどを利用することも可能でしょう。例えば、Chapter 4ではfsモジュールを利用してテキストファイルを使ったデータ管理を行ってみました（Chapter 4-5「覚え書きツールを作ろう」参照）。あれはコンソールプログラムでしたが、Webアプリの場合でも、ごく単純なデータを扱うだけなら、こうしたやり方も可能です。

しかし、ある程度以上の数のデータを扱う場合、テキストファイルなどを利用するやり方では限界が見えてきます。テキストファイルでは、多量のデータを扱うのに時間がかかりますし、複雑な検索なども難しいでしょう。そうした高度なデータ管理が必要になったときは、やはりデータベースを利用するのが一番なのです。

データベースの種類

このデータベースにはさまざまな種類がありますが、現在、最も広く利用されているのは「SQL」という技術を利用するデータベースです。

SQLは「Structured Query Language（構造化クエリ言語）」の略で、一般に「データアクセス言語」と呼ばれるものです。SQLデータベースは、SQLというデータアクセス言語を使った命令文を作成し、それを実行することでデータベースを操作します。命令文の作成次第で非常に高度な処理が実行できるのが特徴で、複数のデータベースを連携して処理するなど複雑な作業も得意です。

Web開発で「データベース」といえば、イコール「SQLデータベースのことだ」といってよいでしょう。

SQLite3について

では、どのようなSQLデータベースを使うのがいいのか。SQLデータベースもたくさんのものが使われています。ここでは、「SQLite3」というデータベースを使ってみることにしましょう。このプログラムを選択する理由はいくつかあります。

扱いが簡単！

多くの著名なSQLデータベースは「サーバー型」と呼ばれる形になっており、データベースサーバーを設置し、これにアクセスして利用するようになっています。しかし、SQLite3はサーバーを必要としません。データベースファイルを作成し、このファイルに直接アクセスしてデータ処理を行うため、非常に扱いが簡単です。

データベース本体のインストールが不要

データベースを利用する場合、まずデータベースプログラムをインストールし、セットアップし、さらにはデータベースサーバーを起動し……といった作業が必要になります。しかし、SQLite3はこうした作業が不要です。

Node.jsにはSQLite3を利用するためのパッケージが用意されており、このパッケージをnpmでインストールすれば、すぐにSQLite3が使えるようになります。

幅広い分野で使われている

SQLite3は、サーバー開発はもちろんですが、その他にもさまざまなところで利用されています。パソコンだけでなく、スマホ内部のデータ管理にもSQLite3を利用しています。将来的に「スマホのアプリ開発をやってみよう」と思ったときも、SQLite3の知識は役立つでしょう。

sqlite3を用意しよう

では、作成したデータベースファイルをNode.jsから利用する方法を学んでいきましょう。まずは、SQLite3利用のためのパッケージをインストールしましょう。今回も、前章で使った「express-app」を引き続き利用します。VSCodeでフォルダーを開き、ターミナルから以下のコマンドを実行してください。

ターミナルで入力

```
npm install sqlite3 sqlite
```

インストールするパッケージが2つありますが、「sqlite3」が実際にSQLite3を利用するためのもので、「sqlite」はSQLite3の非同期処理をJavaScriptの標準的な方式で扱えるようにするためのものです。sqlite3だけでも使えますが、sqliteを併用したほうがよりプログラミングしやすいのでこちらも入れておきましょう。

これで、アプリケーションにSQLite3利用のプログラムが組み込まれました。後はスクリプトの書き方を覚えていけばいいでしょう。

テーブルとシードの作成

では、データベースを利用しましょう。データベースにデータを保管するには「テーブル」というものを作成する必要があります。

テーブルは、保管するデータの内容を定義するものです。SQLデータベースでは、「どんなデータでも適当に保存する」ということはできません。あらかじめ保存するデータの内容を定義しておき、それに従ってデータを保存するようになっているのです。

例えば住所録のデータを保管したければ、名前、住所、電話番号といったデータを保存することになるでしょう。こうした「どういう項目のどんな値を保管する必要があるか」を定義するのがテーブルです。

このテーブルの作成も、そこにデータを保存するのも、すべてSQLデータベースではSQLの命令文を送信して実行しないといけません。まぁ、データベースをビジュアルに操作するツールなどもありますが、基本は「命令を送信して実行する」です。

今回はNode.jsを使ってSQLite3を操作しますから、テーブルの作成などもすべてNode.jsのコードで行うことにしましょう。

初期化のコードを作る

では、新しいJavaScriptファイルを作成します。エクスプローラーの「新しいファイル」を使い、「express-app」フォルダー内に「initial_db.js」という名前でファイルを作成してください。

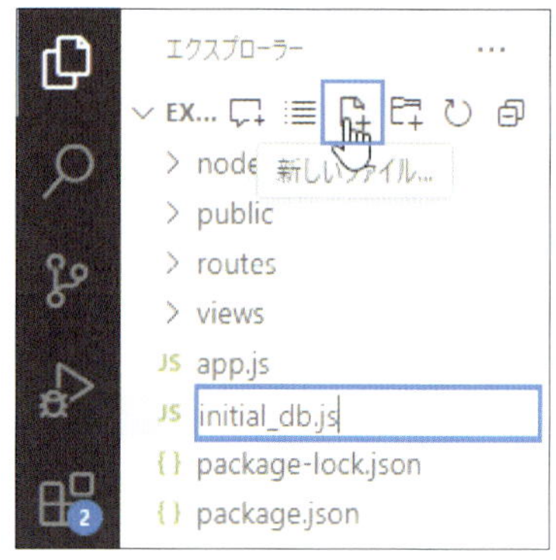

図6-1：「initial_db.js」という名前のファイルを作成する

ファイルを用意したら、以下のソースコードを記述します。内容は今は全然わからないでしょうが、とりあえず「この通りに書けばテーブルが用意できる」と考えてください。

リスト6-1（initial_db.js）

```
01 const sqlite3 = require('sqlite3');        ─ 1
02 const { open } = require('sqlite');
03 
04 // データベースの初期化
05 async function initializeDB() {
06   // データベースの接続
07   const db = await open({                 ─ 3
08     filename: 'data.sqlite3',
09     driver: sqlite3.Database
10   });
11 
12   // テーブルの作成
13   await db.exec(`
14     CREATE TABLE personaldata (
```

```
15        id INTEGER PRIMARY KEY AUTOINCREMENT,
16        name TEXT NOT NULL,
17        email TEXT
18      );
19    `);
20
21
22    // シードの追加
23    await seed(db);
24    await db.close();
25  }
26
27  async function seed(db) {
28    // シード
29    const seedData = [
30      { name: 'Taro', email: 'taro@yamada' },
31      { name: 'Hanako', email: 'hanako@flower' },
32      { name: 'Sachiko', email: 'sachico@happy' },
33      { name: 'Jiro', email: 'jiro@change' }
34    ];
35
36    // シードの追加
37    for (const data of seedData) {
38      await db.run('INSERT INTO personaldata  (name,email) VALUES (?,?)',
39        [data.name, data.email]);
40    }
41  }
42
43  initializeDB().then(() => {
44    console.log('PersonalDataテーブルを作成しました。');
45  }).catch((err) => {
46    console.error('エラーが発生しました:', err);
47  });
```

記述できたら、ターミナルから「node initial_db.js」を実行します。「PersonalDataテーブルを作成しました。」と出力されたら、データベースの準備は完了です。

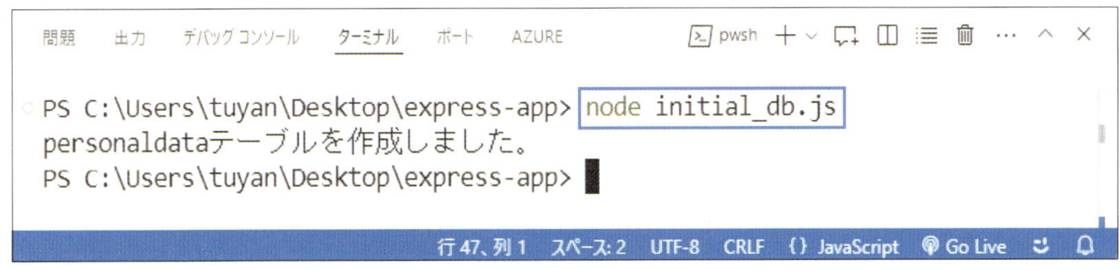

図6-2：「node initial_db.js」を実行する

データベースにアクセスする

では、SQLite3データベースをNode.jsから利用するコードがどのようになっているのか見ていきましょう。まず最初に、必要なモジュールをロードします（1）。

```
const sqlite3 = require('sqlite3');
const { open } = require('sqlite');
```

SQLite3の基本的な機能は、sqlite3モジュールにまとめられています。この中にSQLite3を扱うために必要なものは一通り揃っているのです。

ただし、実際のデータベース利用は、これではなくsqliteモジュールのopen関数を使ってデータベースを開き、操作のためのオブジェクトを取得して使っています。このほうがJavaScriptの標準的な非同期処理を使えるためコードの作成がしやすいのです。

今回、初期化処理は以下のような関数として定義してあります(2)。

```
async function initializeDB() {…}
```

見ればわかるように、asyncをつけて非同期関数にしてありますね。データベースアクセスの機能は、基本的に非同期です。データベースへのアクセスには時間がかかることもあるため、非同期にしてすぐに次に処理を進められるようにしているのです。

データベースを開く

まず最初に行うのは、データベースを開き、そのデータベースにアクセスするためのオブジェクトを取得する作業です。これは以下のように行っています(3)。

```
const db = await open({
  filename: './data.sqlite3',
  driver: sqlite3.Database
});
```

open関数は、sqliteモジュールに用意されています。引数に、必要な情報をまとめたオブジェクトを用意します。ここでは以下の値を用意しています。

filename	SQLite3のデータベースファイルのパス
driver	アクセスに使われるドライバプログラム

今回、filenameには「./data.sqlite3」と指定をしておきました。これで、initial_db.jsと同じ場所にある「data.sqlite3」というデータベースファイルを開きます。まだファイルがない場合はその場でファイルを作成します。SQLite3のデータベースファイルは、「.db」「.sqlite」「.sqlite3」といった拡張子をつけた名前を設定しておくのが一般的です。

driverには、sqlite3.Databaseという値を指定してください。これはsqlite3モジュールに用意されている標準のドライバプログラムです。

これで作成されたdbオブジェクトからメソッドなどを呼び出してデータベースアクセスを行います。

テーブルを作成する

データベースを開いたら、テーブルを作成しています。これは以下のように実行をしていますね(4)。

```
await db.exec(`
  CREATE TABLE personaldata (
    id INTEGER PRIMARY KEY AUTOINCREMENT,
    name TEXT NOT NULL,
    email TEXT
  );
`);
```

4

dbオブジェクトにある「exec」というメソッドを呼び出しています。これは、引数に用意したSQLクエリ(SQLの命令文)を実行するものです。これで命令文が実行され、データベースにテーブルが作成されます。

テーブル作成のSQLクエリ

では、実行しているSQLクエリはどのようなものでしょうか。テーブルを作成するSQLクエリは、以下のような形をしています。

```
CREATE TABLE テーブル名 ( 項目の内容 );
```

CREATE TABLEの後にテーブル名を指定します。そしてその後の()内に、そのテーブルに用意する項目(カラムまたはフィールドと呼ばれます)の設定内容を記述していきます。これは、項目名と値の種類をセットで記述します。今回用意している項目は以下のようになります。

id INTEGER	id(通し番号)の項目。整数型
name TEXT	名前を保管するもの。テキスト型
email	メールアドレスを保管する。テキスト型

ただし、よく見ると名前と型の他にも何か書かれていますね。これは、項目に追加するオプションの情報です。以下のようなものが書かれています。

PRIMARY KEY	「プライマリキー」に指定する
AUTOINCREMENT	値を自動的に割り当てる
NOT NULL	未入力を許可しない

ここでちょっと説明が必要なのは「プライマリキー」でしょう。これは、テーブルに保存するデータ(レコードと呼ばれます)を識別するために使われる特別な項目です。データベースは、このプライマリキーの値を使って各レコードを識別しています。テーブルではこのプライマリキーを必ず指定しておきます。

このプライマリキーのフィールドでは、すべてのレコードには異なる値が割り振られていないといけません。同じ値が複数存在してはならないのです。

これは、実際にレコードを保存していこうとするとけっこう問題となります。「すでに使った値は設定しちゃダメ」といっても、どんな値が使われているのかわかりませんよね？

6-1

そこで登場するのがAUTOINCREMENTです。これはレコードを保存する際に、1, 2, 3, ……というように自動的に番号をプライマリキーの項目に割り当ててくれます。これを指定しておけば、自動的にプライマリキーが割り当てられるので、同じ値が使われることもなくなります。

Column

実は不要？　AUTOINCREMENT

PRIMARY KEYとAUTOINCREMENTはセットで使うことが多いのですが、実をいえば、SQLite3では、今回のidのように整数フィールドにPRIMARY KEYを設定するときは、AUTOINCREMENTを指定しなくとも自動的に値を割り当ててくれるのです。したがって、AUTOINCREMENTは省略しても問題ありません。

ただし、テキスト型のフィールドなどをプライマリキーに指定する場合や、SQLite3以外のデータベースではこうした機能はありません。ですから「PRIMARY KEYを自動で割り当ててほしければAUTOINCREMENTを用意しておくのが基本」ということはしっかり理解しておきましょう。

シードの作成について

テーブルの作成の後で行っているのは、「シード」の作成です。シードというのは、テーブルにあらかじめ用意しておくサンプルレコードのことです。これは、seed関数として定義してあります。

このseedでは、レコードの作成を行うSQLクエリを実行してシードを追加しています。この「レコード作成」については、改めて説明する予定なので、ここで理解する必要はありません。ただ、シードとして追加するレコードのデータだけチェックしておきましょう(5)。

```
const seeds = [
  { name: 'Taro', email: 'taro@yamada' },
  { name: 'Hanako', email: 'hanako@flower' },
  { name: 'Sachiko', email: 'sachico@happy' },
  { name: 'Jiro', email: 'jiro@change' }
];
```

こんな配列が用意されていますね。この配列を使ってシードとなるレコードを作成するようにしています。それぞれnameとemailというキーを持つオブジェクトとしてデータが作成されています。これをカスタマイズして、自分なりのシードを作成することができます。

なお、レコードの作成については後ほど改めて説明をします。ここでは「seedsの値を変更すればシードを変更できる」ということだけわかっていればOKです。データベースは難しいので、最初から欲張らず、少しずつ理解を進めていきましょう。

なお、initial_db.jsは一度実行するとデータベースファイルが作成され、その中にテーブルが用意されるため、再実行するとエラーになります。シードをカスタマイズしたい人は、フォルダーに作成されている「data.sqlite3」ファイルを削除してから再実行してください。

データベース利用のルートハンドラを追加する

では、データベースを利用するためのルートハンドラを作成しましょう。今回は、/dbにデータベース用のWebページを用意することにします。そのために、専用のルートハンドラを用意することにします。

では、「routes」フォルダー内に「db.js」というファイルを新たに作成してください。

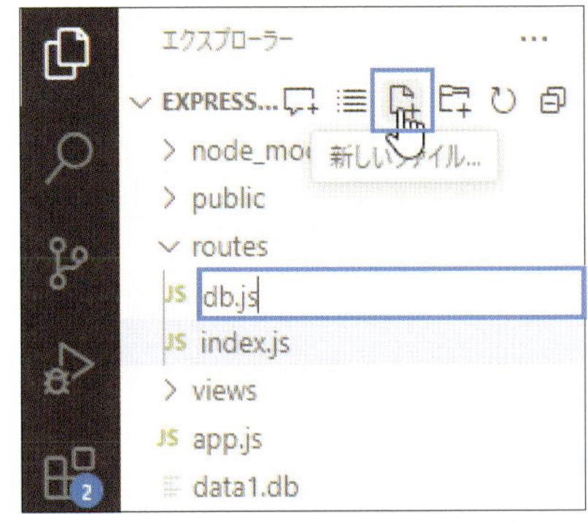

図6-3：「routes」フォルダーに「db.js」ファイルを作成する

ファイルを用意できたら、以下のようにコードを記述します。

リスト6-2（routes/db.js）

```
01 const sqlite3 = require('sqlite3');
02 const { open } = require('sqlite');
03 const express = require('express');
04 const router = express.Router();
05 
06 async function createDB() {
07   return await open({
08     filename: 'data.sqlite3',
09     driver: sqlite3.Database
10   });
11 }
12 
13 // ルートハンドラ
14 router.get('/', async function(req, res) {});  ――― 1
15 
16 module.exports = router;
```

現時点では、ルートハンドラでは何も行っていません(1)。これをベースに、コードを修正して実際にアクセスするページを作成していこう、ということですね。

ここでは、createDBという関数を用意してあります。これは、sqliteのデータベースアクセス用のオブジェクトを作成して返すものです。データベースにアクセスするときは、これを呼び出してデータベース用のオブジェクトを取得すればいいでしょう。

Column

ルーティングは相対パス

ここでは、router.get('/',～);というルートハンドラを用意してあります。これを見て、「あれ？ index.jsにも同じパスに割り当てるrouter.getがあったけど問題ないのか？」と思ったかもしれません。

これは、いいのです。なぜなら、このdb.jsのrouter.get('/', ～);で割り当てられるパスは、/ではなく、/dbになるからです。

「routes」フォルダーに用意したルートハンドラは、app.jsのapp.useで組み込まれます。このとき、割り当てられたパス下に各ルーティングが割り当てられます。例えば、'/db'にdb.jsのルートハンドラが割り当てられたなら、db.jsのrouter.get('/', ～);は、/db下の/に(つまり、/db/に)割り当てられます。

「routes」フォルダーに配置してあるファイルのルートハンドラは、app.jsで割り当てられたパス下の相対パスで指定される、ということを知っておきましょう。

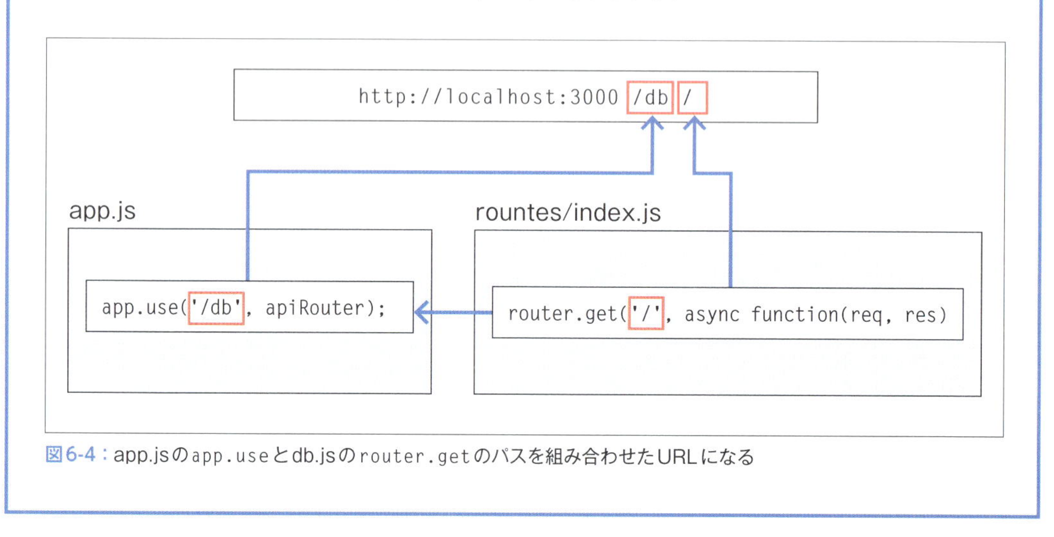

図6-4：app.jsのapp.useとdb.jsのrouter.getのパスを組み合わせたURLになる

では、このdb.jsを/dbに割り当てましょう。app.jsを開き、index.jsのルートハンドラを組み込んでいる文 app.use('/', indexRouter); の後に以下を追記してください。

リスト6-3(app.js)

```
01  const dbRouter = require('./routes/db');
02  app.use('/db', dbRouter);
```

これで、/dbというパスにdb.jsのルートハンドラが割り当てられました。後は、db.jsにルーティングの処理を書き、テンプレートを作成するだけです。

テーブルのレコードを一覧表示する

では、db.jsにデータベースを利用したWebページの処理を作成していきましょう。まずはデータベース利用の基本として「テーブルのレコードをすべて取り出して表示する」ということからやってみます。

db.jsに用意してある router.get('/', async function(req, res) {} の文を次のように書き換えてください。

リスト6-4 (routes/db.js)

```
01 router.get('/', async function(req, res) {
02   const db = await createDB();                          ――1
03   const data = await db.all('SELECT * FROM personaldata');  ――2
04   let opt = {
05     title: 'SQLite3',
06     data: data
07   }
08   res.render('db', opt);
09 });
```

これで、personaldataテーブルのレコードをすべて取り出し、dataという値にこれを割り当ててテンプレートに渡す処理ができました。ここでは、まず以下のようにしてデータベースのオブジェクトを取得しています(1)。

```
const db = await createDB();
```

createDBは非同期なので、awaitで結果を受け取るようにしています。そして、これで取得したdbからメソッドを呼び出して、テーブルのレコードを取り出しています。

db.ejsテンプレートを作る

db.jsの内容は後で説明するとして、まずはWebページを完成させてしまいましょう。テンプレートも、データベース表示用のものを作成します。「views」フォルダー内に「db.ejs」という名前でファイルを作成してください。そして以下のようにコードを記述しておきます。

リスト6-5 (views/db.ejs)

```
01 <!DOCTYPE html>
02 <html lang="ja">
03 <head>
04   <meta charset="UTF-8">
05   <title<%=title %></title>
06   <link rel="stylesheet" href="/styles.css">
07 </head>
08 
09 <body>
10   <h1><%=title %></h1>
11   <div class="container">
12     <div class="card">
13     <h2>※PersonalDataのレコード</h2>
14     <table>
15       <thead>
16           <tr>
17           <th>id</th>
18           <th>name</th>
19           <th>email</th>
20         </tr>
21       </thead>
22       <tbody>
23         <% for(let row of data){ %>                   ┐
24           <tr>                                        │
25             <td><%= row.id %></td>        ┐           │
26             <td><%= row.name %></td>      ┴――4        ┴――3
```

次ページへ続く ▶

```
27              <td><%= row.email %></td>
28            </tr>
29          <% } %>
30        </tbody>
31      </table>
32    </div>
33  </body>
34
35  </html>
```

今回はテーブルのレコードを<table>にまとめて表示します。表示のスタイルも用意しておきましょう。styles.cssファイルを開き、以下の文を追記してください。

リスト6-6（public/stlyes.css）

```
01  th  {
02    background-color: darkblue;
03    color: white;
04  }
05  td {
06    background-color: aliceblue;
07    color: darkblue;
08    padding: 0px 20px;
09  }
```

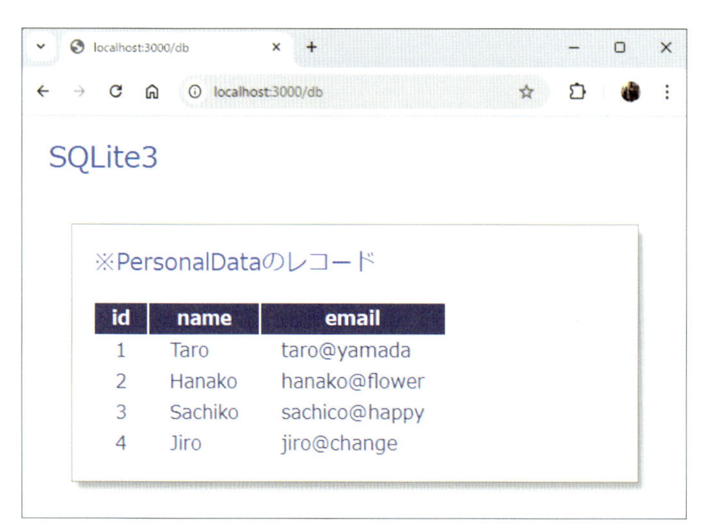

図6-5：personaldataテーブルのレコードがテーブルにまとめて表示される

これで完成です。サーバープログラム（app.js）を実行し、Webブラウザからhttp://localhost:3000/dbにアクセスしてみてください。personaldataテーブルに保管されているレコード（initial_db.jsで用意したシードが入っているはずですね）が一覧表示されます。

SELECT文でレコードの一覧を得る

では、ここで行っているレコード取得の処理を見てみましょう。db.jsのルートハンドラの関数では、次のように実行されていました（2）。

```
const data = await db.all('SELECT * FROM personaldata');
```

dbオブジェクトの「all」は、引数に指定したSQLクエリでレコードを取得し、それを配列にして返します。これは非同期であるため、ここではawaitで結果が得られるまで待ってから取得しています。

SELECT文について

ここで実行しているのは、「SELECT」というステートメント(命令文)です。これは以下のように実行します。

```
SELECT 項目名 FROM テーブル名
```

SELECTの後に、取得したい項目名をすべて記述します。ただ、いちいち項目名を順に記述していくのは大変なので、「全部取り出す」というときはワイルドカード(*)の記号を指定することができます。テーブル名は、アクセスするテーブルの名前です。

今回は、以下のように実行をしていますね。

```
SELECT * FROM personaldata
```

これで、personaldataテーブルのすべてのレコードが取り出されます。

「all」メソッドでは、取得したレコードは各レコードの内容をオブジェクトにした配列の形になっています。値が得られれば、後は配列から順にオブジェクトを取り出して処理をするだけです。

awaitしないでアクセスするには？

ここではawaitで結果を得ていますが、本来、allは非同期ですから、結果はthenで受け取るようになっています。この場合、どのようにコードを書けばいいのでしょうか。

では、先ほどのdb.jsを開き、router.getのコードを書き直してみましょう。

リスト6-7 (routes/db.js)

```
01 router.get('/', async function(req, res) {
02   const db = await createDB();
03   db.all('SELECT * FROM personaldata').then((rows, err) => {
04     if (err) {
05       console.log(err);
06       return;
07     }
08     let opt = {
09       title: 'SQLite3',
10       data: rows
11     }
12     res.render('db', opt);
13   });
14 });
```

変更部分

このようになりました。

6-1

.allの後で呼び出しているthenでは、以下のような形で関数が定義されています。

```
(rows, err) => {…}
```

rowsには、取得されたレコードデータが渡されます。これを利用して処理を行えばいいでしょう。そしてerrには、アクセス時に何らかの問題が発生した場合のエラー情報が渡されます。問題なく実行できた場合はundefinedになります。

thenによるコールバック関数の設定は、慣れないとわかりにくく面倒です。しかしデータベースアクセスのように時間がかかる処理は非同期で処理する方法もきちんと理解しておきたいところです。awaitを使わず、thenで処理する方法もできるようにしておきましょう。

受け取ったrowsを処理する

では、db.allで取り出したレコードデータは、テンプレート側でどのように処理されているのでしょうか。db.ejsで変数dataを扱っている部分を見ると、このようになっていました(3)。

```
<% for(let row of data){ %>
    …繰り返し処理…
<% } %>
```

forを使い、dataから順に値を取り出すようにしています。db.allのコールバック関数に渡されるrowsは、レコードデータをまとめたオブジェクトの配列になっていますから、forで配列から順にオブジェクトを取り出し処理できるのです(db.jsでrowsは変数dataに格納されてdb.ejsに渡されています)。

レコードのオブジェクトを利用する

では、forの繰り返し部分ではどのようにしてレコードの値を取り出しているのでしょうか。ここでは、idとname、mailの値を以下のように取り出し表示しています。

```
<td><%= row.id %></td>
<td><%= row.name %></td>
<td><%= row.email %></td>
```

rowには、配列dataからレコードのオブジェクトが取り出されています。そこから、id, name, mailといったプロパティの値を取り出して利用すればいいのです。

レコードのオブジェクトは、このように各フィールドの値をプロパティとして保管しています。nameフィールドの値ならば、nameプロパティに保管されます。わかりやすいですね！

API + JSONによるデータベースアクセス

この節のポイント

- APIの考え方と実装方法を学ぼう。
- fetch関数でAPIにアクセスできるようになろう。
- IDを使って特定のレコードを取り出そう。

APIの考え方

これで一応、レコードを取り出して表示する処理はできました。しかし、データベース利用の基本処理というのに、ずいぶんと難しいですね。

db.allなどのデータベースアクセスは非同期で処理をするため、今までとはかなり違った処理の書き方をします。コールバックの中でレコード取得後の処理を用意する、などですね。これが難しさの原因といっていいでしょう。

このやり方は、1回データベースにアクセスするだけならいいのですが、何度もアクセスを行おうとするとかなりわかりにくくなってしまいます。もっとわかりやすい方法はないんでしょうか。

ルート処理とデータベース処理を分離する

データベースアクセスは、どのようなプログラムでもやることはだいたい同じです。データの作成、取得、更新、削除(Create、Read、Update、Delete、略してCRUDと呼ばれます)。こうした基本的な操作は、どのページからでもだいたい同じように利用することになります。

それならば、作成するルートハンドラごとにいちいち同じようなデータベースの処理を書く必要はないはずです。つまり、データベースアクセスを行う機能をどこかに用意しておき、必要に応じてそれを利用すればいいのではありませんか？

ルートの処理とデータベースの処理を分離し、両者を連携する仕組みを考えるのです。そうすれば、どこからでも必要なときにデータベースの機能を呼び出すことができるはずです。

APIについて

以前ならば、こうした場合は「データベースアクセスの関数などを作成し、必要に応じてそれらを読み込んで使う」というやり方を取っていました。これで確かに十分使えるのですが、しかしこの方式には一つだけ欠点があります。それは、「クライアント側から利用できない」という点です。

最近のWebアプリでは、サーバー側だけでなくクライアント側でもさまざまな処理を実行します。データベースを利用するのがサーバー側だけなら問題ありませんが、クライアント側でデータベース機能を利用したい場合、「サーバー側に関数を定義する」というやり方は通用しません。

では、どうすればいいのか。そもそも、クライアント側からデータベースを利用するような仕組みなんて作れるのか？

作れるんです。データベースアクセスを「API」として定義すればいいのです。

APIというのは「Application Programming Interface」の略で、異なるソフトウェアやシステム間で通信して情報などをやり取りするための仕組みをいいます。プログラミング言語ではシステムにアクセスできる機能などを持っていますが、こうしたもののことをAPIと呼びます。

WebアプリでもAPIの考え方は多用されています。すなわち、データベースにアクセスするためのさまざまな機能をルートハンドラとして用意（これがAPIです）しておき、必要に応じてそれにアクセスして情報を得たり機能を実行したりできるようにするのです。こうすれば、サーバーからでもクライアントからでもデータベースにアクセスできるようになります。

APIを作成する

では、APIを作成してみましょう。APIは、Expressのルートハンドラとして作成をします。「普通のルートハンドラとAPIはどう違うんだ？」と思った人。通常のルートハンドラは、renderメソッドなどでWebページをレンダリングして表示します。APIでは、Webページを表示する必要はありません。ただ、必要なデータを送信したり、必要な処理を実行するだけです。

データを送信する場合、多くはJSONやXMLなどを利用します。ここでは、JSONデータとしてpersonaldataテーブルのレコードを送信するAPIを作成してみましょう。

では、「routes」フォルダーの中に、新たに「api.js」というファイルを作成してください。

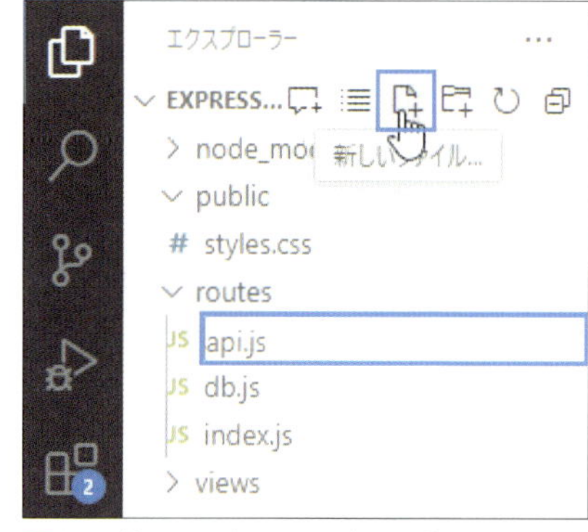

図6-6：「routes」フォルダーに「api.js」ファイルを作る

ファイルが作成できたら、これにAPIのルート処理を記述します。以下のようにコードを記述しましょう。

リスト6-8（routes/api.js）

```
01 const sqlite3 = require('sqlite3');
02 const { open } = require('sqlite');
03 const express = require('express');
04
05 const router = express.Router();
06
07 async function createDB() {
08   return await open({
09     filename: 'data.sqlite3',
10     driver: sqlite3.Database
11   });
12 }
13
14 router.get('/', async function(req, res) {
15   const db = await createDB();
16   const data = await db.all('SELECT * FROM personaldata');
```

1（07〜12行目）　2（16行目）

```
17    res.json({
18      rows: data
19    });
20  });
21
22  module.exports = router;
```

3

先ほど作成した/dbへのルート処理とだいたい同じですね。createDB関数を定義し(1)、dbからallを呼び出して全レコードを取得しています(2)。違いは、その後です。取得したデータは、以下のようにしてクライアントに送信されます(3)。

```
res.json({
  rows: data
});
```

レスポンスの「json」メソッドは、引数に用意したオブジェクトをJSONフォーマットの文字列に変換してクライアントに送信します。

作成したら、これをExpressに組み込みましょう。app.jsを開き、先にdb.jsを組み込んだ文app.use('/db', dbRouter);の下に以下を追記してください。

リスト6-9(app.js)

```
01  const apiRouter = require('./routes/api');
02  app.use('/api', apiRouter);
```

これでapi.jsの内容が/api下に割り当てられます。ここまでできたら、サーバープログラムを起動してhttp://localhost:3000/apiにアクセスしてみましょう。

personaldataテーブルのレコードがJSONデータとして出力されます。

localhost:3000/api

プリティ プリント ☑

```
{
  "rows": [
    {
      "id": 1,
      "name": "Taro",
      "email": "taro@yamada"
    },
    {
      "id": 2,
      "name": "Hanako",
      "email": "hanako@flower"
    },
    {
      "id": 3,
      "name": "Sachiko",
      "email": "sachico@happy"
    },
    {
      "id": 4,
      "name": "Jiro",
      "email": "jiro@change"
    }
  ]
}
```

図6-7:/apiにアクセスするとレコードがJSONフォーマットで出力される

6-2

/dbの表示をAPI対応にする

では、作成したAPIを利用するように/dbのコードを修正していきましょう。まずはルートハンドラからです。「routes」内のdb.jsを以下のように書き換えてください。

リスト6-10 (routes/db.js)

```
01 const express = require('express');
02 const router = express.Router();
03 
04 router.get('/', async function(req, res) {
05   let opt = {
06     title: 'SQLite3',
07     message: 'PersonalDataのデータを表示します。',
08   }
09   res.render('db', opt);
10 });
11 
12 module.exports = router;
```

ずいぶんとすっきりしましたね！　データベース関連の処理がなくなり、ただdb.ejsをレンダリングして表示するだけになったので、とてもシンプルになりました。

では、APIへのアクセスはどこで行うのか？　それは「クライアント」側で行うのです。

fetch関数でAPIにアクセスする

では、クライアント側で利用するJavaScriptのスクリプトファイルを作成しましょう。「public」フォルダーの中に「script.js」という名前で新しいファイルを作成してください。

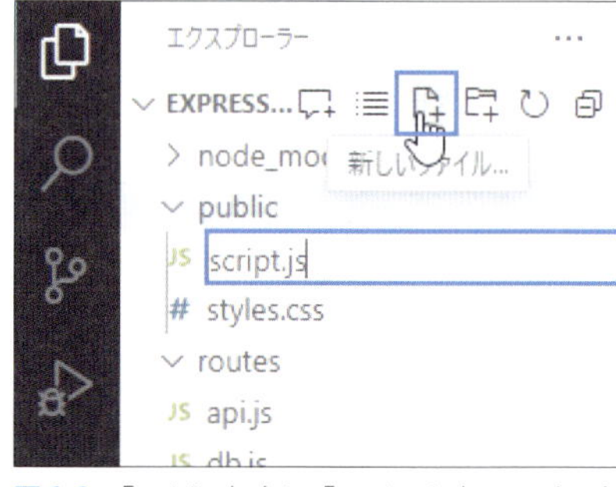

図6-8：「public」内に「script.js」ファイルを作成する

ファイルを用意したら、ソースコードを記述します。これはサーバー側ではなく、クライアント側から読み込んで実行するコードになります。以下をscript.jsに記述してください。

リスト6-11 (public/script.js)

```
01 async function getPersonalData() {
02   const response = await fetch('/api');
03   return await response.json();
04 }
05 
06 async function showPersonalData(target) {
07   const data = await getPersonalData();
08   let html = '';
09   for(let row of data.rows){
10     html += `<tr>
```

（02〜03行目：❸、01〜04行目：❷）

```
11        <td>${row.id}</td>
12        <td>${row.name}</td>
13        <td>${row.email}</td>
14      </tr>`;
15    }
16    target.innerHTML = html;
17  }
```

ここでは、showPersonalDataという非同期関数を定義しておきました(1)。引数には、レコードを表示するエレメントを渡すようにしてあります。この中で、/apiにアクセスをし、レコードのJSONデータを取得して<table>に表示するコードを作成し、これを引数のエレメントに組み込んで表示させています。クライアント側からサーバー側へのアクセスはfetch関数を使います。fetch関数APIにアクセスしレコードを取得する処理は、getPersonalDataという関数に切り分けてあります(2)。

HTMLのコードの表示は、エレメントのinnerHTMLプロパティを使っています。これは前にも利用しましたね。これにHTMLコードを文字列として設定すると、HTMLのコードとして表示されるようになります。

fetch関数について

getPersonalDataで使っているfetch関数は、先にChapter 4で説明しましたね(Chapter 4-2「ネットワークアクセス」参照)。あのときに使ったのは、Node.jsに用意されているfetch関数でしたが、WebブラウザのJavaScriptにも同様のfetch関数が用意されています。使い方はNode.jsのfetchとほぼ同じです。

fetch関数の使い方

```
fetch( アドレス );
```

引数に、アクセスするアドレス(URLやパス)を文字列で指定すると、そのアドレスにGETメソッドでアクセスします。この関数は非同期であるため、通常はthenメソッドを呼び出して処理を行います。返される値はレスポンスのオブジェクトであるため、そこからさらにtextやjsonメソッドを呼び出します。このあたりの流れも、Node.jsのfetchと全く同じですね。

ここでは以下のようにして、APIから送られたJSONデータを取得しています(3)。

```
const response = await fetch('/api');
return await response.json();
```

fetchで/apiにアクセスし、取得したレスポンスからさらにjsonを呼び出して結果を返しています。いずれも非同期なので、awaitで結果が得られるまで待ってから戻り値を取り出しています。

JSONデータを利用する

これで、APIから送られたJSONデータがオブジェクトとして変数dataに取り出されました。後は、showPersonalData関数で、得られたオブジェクトから値を取り出して表示するHTMLコードを作成していくだけです。

```
let html = '';
for(let row of data.rows){
  html += `<tr>
    <td>${row.id}</td>
    <td>${row.name}</td>
    <td>${row.email}</td>
  </tr>`;
}
```

for(let row of data.rows)で、得られたdataのrowsプロパティ(レコードが保管されているところ)から順にオブジェクトを取り出し処理をしています。ここではテンプレートリテラルで<tr>〜</tr>のHTMLコードを用意し、その中に${}でrowのプロパティ値を埋め込んでいます。これで、rowの値を表示するHTMLコードが作成できます。このコードをtargetのinnerHTMLに設定して表示すればいいのです。

db.ejsテンプレートを修正する

では、テンプレートを修正して、script.jsのgetPersonalData関数を使ってレコードをテーブルに表示するようにしましょう。「views」内のdb.ejsの内容を以下に書き換えてください。

リスト6-12(views/db.ejs)

```
01 <!DOCTYPE html>
02 <html lang="ja">
03 <head>
04   <meta charset="UTF-8">
05   <title><%=title %></title>
06   <link rel="stylesheet" href="/styles.css">
07   <script src="/script.js"></script>
08 </head>
09
10 <body>
11   <h1><%=title %></h1>
12   <div class="container">
13     <div class="card">
14     <p class="title"><%=message %></p>
15     <table>
16       <thead>
17         <tr>
18           <th>id</th>
19           <th>name</th>
20           <th>email</th>
21         </tr>
22       </thead>
23       <tbody id="rows">
24         <tr><td colspan="3">wait...</td></tr>
25       </tbody>
26     </table>
27   </div>
28   <script>
29     const rows = document.querySelector('#rows');   ─┐
30     showPersonalData(rows);                          ─┴─ 1
31   </script>
32 </body>
```

```
33
34 </html>
```

SQLite3

PersonalDataのデータを表示します。

id	name	email
1	Taro	taro@yamada
2	Hanako	hanako@flower
3	Sachiko	sachico@happy
4	Jiro	jiro@change

図6-9：アクセスすると、APIから取得したレコードのJSONデータを表にまとめて表示する

完成したらサーバープログラムを実行して/dbにアクセスしましょう。APIからレコードデータを取得し、テーブルにまとめて表示します。問題なく動作していることがわかりますね。

リスト6-12では<script>でscript.jsをロードした後、以下のようにしてテーブルの表示を作成しています（1）。

```
const rows = document.querySelector('#rows');
showPersonalData(rows);
```

querySelectorで<tbody id="rows">のエレメントを取得し、変数rowsに保管し、これを引数にしてshowPersonalDataを呼び出すだけです。非常に単純ですね。

APIを利用する形でWebページを作り直したことで、プログラムの構造が大きく変わったことに気がついたでしょう。今回のプログラムは、以下の3つの部分で構成されています。

- テンプレート(db.ejs)：getPersonalDataを呼び出すだけ
- スクリプト(script.js)：fetchでAPIからJSONデータを取得し表示する
- API(api.js)：データベースからレコードを取得しJSONに変換して出力する

データベースアクセスの部分とAPIにアクセスする部分がそれぞれ独立し、Webページからはただ関数を呼び出すだけで「APIにアクセス→データベースにアクセスしレコードを取得→JSONでレコードを受け取りHTMLコードを生成して表示」という処理がすべて行われるようになります。

また、「データベースにアクセスしてレコードを取得するAPI」や「APIにアクセスして結果を取得する関数」は、それぞれ機能ごとに切り分けられているため、これらが必要になればただAPIや関数を呼び出すだけで済みます。新しいルートハンドラを作成する度にこれらの処理を記述する必要はなくなります。

レコードを1つだけ取り出す

APIを利用したルートハンドラの作成がこれでわかりました。さらにしっかりと理解するため、もう1つルートハンドラを作成しましょう。

すべてのレコードを取り出すというのは行えましたから、今度は「レコードを1つ取り出す」というAPIを作成してみます。

まずは、データベースへのアクセス方法から説明しましょう。レコードを1つだけ取り出すには、dbオブジェクトの「get」というメソッドを使って行います。

レコードを1つ取り出す

```
db.get( SQL文 , (err, row)=>{…後処理…});
```

基本的な形は、db.allとほとんど同じです。第1引数に実行するSQL文をテキストで指定し、第2引数にコールバック関数をアロー関数として用意しておく、というスタイルですね。アロー関数では、第1引数にエラーをまとめたerrを、そして第2引数に取り出したレコードのデータをそれぞれ用意します。後は、このrowの値を利用する処理を作成すればいいのです。

WHEREで条件を指定する

では、実行するSQLクエリはどのようなものを用意すればいいのでしょうか。これは、検索の条件を指定する「WHERE」を利用します。

WHEREの使い方

```
SELECT * FROM テーブル WHERE 条件
```

WHEREの後に検索条件となる式を指定します。これにより、条件に合致するレコードだけが取り出されるようになります。

ここでは、「personaldataから指定したidのレコードを取り出す」ということを行ってみましょう。すると、SQLクエリは以下のようになります。

```
SELECT * FROM personaldata WHERE id = 番号
```

このように指定することで、指定したid番号のレコードが取り出されるようになります。

指定したレコードを取り出すAPI

では、db.getを利用したサンプルを作成してみましょう。ここでは、パラメータを使ってid番号を送り、そのidのレコードを取得して表示する、というAPIを作成してみます。

では、「routes」フォルダー内のapi.jsに以下のルート処理関数を追記してください。最後にあるmodule.exports = router;の文の手前に記述しておきましょう。

リスト6-13 (routes/api.js)

```
01 router.get('/:id', async function(req, res) {   ──── 2
02   const db = await createDB();
03   const data = await db.get(
04     'SELECT * FROM personaldata WHERE id = ?',        ──── 1
05     req.params.id);
06   res.json({
07     row: data
08   });
09 });
```

db.getで指定したidのレコードを取得していますが、これは以下のように呼び出していますね(1)。

```
db.get('SELECT …略… WHERE id = ?', req.params.id);
```

実行しているSQLクエリを見ると、「id = ?」というようになっていますね？　この?はプレースホルダというもので、値をはめ込む場所を指定するものです。その後に用意してある値が、?にはめ込まれてSQLクエリが完成するようになっているのですね。ここではreq.params.idがはめ込まれます。

この?は複数用意することもできます。例えば、こんな具合です。

```
get('select * ? where ? = ?', 'personaldata', 'name', 'hanako');
```

これで、personaldataテーブルからnameがhanakoのレコードを取り出します。?によるSQLクエリの補完はけっこう多用されますので使い方をここで覚えておきましょう。

パラメータの利用

今回のgetでは、SQLクエリにはめ込む値として「req.params.id」という値が使われていました。リクエストにある「params」というプロパティは、パラメータの値がまとめられたものです。

このパラメータは、クエリパラメータ(?abc=xyzのようにして値を渡すもの)ではなく、URLのパスの形で値を渡すものです。今回作成しているルート関数を見ると、このように定義されていましたね(2)。

```
router.get('/:id', …);
```

パスの指定を見ると、「:id」という記述があります。これが「パラメータの指定」なのです。「:○○」という記述は、その部分の値を指定したパラメータとして取り出すことを示します。例えば、こんな具合ですね。

パラメータの例	アクセスされたURL	パラメータに割り当てられる内容
/db/:name/:pass	/db/taro/Yamada	name = 'taro', pass = 'yamada'

今回は、:idとパラメータが指定されていますから、例えば /123とアクセスすれば、idパラメータに123という値が渡されるようになります。req.params.idでこの値を取り出して処理を行えばいいのです。

APIから指定idのレコードを取り出す

では、作成したAPIにアクセスして指定idのレコードを取り出すスクリプトを作成しましょう。「public」フォルダーのscript.jsを開き、以下のコードを追加してください。

リスト6-14 (public/script.js)

```
01 async function getPersonalDataById(id) {
02   const response = await fetch('/api/' + id);
03   return await response.json();
04 }
05 async function showPersonalDataById(target, id) {
06   const data = await getPersonalDataById(id);
07   let html = `<tr><th>id</th>
08     <td>${data.row.id}</td><tr>
09     <tr><th>name</th>
10     <td>${data.row.name}</td><tr>
11     <tr><th>email</th>
12     <td>${data.row.email}</td><tr>
13   </tr>`;
14   target.innerHTML = html;
15 }
```

1（02〜03行目）
2（05〜15行目）

ここでは、getPersonalDataByIdでAPIから指定したidのレコードを取得して返しています。この処理は驚くほど簡単です(1)。

```
const response = await fetch('/api/' + id);
return await response.json();
```

fetchで、/api/番号 というパスにアクセスすれば、指定したid番号のレコードがJSONデータで得られます。ここからjsonメソッドでオブジェクトを取得し、それをreturnで返します。これで指定したレコードがオブジェクトとして取り出せるようになりました。

showPersonalDataByIdでは、引数に渡されたidのレコードを取得し、それを使って<tbody>の表示内容を作成しています(2)。基本的な考え方は、先に作成したshowPersonalDataとほぼ同じですのでだいたいわかるでしょう。

指定idのレコードを表示する

では、用意したAPIを使って指定したidのレコードを表示するWebページを作ってみましょう。まずは、ルートハンドラを作成します。「routes」内のdb.jsに以下のコードを追記しましょう。最後のmodule.exports = router;の手前に記述しておくとよいでしょう。

リスト6-15 (routes/db.js)

```
01 router.get('/row', async function(req, res) {
02   let opt = {
03     title: 'SQLite3',
04     message: 'レコードを表示します。',
05   }
06   res.render('row', opt);
07 });
```

これも非常にシンプルなコードですね。titleとmessageの値を用意し、renderでrow.ejsテンプレートファイルをレンダリングし表示しているだけです。

テンプレートを作成する

では、テンプレートを作成しましょう。「views」フォルダー内に「row.ejs」というファイルを新たに作成してください。そして以下のように記述します。

リスト6-16（views/row.ejs）

```
01 <!DOCTYPE html>
02 <html lang="ja">
03 <head>
04   <meta charset="UTF-8">
05   <title><%=title %></title>
06   <link rel="stylesheet" href="/styles.css">
07   <script src="/script.js"></script>
08 </head>
09 
10 <body>
11   <h1><%=title %></h1>
12   <div class="container">
13     <div class="card">
14     <p class="title"><%=message %></p>
15     <input type="number" id="id" name="id"          ― 1
16       onchange="dochange(this.value)">
17     <table>
18       <tbody id="row">
19         <tr><td colspan="3">wait...</td></tr>
20       </tbody>
21     </table>
22   </div>
23   <script>
24   function dochange(id) {
25     const rows = document.querySelector('#row');      ― 2
26     showPersonalDataById(rows, id);
27   }
28   </script>
29 </body>
30 
31 </html>
```

図6-10：/db/rowでidを入力すると、そのidのレコードを表示する

修正ができたらサーバープログラムを実行し、/db/rowにアクセスしましょう。idの番号を入力するフィールドが表示されるので、ここでidを入力すると即座にそのidのレコードが表示されます。

ここでは、idを入力する<input>にonchange="dochange(this.value)"とイベントを割り当てています(1)。これで値が変更されるとdochange関数が実行されるようになります。引数には、イベントが発生した<input>の値を渡すようにしてあります。

このdochange関数は以下のように定義されています(2)。

```
function dochange(id) {
  const rows = document.querySelector('#row');
  showPersonalDataById(rows, id);
}
```

querySelectorで<tbody>のエレメントを取得し、それと引数のidを使ってshowPersonalDataByIdを呼び出しています。これで、idのレコードをrowsのエレメントに組み込んで表示する処理の完成です。

APIとこれを利用する関数を作成しないといけないのでちょっと面倒な気がしますが、これらは完成してしまえばいつでも利用できます。API方式は「準備が必要だが、完成すれば便利」なのです。

6-3

CRUDを作成しよう

この節のポイント

- execとrunメソッドの使い方を覚えよう。
- レコードの作成・更新・削除の仕方を覚えよう。
- ソートや特定レコードの取り出しなどのオプションについて学ぼう。

データベースのCRUDとは？

ここまで、「レコードを取得する」ということに絞ってSQLの使い方を説明してきました。が、データベースの操作は「レコードの検索」だけではありません。それ以外にもさまざまな操作を行う必要があります。

p.221でも軽く説明しましたが、一般に、データベースアクセスの基本操作は「CRUD」と呼ばれています。これは以下のような操作です。

- Create（新規作成）
- Read（取得）
- Update（更新）
- Delete（削除）

これらのうち、Read（レコードの取得）については、全レコードの取得と指定idのレコード取得をすでに作成しました。では残るCUDについても作成していきましょう。

レコードの新規作成（Create）

まずは「Create（新規作成）」からです。レコードの新規作成を行うSQL文には、いくつかの書き方がありますが、一番わかりやすいのは以下のようなやり方でしょう。

レコードの新規作成

```
INSERT INTO テーブル ( 項目1, 項目2, …) VALUES( 値1, 値2, …);
```

INSERT INTOの後にテーブルを指定し、どのテーブルにレコードを追加するかを示します。その後の()には、値を設定する項目の名前をまとめておきます。そしてVALUESの後の()に、各項目に設定する値をまとめます。

項目名と値をそれぞれ用意する必要があるのは、「レコードを作成する際、必ずしもすべての項目の値を用意するわけではない」からです。例えば、persondataテーブルでレコードを作成する場合、idの値は用意しません(idは自動的に割り振られるため)。またpersondataテーブルでは、emailの値は必須項目ではないので省略できることになっています。
　こんな具合に、どの項目に値を設定するかは、作成するレコードによって変わってきます。そこで、まず用意するカラム名を指定し、その後のVALUESでそれらの値を用意するようになっているのです。

execとrunメソッド

　このINSERT INTOは、実行してもレコードを返しません。レコードを得るためのSQLクエリではありませんから、当たり前ですね。このように、テーブルやレコードを操作するSQLクエリの中には、「結果のレコードを返さないもの」もあります。こうしたものは、これまでのようにdb.allやdb.getメソッドを使うわけにはいきません。なにしろ、レコードが得られないのですから。
　こうしたSQLクエリを実行するメソッドには「exec」と「run」があります。

SQL文を実行する「exec」

```
db.exec( SQL文 );
```

SQL文を実行する「run」

```
db.run( SQL文 , 値…);
```

　execは、引数に指定したSQLクエリを実行します。戻り値はありません。これに対し、runでは、?によるプレースホルダ(p.229)が使えます。引数にはSQLクエリと、このプレースホルダに渡す値をまとめます。戻り値には、クエリの実行結果に関する情報をまとめたオブジェクトが返されます。
　どちらも非同期メソッドですので、runで戻り値を利用したい場合にはthenでコールバック関数を用意するか、あるいはawaitして戻り値を得るかする必要があります。
　execは、決まり切ったSQLクエリをただ実行するだけ、といったときに使います。runは、実行の状況などを確認したいようなときに使います。INSERT INTOなどは、正常にレコードが追加されたか確認したいですね。こんなときは、runを利用するとよいでしょう。

POSTでJSONデータを受け取るAPIを作る

　今回は、クライアント側からデータを受け取ってレコードを追加するAPIを作成します。データは、JSONを利用するのがよいでしょう。
　まずは、JSONデータの受け取りを行えるようにするため、app.jsにミドルウェアを追記します。先にフォーム送信を受け付けるようにするために以下のような文をapp.jsに追記しましたね。

```
app.use(express.urlencoded({ extended: false }));
```

　この下に、以下の文を追記してください。

リスト6-17（app.js）

```
01  app.use(express.json());
```

このexpress.json()というのが、JSONデータを受け付けるためのミドルウェアです。これでJSONデータの受信が行えるようになります。

POSTでデータを受け付けるAPI

では、APIを作成しましょう。api.jsを開き、module.exports = router;の手前に以下のコードを追記してください。

リスト6-18 (routes/api.js)

```
01 router.post('/add', async function(req, res) {
02   const name = req.body.name;
03   const email = req.body.email;
04 
05   const db = await createDB();
06   const result = await db.run(
07     'INSERT INTO personaldata (name,email) values (?, ?)',   ── 1
08     name, email);
09   res.json({
10     result: result
11   });
12 });
```

今回はrouter.postを使っていますね。これは、POSTメソッドでのアクセスを受け付けるメソッドです。基本的な使い方は、GETメソッドを受け付けるrouter.getと同じです。

ここでは、'INSERT INTO personaldata (name,email) values (?, ?)'というSQLクエリを実行しています(1)。送信する項目はnameとemailだけで、idは送りません。これらの値は、以下のようにして取り出しています。

```
const name = req.body.name;
const email = req.body.email;
```

POSTでボディコンテンツを送信すると、リクエストのbodyプロパティに値が割り当てられます。express.json()のミドルウェアを組み込むと、このbodyには送信されたJSONデータがオブジェクトとして代入されるようになります。ここからnameとemailの値を取り出して利用すればいいのです。

APIにアクセスしてレコードを作成する

では、クライアントからAPIを利用して新しいレコードを作成する処理を作りましょう。script.jsに以下のコードを追記してください。

リスト6-19 (public/script.js)

```
01 async function addPersonalData(data) {
02   const response = await fetch('/api/add', {   ┐
03     method: 'POST',                             │
04     headers: {                                  ├─ 1
05       'Content-Type': 'application/json'        │
```

次ページへ続く ▶

6-3

```
06      },
07      body: JSON.stringify(data)
08    });
09    return await response.json();
10  }
```

fetchで'/api/add'にアクセスしていますが、今回は第2引数にさまざまなオプション情報を用意しています(1)。

```
{
  method: 'POST',
  headers: {
    'Content-Type': 'application/json'
  },
  body: JSON.stringify(data)
}
```

methodで'POST'を指定することで、POSTメソッドでアクセスするようになります。headersには、Content-TypeでJSONデータが送信されることを指定しておきます。そしてbodyには、JSON.stringifyでdataをJSONフォーマットにした文字列を渡します。

これで、dataのデータが/api/addにPOST送信され、API側ではbodyに割り当てたdataを受け取ってレコード作成の処理を行うようになります。

レコード追加のページを作る

では、用意したAPIとアクセス用関数を使って、レコードを追加するWebページを作りましょう。まず、ルートハンドラを用意しておきます。db.jsを開いて、以下のコードをmodule.exports = router;の手前に追記してください。

リスト6-20 (routes/db.js)

```
01 router.get('/add', async function(req, res) {
02   let opt = {
03     title: 'SQLite3',
04     message: 'レコードを追加します。',
05   }
06   res.render('add', opt);
07 });
```

見ればわかるように、titleとmessageを渡してaddテンプレートをレンダリングするだけのシンプルなコードです。

では、テンプレートを用意しましょう。「views」フォルダー内に「add.ejs」という名前で新しいファイルを作成してください。そして以下のコードを記述しておきましょう。

リスト6-21 (views/add.ejs

```
01 <!DOCTYPE html>
02 <html lang="ja">
03 <head>
04   <meta charset="UTF-8">
```

```
05    <title><%=title %></title>
06    <link rel="stylesheet" href="/styles.css">
07    <script src="/script.js"></script>
08  </head>
09
10  <body>
11    <h1><%=title %></h1>
12    <div class="container">
13      <div class="card">
14      <p class="title"><%=message %></p>
15      <label for="name">名前</label>
16      <input type="text" id="name" name="name">
17      <label for="email">メール</label>
18      <input type="email" id="email" name="email">
19      <button onclick="doAction();">登録</button>
20    </div>
21    <script>
22    function doAction() {
23      const name = document.querySelector('#name');
24      const email = document.querySelector('#email');
25      const data = {
26        name: name.value,
27        email: email.value
28      };
29      addPersonalData(data).then(res=> {
30        const message = document.querySelector('.title');
31        message.textContent = `レコードを追加しました。
32          (ID=${res.result.lastID})`
33      })
34    }
35    </script>
36  </body>
37
38  </html>
```

追加するレコードの入力フォーム

登録ボタンを押すと addPersonalData を実行

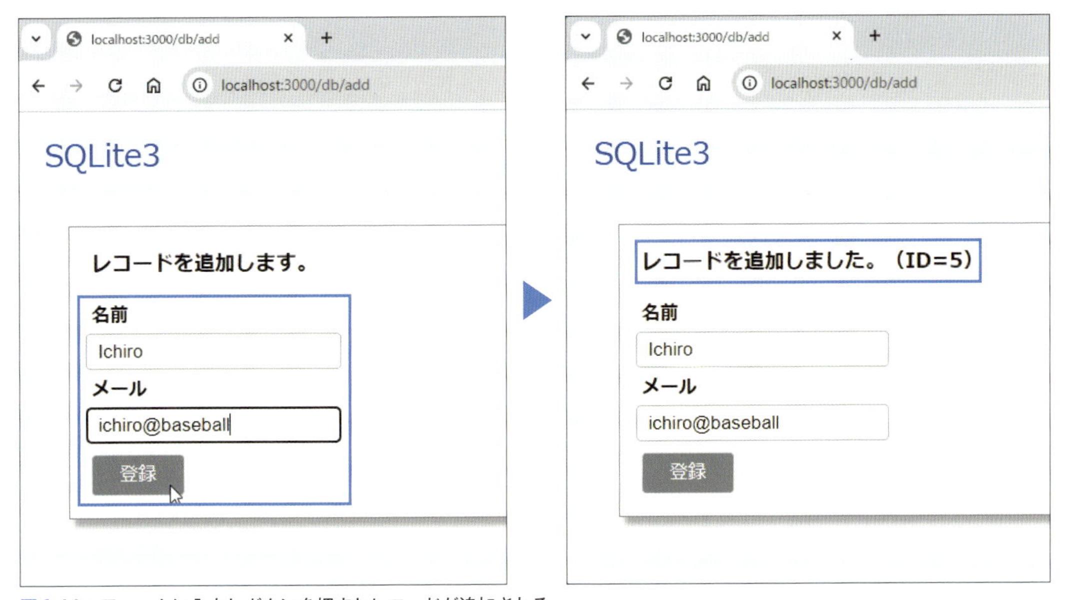

図6-11：フォームに入力しボタンを押すとレコードが追加される

完成したら、サーバープログラムを実行して/db/addにアクセスしましょう。名前とメールアドレスを入力するフォームが表示されるので、これらを入力してボタンをクリックします。正常にレコードが作成されたら、「レコードを追加しました。」というメッセージと、作成されたレコードのIDが表示されます。

ちゃんとレコードが作成されているかどうか、/dbにアクセスして確認をしておきましょう。

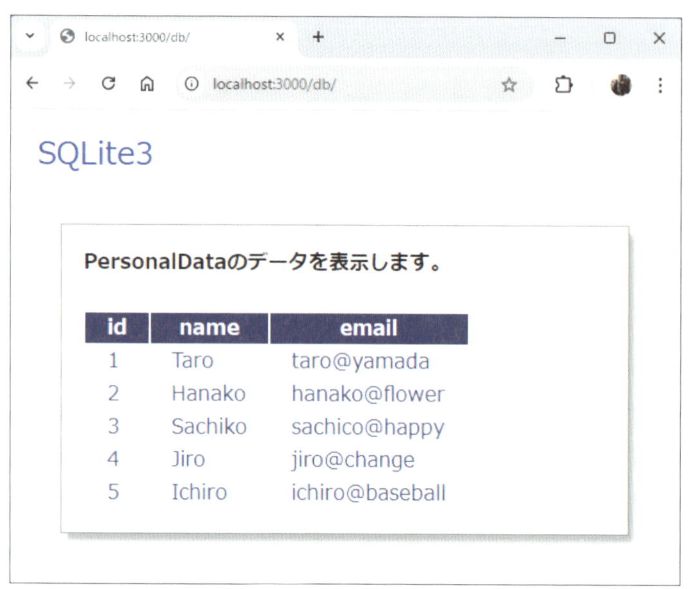

図6-12：/dbにアクセスすると、レコードが追加されている

レコードの更新（Update）

続いて、レコードの更新です。これには、2つのデータベースアクセスが必要になります。

1つは、「更新するレコードを取得する」という作業。更新する以上は、「もとの値」がどんなものかわからないといけないでしょう。更新するレコードをフォームに表示するなどしておき、それを書き換えるようにする必要があります。これには、あらかじめidの値などを渡してどのレコードを編集するかを伝えておき、そのレコードを取り出してフォームなどに値を設定する必要があるでしょう。

もう1つは、修正された値にレコードを更新する作業です。これが新たに覚える必要のある処理になります。

レコード更新のSQL

では、レコードの更新はどのように行うのでしょうか。SQL文の書き方をまとめておきましょう。

レコードの更新

```
UPDATE テーブル SET 項目1=値1, 項目2=値2, …
```

「UPDATE テーブル」で更新するテーブルを指定します。その後のSET以降に、更新する項目名と新たに設定する値をイコールでつなげて記述します。複数の項目を更新する場合は、カンマでつなげて記述しています。

ただし、これだけだと、指定したテーブルにあるすべてのレコードの内容を更新してしまいます。必ずWHEREで更新するレコードを指定するのを忘れないでください。通常は、プライマリキーとなるidを指定しておきます。WHERE id = 1とすれば、idが1のレコードだけ内容を更新します。

WHEREを忘れて実行すると、すべてのレコードが更新されてしまうので注意してください。

更新用APIを作る

では、UPDATEを使ってレコードを更新するAPIを作成しましょう。api.jsを開き、module.exports = router;の手前に以下のコードを追記してください。

リスト6-22 (routes/api.js)

```
01 router.post('/edit', async (req, res)=>{
02   let id = req.body.id;
03   let name = req.body.name;
04   let email = req.body.email;
05   const db = await createDB();
06   let sql = 'update personaldata set name=?, email=? where id=?'; ──── 1
07   const result = await db.run(sql, name, email, id);
08   res.json({
09     result: result
10   });
11 });
```

ここでは、リクエストのbodyからid、name、emailといった値を取り出しています。これは、ボディにJSONデータが送られてくる前提で処理しているのですね。そして実行するSQLクエリには以下のようなものを用意しています(1)。

```
'update personaldata set name=?, email=? where id=?'
```

プレースホルダの?が3つあり、実行時は db.run(sql, name, email, id) というようにして3つの値を引数に渡してrunを呼び出します。

APIでレコードを更新する関数を用意する

では、クライアント側からこのAPIにデータを送信してレコードを更新する処理を用意しましょう。script.jsを開き、以下のコードを追記してください。

リスト6-23 (public/script.js)

```
01 async function updatePersonalData(data) {
02   const response = await fetch('/api/edit', {  ─┐
03     method: 'POST',                              │
04     headers: {                                   │
05       'Content-Type': 'application/json'         ├─ 1
06     },                                           │
07     body: JSON.stringify(data)                   │
08   });                                           ─┘
09   return await response.json();
10 }
```

6-3

引数に送信するデータを渡すようにしてあります。fetchを使い、'/api/edit'にPOST送信をしていますね。body: JSON.stringify(data)というようにして引数のdataをボディコンテンツに設定して送信をしています(1)。

レコード更新のWebページを作る

では、レコードを更新するWebページを作りましょう。まずルート関数を用意しておきます。「routes」内のdb.jsを開き、module.exports = router;の手前に以下のコードを追加してください。

リスト6-24 (routes/db.js)

```
01 router.get('/edit', async function(req, res) {
02   let opt = {
03     title: 'SQLite3',
04     message: 'レコードを編集します。',
05   }
06   res.render('edit', opt);
07 });
```

今回も、titleとmessageの値を渡してeditテンプレートをレンダリングする、シンプルな処理を用意しているだけです。

edit.ejsテンプレートを作る

では、このルート処理で使用するテンプレートを用意しましょう。「views」フォルダー内に、新しく「edit.ejs」という名前でファイルを作成してください。そして以下のようにコードを記述します。

リスト6-25 (views/edit.ejs)

```
01 <!DOCTYPE html>
02 <html lang="ja">
03 <head>
04   <meta charset="UTF-8">
05   <title<%=title %></title>
06   <link rel="stylesheet" href="/styles.css">
07   <script src="/script.js"></script>
08 </head>
09 
10 <body>
11   <h1><%=title %></h1>
12   <div class="container">
13     <div class="card">
14     <p class="title" id="message"><%=message %></p>
15     <label for="id">ID</label>
16     <input type="number" id="id" name="id"
17       onchange="doChange(this.value)">
18     <label for="name">名前</label>
19     <input type="text" id="name" name="name">
20     <label for="email">メール</label>
21     <input type="email" id="email" name="email">
22     <button onclick="doAction();">更新</button>
23   </div>
24   <script>
25   const message = document.querySelector('#message');
```

「ID」のフィールドが更新されるとdoChange関数が実行される

「更新」ボタンを押すとdoAction関数が実行される

```
26    const id  = document.querySelector('#id');
27    const name = document.querySelector('#name');
28    const email = document.querySelector('#email');
29
30    function doChange(id) {
31      getPersonalDataById(id).then(res=> {
32        name.value = res.row.name;
33        email.value = res.row.email;
34        message.textContent = `id=${id} のレコードを編集します。`;
35      })
36    }
37    function doAction() {
38      const data = {
39        id: id.value,
40        name: name.value,
41        email: email.value
42      };
43      updatePersonalData(data).then(res=> {
44        message.textContent = `${res.result.changes}個の
45          レコードを更新しました。`;
46      })
47    }
48    </script>
49  </body>
50
51  </html>
```

1 getPersonalDataByIdが実行され「名前」と「メール」のフィールドに値が取り出される

2 updatePersonalDataが実行され、レコードが更新される

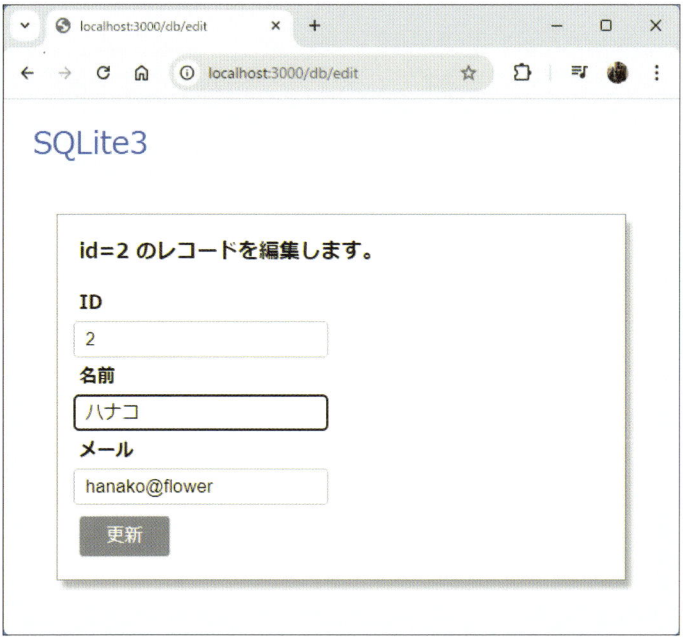

図6-13：IDを設定し、フィールドの値を書き換えて「更新」ボタンを押すとレコードが更新される

記述したら、/db/editにアクセスしてみましょう。ここでは、ID、名前、メールアドレスといった項目を入力するフォームが用意されています。IDのフィールドで値を入力すると、瞬時にそのIDのレコードが名前とメールアドレスのフィールドに表示されます。そのまま値を書き換えて「更新」ボタンを押すと、そのレコードが更新されます。

レコードの更新処理について

レコードの更新は、まず更新したいレコードを検索して表示し、それからその内容を編集して書き換える(2)、といったやり方をしています。

更新するレコードの検索は、doChange関数で行っています(1)。これはgetPersonalDataById関数で指定したIDのレコードを取得し、その値をnameとemailのフィールドに設定しています。

更新は、フィールドの値をオブジェクトにまとめてupdatePersonalData関数を呼び出して行っています(2)。実行後は、レスポンスのresultからchangesの値を取り出して更新したレコード数を表示しています。UPDATEでは、このように更新されたレコード数が値として返されます。

レコードの削除(Delete)

残るは、レコードの削除です。削除は、「delete」という句を使って行います。これは以下のように実行します。

レコードの削除

```
DELETE FROM テーブル
```

これも、非常に単純ですね。DELETE FROMの後にテーブル名を指定するだけです。ただし、このまま実行すると、指定したテーブル内の全レコードを削除してしまいます。

特定のレコードだけを削除したい場合は、WHERE句を付けて削除するレコードを指定する必要があります。通常は、WHERE id = 番号 というようにプライマリキーのid番号を使って削除するレコードを指定することになるでしょう。

削除用のAPIを作る

では、レコードの削除を行うAPIを用意しましょう。api.jsを開き、module.exports = router;の手前に以下のコードを追記してください。

リスト6-26(routes/api.js)

```
01 router.post('/delete', async (req, res)=>{
02   let id = req.body.id;
03   const db = await createDB();
04   let sql = 'DELETE FROM personaldata WHERE id=?'; ――― 1
05   const result = await db.run(sql, id);
06   res.json({
07     result: result
08   });
09 });
```

ここでは、送信されたボディコンテンツからidの値を取り出しています。そして次のようにSQLクエリを用意します(1)。

```
'DELETE FROM personaldata WHERE id=?'
```

この?にid値を割り当ててdb.runで実行すればいいのですね。行っていることは、更新のAPIとほとんど同じです。

では、これにクライアント側からアクセスする関数を用意しましょう。script.jsに以下のコードを追加してください。

リスト6-27(public/script.js)

```
01  async function deletePersonalData(data) {
02    const response = await fetch('/api/delete', {   ―― 1
03      method: 'POST',   ―― 2
04      headers: {
05        'Content-Type': 'application/json'
06      },
07      body: JSON.stringify(data)   ―― 3
08    });
09    return await response.json();
10  }
```

これも更新の関数(updatePersonalData)と非常に似ています。fetchを使い、'/api/delete'にPOST送信をしていますね(1、2)。ボディコンテンツには、引数で渡されたオブジェクトをJSON.stringifyで文字列にして渡しています(3)。こちらも更新を行うupdatePersonalDataとほとんど同じです。

レコード削除のWebページを作る

6-3

では、APIや削除用関数を利用してレコードを削除するWebページを作りましょう。まずルート関数からです。db.jsを開き、module.exports = router;の前に以下を追記してください。

リスト6-28(routes/db.js)

```
01  router.get('/delete', async function(req, res) {
02    let opt = {
03      title: 'SQLite3',
04      message: 'レコードを削除します。',
05    }
06    res.render('delete', opt);
07  });
```

これもtitleとmessageを用意してdeleteテンプレートをレンダリングするだけの単純なものですね。後は、テンプレートを作るだけです。

テンプレートを作成する

では、「views」フォルダーの中に「delete.ejs」という名前で新しいファイルを用意してください。そして以下のコードを記述しましょう。

リスト6-29（delete.ejs）

```
01 <!DOCTYPE html>
02 <html lang="ja">
03 <head>
04   <meta charset="UTF-8">
05   <title<%=title %></title>
06   <link rel="stylesheet" href="/styles.css">
07   <script src="/script.js"></script>
08 </head>
09 
10 <body>
11   <h1><%=title %></h1>
12   <div class="container">
13     <div class="card">
14     <p class="title" id="message"><%=message %></p>
15     <label for="id">ID</label>
16     <input type="number" id="id" name="id"          ―― 1
17       onchange="doChange(this.value)">
18     <pre id="row"></pre>
19     <button onclick="doAction();">削除</button>  ―― 3
20   </div>
21   <script>
22   const message = document.querySelector('#message');
23   const id  = document.querySelector('#id');
24   const row = document.querySelector('#row');
25 
26   function doChange(id) {                            ―― 2
27     getPersonalDataById(id).then(res=> {
28       const data = `NAME: ${res.row.name}\nEMAIL: ${res.row.email}`;
29       message.textContent = `id=${id} のレコードを削除します。`;
30       row.textContent = data;
31     })
32   }
33   function doAction() {                              ―― 4
34     const data = {
35       id: id.value,
36     };
37     deletePersonalData(data).then(res=> {
38       console.log(res.result);
39       message.textContent = `${res.result.changes}個の
40         レコードを削除しました。`;
41     })
42   }
43   </script>
44 </body>
45 
46 </html>
```

完成したらサーバープログラムを実行し、/db/deleteにアクセスしてください。削除するIDを入力するフィールドが現れます。ここでIDを入力すると、そのレコードの内容が下に表示されます。そのままボタンをクリックすると、そのレコードが削除されます（図6-14）。

入力フィールドのonchangeではdoChange関数を割り当てています（1）。これは、更新ページで行ったのと同じで、getPersonalDataByIdでレコードを取得し、その内容を表示しています（2）。

レコードの削除は、ボタンのonclickに割り当てたdoAction関数で行っています（3）。ここではdeletePersonalData関数を呼び出してidのレコードを削除しているだけです。このあたりも更新の処理とそっくりですね（4）。

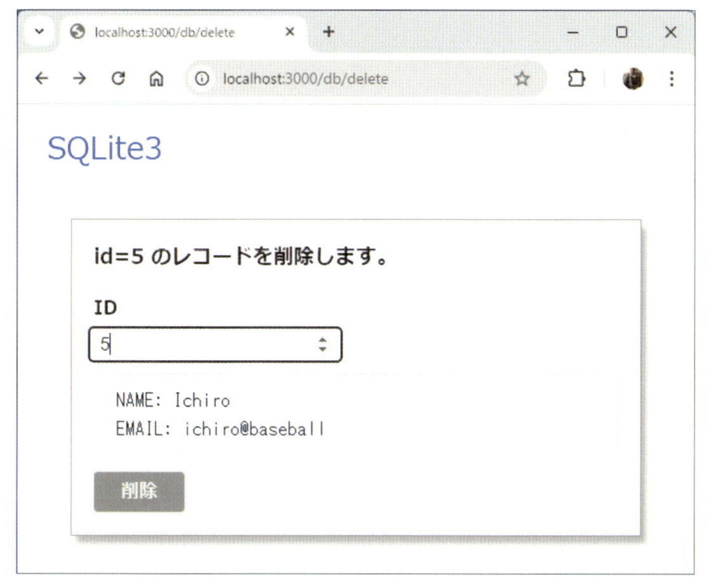

図6-14：IDを入力し、ボタンを押すとそのレコードが削除される

レコード取得で使えるオプション

これで、CRUDの基本が一通りできました。作る過程で、CRUDを行うAPIと、これらを利用するクライアント側の関数も揃いました。これらを活用すれば、データベースアクセスの基本的な操作はたいてい行えるようになります。

ただ、実際にプログラムを作成していくと、いろいろと足りない機能も出てくるでしょう。例えば、「レコードを新しいものから順に並べ替えたい」とか、「ページ分けして表示したい」となると、ここまで覚えた機能だけでは実現は難しいでしょう。そこで、「これぐらいは覚えておくと絶対に役立つ」というSQLのオプション機能を簡単にまとめておきましょう。

これらは、今すぐ覚えておかないといけないものではありません。「こういう機能があるんだ」という程度にざっと眺めておけばいいでしょう。いずれ、本格的にWebアプリを作成するようになったら、ここに挙げたような機能は必ず必要となるはずです。その時が来たら、改めてここを読み返して使い方を覚えればいいでしょう。

LIKE検索

テキストの検索を行う場合、=では完全一致した項目しか検索することができません。が、実際の検索では、「○○で始まるテキスト」とか、「○○を含むテキスト」というように、対象のフィールドに検索テキストが含まれていれば検索されるようにしたいでしょう。

このような場合には、イコールによる絞り込みではなく「LIKE」検索というものを利用します。

LIKE検索

```
SELECT * FROM テーブル WHERE 項目 LIKE 値
```

このLIKEは、<>=といった比較演算の記号と同じように扱えます。例えば、name LIKE 'A'といった具合ですね。

このLIKEが通常の演算記号（=など）と異なるのは、値の指定にワイルドカード（%）記号を使える点です。この記号は、不特定のテキストを表すものです。これをつけることで、テキストを一部に含むレコードを検索できます。

指定のテキストで始まるレコード

```
WHERE カラム LIKE '○○%'
```

指定のテキストで終わるレコード

```
WHERE カラム LIKE '%○○'
```

指定のテキストを含むレコード

```
WHERE カラム LIKE '%○○%'
```

○○は任意のテキストです。%記号は、検索テキストの最後につければそのテキストで始まるものを探します。また検索テキストの最初に記述するとそのテキストで終わるものを探します。前後につけると、そのテキストが指定のフィールド内に含まれるものを探します。

ANDによる論理積

WHEREで検索条件を指定する場合、「複数の条件」を指定したいことがあるでしょう。「○○かつ××である」というように、複数条件のすべてに合致するものを検索する場合、「AND」という演算子が使えます。

AND検索

```
WHERE 式1 AND 式2
```

これで、2つの式の両方が成立するレコードを検索できます。

これは「AND」検索と呼ばれます。日本語では「論理積」ともいいます。このやり方は、「AND」を使って複数の条件式をつなげて実行します。

AND検索の例

```
WHERE name = 'taro' AND email LIKE '%.jp'
```

（nameが'taro'で、かつemailが'.jp'で終わるものだけを検索する）

ORによる論理和

複数条件を指定する場合、「複数の条件のどれかが合致すればすべて検索する」ということもあります。これは「OR」検索と呼ばれます。日本語では「論理和」と呼ばれます。

OR検索

```
WHERE 式1 OR 式2
```

これで、2つの式のどちらか片方だけでも成立すれば検索するようになります(両方成立してももちろん検索します)。

OR検索の例(emailが'.com'または'.jp'で終わるものをすべて検索する)

```
WHERE email LIKE '%.com' OR  email LIKE '%.jp'
```

レコードを並べ替える

SELECTで取得されたレコードは、原則として作成された順(通常はid順)に表示されます。この並び順は「ORDER BY」という句を使うことで変更することができます。

並べ替えの設定

```
ORDER BY 項目名 並び順
```

ORDER BYの後には、並べ替えの基準とする項目を指定します。その後には、並び順の指定として「ASC」「DESC」のいずれかを指定します。ASCは昇順(正順)、DESCは降順(逆順)を示します。例えば、「id DESC」とすると、idが大きいものから順に並べ替えられます。

このように「項目名」と「ASCまたはDESC」をセットで指定するのがORDER BYの基本です。ただし、並び順(ASCやDESC)は省略することもできます。その場合は、ASCが設定されます。

6-3

一部のレコードを取り出す

SELECTでレコードを取得する際、レコード数が多いと、すべてを取得して処理するのは難しくなります。

総数が多い場合、その中から一部分だけをピックアップして利用することが多いでしょう。例えば「レコードを10個ずつ取り出して表示する」というようなやり方ですね。このように、レコード全体の中から指定した範囲のレコードを取り出すのに用いられるのが「LIMIT」句です。

一定数だけ取り出す

```
LIMIT 個数
```

指定の位置から一定を取り出す

```
LIMIT 位置, 個数
```

LIMITは、指定した数だけレコードを取り出します。例えば、「LIMIT 10」とすれば最大10個のレコードを取り出します。「最大」というのは、総数が10個に満たない場合もあるからです。

また、2つの値を指定することで「どこから」「いくつ」を取り出すかを指定できます。例えば、「LIMIT 10, 5」とすれば、最初から10個目のレコードの後から5個のレコードを取り出します。

ソートとページ分けを使ってみる

LIKE検索やAND/ORの複合条件検索などは、実際に本格的なWebアプリ開発を行うまで使うことはあまりないでしょう。しかし、レコードのソートや、LIMITによるレコードの取得は、簡単なWebアプリを作る際にも使うことはあります。ここで実際に利用する簡単な例を挙げておきましょう。

では、この章で作成した/dbのWebページ(すべてのレコードを表示するページ)を修正して、一定数ごとにページ分けして表示するように変更してみます。

まずは、APIの修正です。api.jsにあるrouter.get('/', ～);のルート関数を以下のように書き換えてください。

リスト6-30(routes/api.js)

```
01 router.get('/', async function(req, res) {
02   const page = req.query.page != 'undefined' ? req.query.page : 1;   ―― 1
03   const limit = 3; // 1ページあたりの表示数   ―― 2
04   const db = await createDB();
05   const data = await db.all(
06     'SELECT * FROM personaldata ORDER BY NAME ASC LIMIT ?, ?',   ┐
07     (page - 1) * limit, limit);                                  ┘― 3
08   res.json({
09     rows: data
10   });
11 });
```

1では、req.query.pageでページ数の値を取得しています。これは以下のように行っていますね。

```
const page = req.query.page != 'undefined' ? req.query.page : 1;
```

三項演算子を使っています(p.181)。pageクエリパラメータがなかった場合は、'undefined'という文字列が得られますので、これをチェックし、値がないときは1を設定しています。

このpageの値と、ページあたりの表示数を示す値(limit)を使ってページ分けしてレコードを取り出しています。ここでは、とりあえず1ページ当たりのレコード数を3にしておきました(2)。これはlimitの値で調整できます。

ではコードを見てみましょう。今回、実行しているSQLクエリは3のようになっています(なお、以下はわかりやすいようにLIMITの部分には変数を使った式をそのまま指定してあります)。

```
SELECT * FROM personaldata ORDER BY NAME ASC LIMIT (page - 1) * limit, limit
```

ORDER BY NAME ASCで、nameの値が小さいものから順(つまりABC順)にレコードをソートしています。そして、LIMITのところでは、開始位置に(page - 1) * limitを、取得数にlimitを指定しています。こうすることで、pageの番号を使って指定したページのレコードを取り出すようになります。例えば、page=1ならば、LIMIT 0, 3となりますし、page=2ならばLIMIT 3, 3に、page=3ならLIMIT 6, 3になるわけです。

このようにしてpageの値を使って一定数ずつレコードを取り出すようになるのです。

APIにアクセスする関数を修正する

では、APIを利用するクライアント側のスクリプトも修正しましょう。script.jsを開き、getPersonalDataとshowPersonalData関数を以下のように修正します。

リスト6-31（public/script.js）

```
01 async function getPersonalData(page) {
02   const response = await fetch('/api?page=' + page);
03   return await response.json();
04 }
05
06 async function showPersonalData(target) {
07   const urlParams = new URLSearchParams(window.location.search);
08   const page = urlParams.get('page') || 1;                        ―― 1
09   const data = await getPersonalData(page);
10   let html = '';
11   for(let row of data.rows){
12     html += `<tr>
13       <td>${row.id}</td>
14       <td>${row.name}</td>
15       <td>${row.email}</td>
16     </tr>`;
17   }
18   target.innerHTML = html;
19 }
```

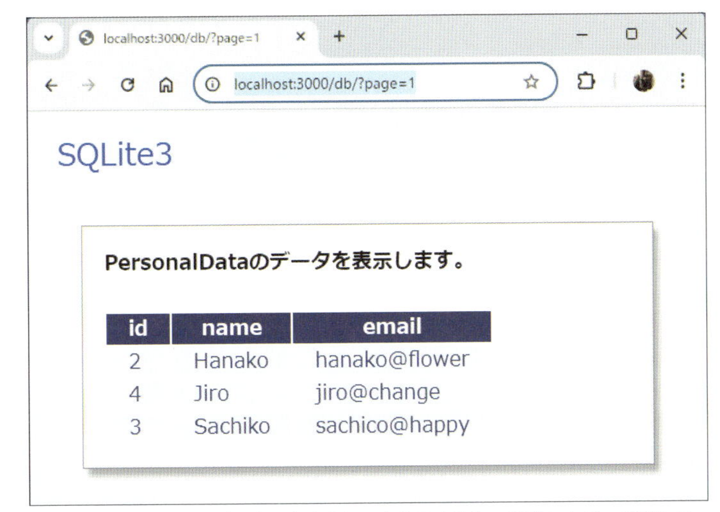

図6-15：/db?page=番号というようにアクセスすると、指定したページのレコードが表示される

修正したら、/dbにアクセスしてみましょう。nameの値が最初のものから3つだけ表示されます。それを確認したら、/db?page=番号 というように指定してアクセスしてみてください。指定したページのレコードが取り出されるのがわかるでしょう。レコード数が少ないとページ分けがよくわからないので、いくつかレコードを追加してから試してください。

ここでは、pageクエリパラメータの値を以下のようにして取り出しています（1）。

```
const urlParams = new URLSearchParams(window.location.search);  ―― 2
const page = urlParams.get('page') || 1;  ―― 3
```

window.locationは、アクセスしたページの場所（URL）に関する情報が保管されています。searchには、クエリパラメータの文字列が保管されています。

このsearchの値を引数にして、URLSearchParamsというオブジェクトを作成します（2）。これは、searchの値をもとにパラメータの値をオブジェクトにまとめたものです。ここからgetメソッドでパラメータ名を指定して呼び出せば、そのパラメータの値が取り出せます。ただし、パラメータがない場合もあるので、|| 1とつけて値がnullだった場合は1が得られるようにしてあります（3）。

後は、この値を引数に指定してgetPersonalDataを呼び出すだけです。

基本はSQL！

ざっとCRUDの基本的な実装について説明をしました。いろいろな処理を作りましたが、整理すると以下の2つに集約されることに気づくでしょう。

- **レコードを取り出す処理は、db.allやdb.getを使う**
- **レコードを取り出さない処理は、db.runやdb.execを使う**

Node.js側の処理は、実はこれだけなのです。後は、「いかにしてSQL文を作るか」です。つまり、これらのメソッドで実行されるSQLの問題なのです。

「Node.jsでデータベースを利用する」といっても、実はそのほとんどはSQLの組み立ての話です。SQLさえわかれば、Node.jsに限らず、どのようなプログラミング言語でもデータベースにアクセスできるようになります。

まずは、SQLの基本をしっかりと理解しましょう。それさえきちんと抑えておけば、データベースアクセスは決して難しいものではないことがわかるでしょう。

Part 2 開発編

Chapter 7

Reactを使おう

Webアプリの開発で、現在、最も広く利用されているのが
「React」というフロントエンドフレームワークです。
このReactの基本的な使い方を覚え、
Expressと組み合わせて開発できるようになりましょう。

7-1

Reactでフロントエンドを作る

この節のポイント

- Reactプロジェクトの構造について学ぼう。
- indexとAppの働きを知ろう。
- コンポーネントとはどういうものか理解しよう。

フロントエンドフレームワークの時代

ここまで使ってきたExpressは、サーバープログラムを作成するフレームワークです。高度の処理を行う必要があるのは基本的にサーバー側（バックエンド）であり、これをいかに快適に作成できるかが重要でした。

しかし、時代は変わります。前章では、APIを使ってデータベースアクセスを実装し、これをフロントエンドから利用しました。これらのAPIを使ったプログラム作成を経験して、フロントエンドとバックエンドのイメージがかなり変わってきた人も多いことでしょう。

API利用の場合、サーバー側で必要な処理は「APIの実装」だけです。まぁ、ルート関数でテンプレートをレンダリングして表示するような処理もありましたが、これはほぼすべて「タイトルとメッセージを用意してテンプレートをレンダリングするだけ」でした。これなら、わざわざテンプレートファイルを作成する必要はないでしょう。「public」フォルダーにHTMLファイルを配置して表示するだけで十分かもしれません。

現在のWebアプリの多くは、リアルタイムに表示が変化するようなダイナミックな作りになっています。これらはすべてフロントエンドで処理しています。

プログラムの中心は、明らかにバックエンドからフロントエンドへと移行しているのです。バックエンドは、「問い合わせたら必要な処理を実行したり情報を返したりするAPI」だけあれば十分。それ以外はすべてフロントエンドでプログラムを作る。それが現在のWebアプリの主流となりつつあるやり方なのです。

フロントエンドでもフレームワークが必要！

しかし、そうなると、フロントエンドでさまざまな処理を実装していかないといけません。フロントエンドの処理が複雑になると、HTMLと共に長いスクリプトが記述されることになります。HTMLの要素とスクリプトファイルを見比べながら正しくDOMの操作が行われているかをしっかり確認しながらコーディングをしなければいけません。フロントエンドをきめ細かに制御するのは、実はかなり大変なのです。

そこで、「フロントエンドでも、バックエンドと同じように表示に関するしっかりとしたシステムを持ったフレームワークが必要だ」と多くの人が考えるようになりました。そうした声に応えるように、いくつものフロントエンドフレームワークが登場し使われるようになっています。

本格的なフロントエンド開発を行うなら、フレームワークを導入する。これが現在のWeb開発の常識といっていいでしょう。

Reactプロジェクトを作成しよう

いくつかあるフロントエンドフレームワークの中で、もっとも大きなシェアを持つのが「React」です。これは、Meta(旧Facebook)が開発するオープンソースのフレームワークです。

Reactは、フロントエンドの表示と情報の管理を中心に設計されています。フロントエンドでもっとも面倒なのが「表示の更新」です。なにか操作をし、データが更新されたら、そのデータを利用している表示もすべて更新していかないといけません。

Reactはこの「データと表示の更新」を自動化します。Reactでは、用意したデータを画面に表示する場合、データの値を変更するとそれを使った表示もすべて自動的に更新されます。開発する側が「どの値を変更したらどの部分の表示を更新しないといけないか」を管理する必要がないのです。

作る側は、ただ「扱うデータの処理」だけに集中すればいいのです。データが処理され変更されれば、その後はReactがすべて勝手に更新してくれます。

Reactプロジェクトを作成する

このReactは、HTMLファイルにJavaScriptのファイルを読み込ませて組み込むこともできますが、通常はそのようなやり方はしません。Reactを使ったアプリケーションを開発するためのプロジェクトを作成し、これを使って開発を行います。

プロジェクトの作成方法はいろいろありますが、もっともよく使われているのは「`Create React App`」というツールでしょう。これは、Reactのプロジェクトを自動生成してくれるコマンドプログラムです。これはコマンドプロンプトやターミナルなどから以下のように実行します。

ターミナルで実行

```
npx create-react-app プロジェクト名
```

7-1

これで、プロジェクト名のフォルダーが作られ、その中に必要なファイル類が作成されます。

では、実際にやってみましょう。コマンドプロンプトまたはターミナルで「`cd Desktop`」を実行し、デスクトップに移動してください。そして以下のように実行しましょう。

ターミナルで実行

```
npx create-react-app react-app
```

これを実行すると、デスクトップに「react-app」というフォルダーが作成され、そこにReactプロジェクトのファイル類が書き出されます。作成されたら、デスクトップ版のVSCodeを起動し、「react-app」フォルダーを開いて編集できる状態にしておきましょう(図7-1)。

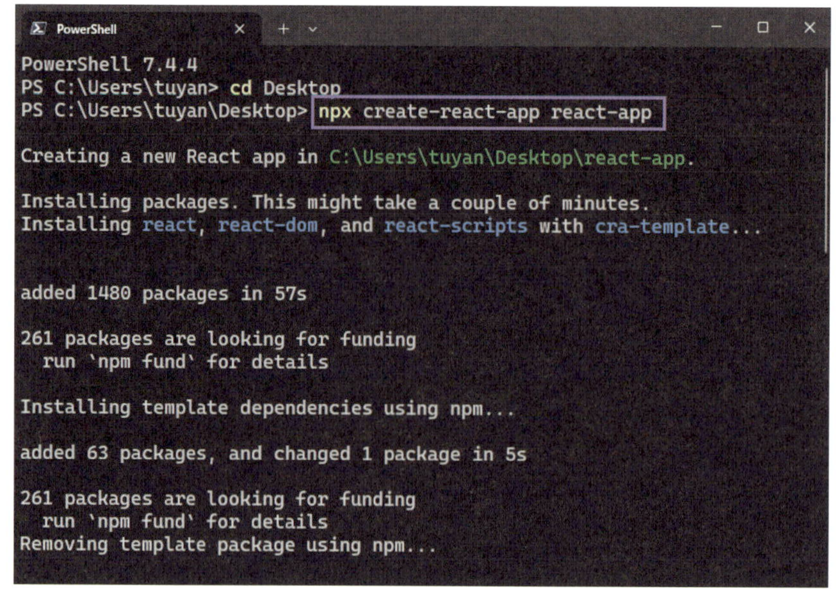

図7-1：「npx create-react-app」でReactプロジェクトを作成する

プロジェクト操作のコマンドについて

無事にプロジェクトが生成されると、最後のところで細かなコマンドの説明が出力されます。これは、作成されたプロジェクトに用意されるコマンドで、プロジェクトの基本的な操作をこれで行えるようになっています。

用意されているコマンドは以下のようになります。これらは「今すぐ覚えないといけない」というものでは全くありません。「こんなものが用意されているらしい」という程度に読んでおいてください。実際に使うときがあれば改めて説明します。

npm start

プロジェクトに内蔵されている開発用サーバーでアプリケーションを起動します。開発中の動作確認は、これを使って行います。

npm run build

プロジェクトをビルドし、実際にWebサイトで使える静的ファイル(HTMLやJavaScriptのファイル)を生成します。プロジェクトが完成したら、これでファイルを生成してアップロードして使います。

npm test

テストプログラムを実行します。これはユニットテストと呼ばれるテストプログラムを書いてアプリケーションの動作を調べるのに使います。

npm run eject

Create React Appでは、内部的にプロジェクトに関するさまざまな設定情報を抽象化して管理しています。これらをすべて直接ファイルとして出力し、抽象化された部分を取り除いて直接設定情報にアクセスできるようにします。

これを実行すると元の状態には戻せないので、Reactに習熟するまでは使わないようにしてください。

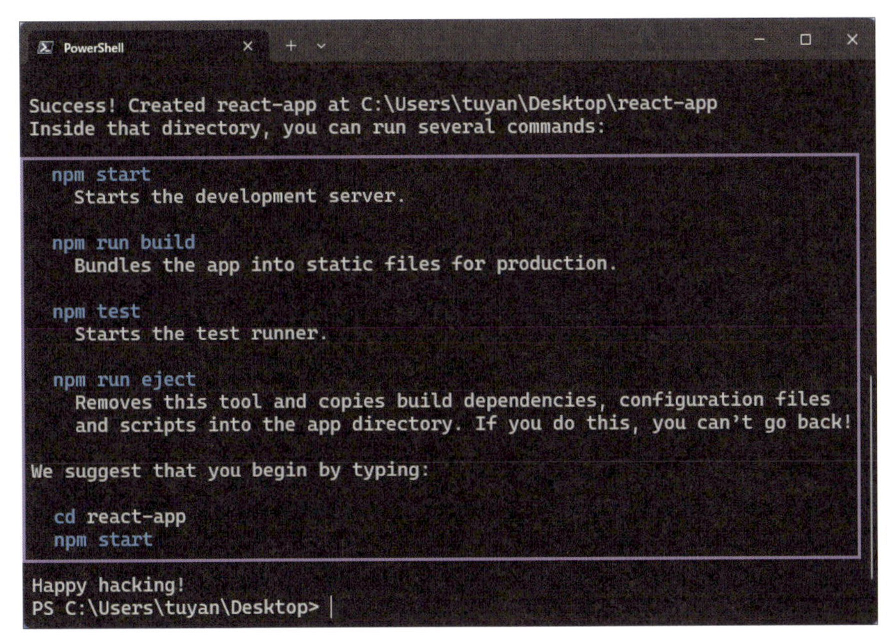

図7-2：プロジェクトを作ると最後にコマンドの説明が出力される

プロジェクトを動かそう

では、作成されたプロジェクトを実際に動かしてみましょう。プロジェクトには、開発用サーバーが用意されており、その場でアプリケーションを実行できます。

VSCodeのターミナルから以下のコマンドを実行してください。

ターミナルで実行

```
npm start
```

さっそくコマンドが登場しましたね。プロジェクトの動作確認にはこのコマンドを使います。これで開発用サーバーが起動し、作成されたアプリケーションが実行されます。自動的にWebブラウザが開かれ、以下のアドレスにアクセスされるでしょう。

ターミナルで実行

```
http://localhost:3000/
```

図7-3：サンプルで用意されたWebページが表示される

このページは、サンプルとして用意されているアプリケーションのホームページです。Reactのロゴがゆっくりと回転するだけのものですが、とりあえずアプリが動いていることは確認できました！

Column

開発用サーバーは起動しっぱなしでOK

これまで、Expressなどではコードを修正すると、その度に［Ctrl］＋「C」キーでプログラムを中断してまた「node app.js」で再実行する、といったことを繰り返していたことでしょう。しかし、Reactの開発ではそんな作業は必要ありません。

Reactの開発用サーバーでは、Reactのコードを編集すると、保存時に自動的に内容が再ロードされアプリケーションが更新されます。サーバーを起動したまま開発を進めることができるのです。便利ですね！

プロジェクトの内容をチェックしよう

では、作成されたプロジェクトの中身がどうなっているのか見てみましょう。「react-app」フォルダーの中には以下のようなものが作成されています。

フォルダー

「node_modules」フォルダー	これはExpressなどでもありましたね。プロジェクトにインストールしたパッケージ類がまとめられています
「public」フォルダー	Expressでも使いました。公開される静的ファイル類が保管されるところです
「src」フォルダー	これがソースコードの保管場所です。すべてのプログラム類はここにまとめてあります

ファイル

.gitignore	Gitというツールが使うものです。私たちが触ることはありません
package-lock.json	自動生成されるパッケージ情報のファイルです。触ることはありません
package.json	プロジェクトに関する情報を記述するものです
README.md	リードミーファイルです。コマンドの説明などがまとめてあります

これらの内、私たちが実際に使うのは「public」フォルダーと「src」フォルダーだけでしょう。「public」フォルダーは、例えばイメージファイルなどを入れておくのに使います。「src」フォルダーが、このアプリのプログラムを作成するためのものです。このフォルダー内にあるファイルを編集したり新たにファイルを作ってコーディングしたりしてプログラムを作成していきます。

プログラムの構成

では、「src」フォルダー内のファイルを見ていきましょう。Reactの開発は、この中にあるファイルを編集して行っていきます。ということは、この「src」フォルダーにあるファイルがどんなものかわかっていないと開発はできないのです。

この中には、JavaScriptファイルとCSSファイル、そしてSVGファイルというものがあります。簡単に整理しておきましょう。

App.css	Appコンポーネント用のスタイルシート
App.js	Appコンポーネント
App.test.js	Appコンポーネントのテストファイル
index.css	index用のスタイルシート
index.js	Webアプリのベースとなるプログラム
logo.svg	Reactのロゴファイル
reportWebVitals.js	アプリのパフォーマンスチェックプログラム
setupTests.js	テストの設定情報

これらの内、テスト関係のものはとりあえず今使うことはありません。またロゴファイルも使わないでしょう。

ということは、使うのは「App.～」「index.～」というファイル名のものだけになります。いずれも.cssファイルと.jsファイルが用意されています。

コンポーネントについて

この「index.js」と「index.css」が、このアプリケーションにアクセスした際に最初に表示されるページのベースとなるものです。そしてこの中に「App.js」と「App.css」が組み込まれて表示されます。

このApp.jsは「コンポーネント」と呼ばれるものです。これは、Reactのプログラムの基本となるものです。

コンポーネントは、「独立して使える再利用可能なUI部品」です。Reactでは、Webページを作成するとき、そこに表示されるさまざまなものをコンポーネントとして定義します。そして作成したコンポーネントを組み合わせて画面を作っていくのです。

コンポーネントは、ただ表示をするだけでなく、その中で必要なデータを管理したり、ユーザーの操作などによって実行する処理を実装したりできます。コンポーネントを組み込めば、すぐに必要なものが一式用意され動くようになっているのです。

このコンポーネントをどのように作成するかを設計していくのがReactプログラミングの基本といっていいでしょう。

index.jsについて

では、コードを見ていきましょう。まずは、アプリのベースとなる「index.js」からです。これは以下のように記述されています(コメント類は省略してあります)。

リスト7-1 (react-app/src/index.js)

```
01 import React from 'react';
02 import ReactDOM from 'react-dom/client';
03 import './index.css';
04 import App from './App';
05 import reportWebVitals from './reportWebVitals';
06 
07 const root = ReactDOM.createRoot(document.getElementById('root'));
08 root.render(
09   <React.StrictMode>
10     <App />                    1
11   </React.StrictMode>
12 );
13 
14 reportWebVitals();
```

最初に、プログラムで必要となるさまざまなモジュールがimportで読み込まれています。そしてReactによる表示を行うコードを実行しています。Reactでは、画面の表示は2つの文で行います。

Rootオブジェクトの作成

最初に行うのは、「Root」というオブジェクトの作成です。これは、ReactDOMというオブジェクトにある「createRoot」メソッドで行います。

Rootオブジェクトの作成

```
変数 = ReactDOM.createRoot( 要素 );
```

このRootオブジェクトは、Reactが作成する表示のルート(組み込まれる土台となる部分)を作成するものです。引数には、HTMLの要素をquerySelectorなどで取得して指定します。

このRootは、ReactDOMというモジュールに用意されています。ReactDOMは、「React仮想DOM」と呼ばれる機能を提供するモジュールです。Reactの表示は、WebページのDOMではなく、Reactが独自に用意した仮想DOMを使って作成されます。そしてすべての表示内容が作成できたら、最後に仮想DOMをレンダリングして実際のWebページ内に組み込むようになっているのです。

Reactの表示をレンダリングする

Rootが用意できたら、表示をレンダリングします。これは、Rootの「render」というメソッドを使って行います。

Rootオブジェクトを表示する

```
《Root》.render( 表示内容 );
```

引数には、Reactの仮想DOMによる表示内容を指定します。これにより、用意したReactの表示内容がHTMLのコードに変換され、`Root`で指定してあった要素に組み込まれて表示されます。

Reactによる表示の作成は、このように「`Root`の用意」「レンダリング」という非常に簡単な作業だけで行えます。

JSXについて

問題は、`render`の引数に指定する「React仮想DOMによる表示内容」をどのように作成すればいいか、でしょう。普通のHTMLでは、DOMは`document`にあるメソッド(`createElement`といったもの)を呼び出してその要素(エレメント)のオブジェクトを作成することができます。ReactDOMにも同様の機能があり、メソッドを呼び出せば仮想DOMのエレメントのオブジェクトを作成することはできます。

ただし、実際にはこのやり方で表示を作成することはあまりありません。それよりも、もっと便利なものがあるからです。それは「JSX」です。

JSX(JavaScript XML)は、JavaScriptでXMLやHTMLのようなコードを値として記述できるようにする技術です。実際にどのようなものか、index.jsの`root.render`の内容を見てみましょう(1)。

```
root.render(
  <React.StrictMode>
    <App />
  </React.StrictMode>
);
```

`render`の()内には、`<React.StrictMode>`や`<App />`といったものが書かれていますね。これらがReactの仮想DOMによるコンポーネントです。Reactでは、コンポーネントもHTMLの要素などと同じように仮想DOMのエレメントとしてJSXで記述できます。

こんな具合に、HTMLやXMLと同じようにタグを使って表示する内容を記述し、それを`render`でレンダリングすれば、表示が作成できるのです。

コンポーネントについて

ここでは、2つのコンポーネントが使われています。これらがどんなものか簡単にまとめておきましょう。

<React.StrictMode>

これは、「`strict`モード」を設定するためのコンポーネントです。`strict`モードというのはJavaScriptに用意されている「厳格モード」のことです。JavaScriptのコードをより厳格に評価し、ルーズな書き方を禁止するものです。

この`<React.StrictMode>`により、この中に組み込んだコンポーネントではすべて`strict`モードが適用され、厳格にコードを解釈するようになります。

<App />

これが、実際にWebページに表示する内容です。これは、App.jsで定義されているコンポーネントです。当面は、このAppというコンポーネントを作成することがReactの画面を作ることだ、と考えましょう。

Appコンポーネントについて

では、Appコンポーネントがどのようになっているのか見てみましょう。App.jsには以下のようなコードが記述されています。

リスト7-2 (react-app/src/App.js)

```
01 import logo from './logo.svg';
02 import './App.css';                    ―― 1
03
04 function App() {
05   return (
06     <div className="App">
07       <header className="App-header">
08         <img src={logo} className="App-logo" alt="logo" />
09         <p>
10           Edit <code>src/App.js</code> and save to reload.
11         </p>
12         <a
13           className="App-link"
14           href="https://reactjs.org"                ―― 2
15           target="_blank"
16           rel="noopener noreferrer"
17         >
18           Learn React
19         </a>
20       </header>
21     </div>
22   );
23 }
24
25 export default App;
```

この「App」という関数が、Appコンポーネントです。そう、Reactのコンポーネントというのは、関数として定義されるのです。

正確にいえば、「大文字で始まり、JSXを返す関数」がコンポーネントと認識されます。名前は必ず大文字で始まる必要があります。また、必ず最後にはreturnでJSXのコードを返します。この返されるJSXが、コンポーネントの表示になります。

ここでは、以下のような内容がJSXで記述され、returnされています(2)。

```
<div>
  <header>
    <img src={logo} />
    <p>Edit ～</p>
    <a href="https://reactjs.org">～</a>
  </header>
</div>
```

属性やコンテンツなどを省略して整理すればこのようになります。見ればわかるように、普通のHTMLのコードですね。JSXは、コンポーネントのタグだけでなく、このように普通のHTMLのタグも書くことができます。HTMLで表示内容を書いてreturnすれば、それでもうコンポーネントは完成なのです。

スタイルの設定は注意！

ただし、HTMLと全く同じなわけではありません。よくコードを見ていくと、「className」という属性が書かれていることに気がつくでしょう。これは、HTMLの「class」属性のことです。Reactでは、class属性は「className」と指定します。

また、classNameで指定されているスタイルクラスは、以下のようにしてインポートして利用しています(1)。

```
import './App.css';
```

Reactでは、このようにCSSファイルをimportでインポートすると、そこに書かれていたスタイルクラスがclassNameで使えるようになります。通常のHTMLとは若干CSSの使い方が異なるので注意しましょう。

さぁ、これでデフォルトで用意されているReactのコードがどういうものかわかりました。またコンポーネントというのがどんなものでどう定義すればいいのかもわかりましたね。後は、実際にコンポーネントを自分で作ってみて、Reactの使い方を身につけていけばいいだけです。

7-2

コンポーネントの基本

この節のポイント

- コンポーネントの作り方を理解しよう。
- 属性で値を渡せるようになろう。
- 条件や繰り返しを使った表示について学ぼう。

コンポーネントを作ろう

Reactの開発の基本は「コンポーネントを作ること」といってもいいでしょう。コンポーネントは関数として定義し、JSXの表示内容をreturnすればいいのでしたね。

では、実際にコンポーネントを作ってみましょう。といっても、新たなファイルを作成する必要はありません。プロジェクトにあるApp.jsを書き換えて、Appコンポーネントをカスタマイズして使うことにしましょう。

では、App.jsの内容を以下に変更してください。

リスト7-3(react-app/src/App.js)

```
01 import './App.css';
02 
03 function App() {
04   return (
05     <div className="App">
06       <header className="App-header">
07         <h1>React Sample</h1>
08         <p>これは、Reactのサンプルです。</p>
09       </header>
10     </div>
11   );
12 }
13 
14 export default App;
```

図7-4:黒字にタイトルとメッセージが表示される

ファイルを保存したら表示を確認しましょう。黒字に白い文字でタイトルとメッセージが表示されます。この表示はデフォルトで設定されているスタイルクラスによるものです。スタイル情報はApp.cssにあるのでこれを編集すれば変更できます。とりあえず、ここではこのままにしておきます。

このように、returnするJSXの内容を書き換えるだけでコンポーネントはカスタマイズできます。実際にいろいろと表示を書き換えてみましょう。

コンポーネントの組み込み

コンポーネントは関数で定義しますが、このコンポーネントは別のコンポーネントに組み込んで使うこともできます。実際に試してみましょう。

App.jsの内容を以下のように書き換えてください。

リスト7-4（react-app/src/App.js）

```
01 import './App.css';
02
03 function Title() {
04   return <h1>Titleコンポーネント</h1>;
05 }
06
07 function Message() {
08   return <p>これは、Messageコンポーネントです。</p>;
09 }
10
11 function App() {
12   return (
13     <div className="App">
14       <header className="App-header">
15         <Title />
16         <Message />
17         <Message />
18       </header>
19     </div>
20   );
21 }
22
23 export default App;
```

（03〜09行目：1、15〜17行目：2）

ここでは、Appコンポーネントの他に「Title」「Message」といったコンポーネントを定義しています（1）。そして、これらをAppコンポーネント内に組み込んで表示しています（2）。

ここではMessageコンポーネントを2つ追加していますが、コンポーネント化することで、定義した表示をいくつでも配置することができます。

図7-5：App内にTitleとMessageを組み込んで表示する

属性で必要な値を渡す

しかし、ただ定義した表示が並ぶだけでは、あまり便利には感じませんね。必要な値などをコンポーネントに受け渡すことができれば、もっと汎用的なコンポーネントが作成できます。

コンポーネントに何らかの情報を渡す最も簡単な方法は、「属性」を使うことです。例えば、コンポーネントをJSXで記述する場合、こんな具合に記述することができます。

```
<コンポーネント 属性="値" />
```

このように属性に値を指定することで、その情報はコンポーネントの関数に引数として渡されます。

```
function 関数 ( オブジェクト ) {…}
```

用意した属性とその値は、すべて1つのオブジェクトにまとめて渡されます。このオブジェクトから、属性の値を取り出して利用すればいいのです。

では、簡単な例を挙げておきましょう。App.jsの内容を以下に書き換えてください。

リスト7-5(react-app/src/App.js)

```
01 import './App.css';
02
03 function Title(props) {
04   return <h1>{props.content}</h1>;
05 }                                         ―― 1
06
07 function Message(props) {
08   return <p>{props.content}</p>;
09 }
10
11 function App() {
12   return (
13     <div className="App">
14       <header className="App-header">
15         <Title content="タイトルです。" />
16         <Message content="1つ目のメッセージです。" />     ―― 2
17         <Message content="別のメッセージを表示します。" />
18       </header>
19     </div>
20   );
21 }
22
23 export default App;
```

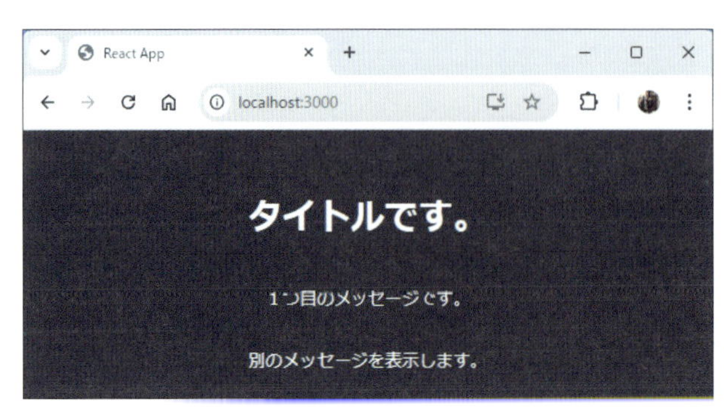

図7-6：TitleとMessageにそれぞれcontent属性を用意し、これで表示する内容を設定する

ここでは、TitleとMessageのそれぞれに「content」という属性を用意しました。そして、この値を使ってコンポーネントの表示を作成するようにしています。JSXの記述部分を見てみましょう(2)。

```
<Title content="タイトルです。" />
<Message content="1つ目のメッセージです。" />
<Message content="別のメッセージを表示します。" />
```

いずれも、一般的なHTMLのタグと同じ感覚でcontentという属性を用意していますね。ただし！これを見て、「そうか、コンポーネントにはcontentという属性があるのか」と思ってはいけません。今回は、とりあえずcontentという名前で属性を用意しているだけです。属性はどんな名前にしてもいいのです。

{ }は値を埋め込む

このcontent属性がコンポーネントの関数でどのように利用されているか見てみましょう。Title関数は、このようになっていました(1)。

```
function Title(props) {
  return <h1>{props.content}</h1>;
}
```

引数のpropsには、すべての属性をまとめたオブジェクトが渡されています。ここからcontentの値を取り出して表示しているのです。{props.content}というのが、その部分です。

JSXでは、{}という記号を使って変数や式などを埋め込むことができます。{props.content}により、propsのcontentプロパティの値をここに表示します。

属性は、いくつでも用意することができます。必要な情報は、このように属性で簡単にコンポーネントに渡して利用できるのです。

7-2

分割代入について

属性がそれほど多くない場合、「引数のpropsから属性のプロパティを取り出して……」というやり方が面倒に感じるかもしれません。もっとシンプルに、属性を直接引数に渡したりできないの？　と思うことでしょう。

そのような場合には、JavaScriptの「分割代入」という機能が役立ちます。これは、配列やオブジェクトの中にある値を直接変数に代入する仕組みです。

配列の値を分割代入する

```
let [a, b, …] = 配列;
```

オブジェクトのプロパティを分割代入する

```
let {a, b, …} = オブジェクト;
```

注意したいのは、「オブジェクトの場合はプロパティ名を{}に指定する」という点です。これを利用すると属性の受け渡しが楽になります。例えば、こんな形のJSXタグを考えてみましょう。

```
<App name="taro" pass="yamada" mail="taro@yamada" />
```

これをApp関数に渡すとき、以下のように記述することができるのです。

```
function App( {name, pass, mail} ) {…
```

{name, pass, mail}とすることで、引数に渡されるオブジェクトからname、pass、mailのプロパティの値をそれぞれの変数に代入します。これが分割代入です。「引数propsに渡してprops.nameで……」などとやるより扱いが楽になりますね！

この分割代入は属性の受け渡しだけでなく、さまざまなところで利用できます。「オブジェクトから必要なプロパティだけピックアップして変数に取り出したい」というような場合に使えるテクニックとして覚えておくと便利です。

条件で表示を変える

再びJSXに話を戻しましょう。JSXの{}による値や式の埋め込みは、さまざまな使い方ができます。JSXには、基本的にはifやforのような構文の機能はありません。しかし、{}を使うことで制御構文的なことを行うことができます。

例えば、if文のように「条件によって表示を変える」ということは、三項演算子を使うことで作成できます。三項演算子は、Chapter 5ですでに使いましたね。これは条件と真偽の値の3つをつなげた式のことで、以下のように記述をしました。

三項演算子の書き方

```
条件となる式や値 ? 真の表示内容 : 偽の表示内容
```

2つある表示内容の部分には、実際に表示するJSXのコードが用意されます。{}内の記述は途中で改行することもできますので、必要に応じて適時改行しながら内容を記述していくとわかりやすいでしょう。

2つの表示コンポーネントを用意する

では、簡単な例を挙げておきましょう。App.jsのコードを以下に書き換えてください。これは、まだ三項演算子は使っていません。

リスト7-6(react-app/src/App.js)

```
01 import './App.css';
02 
03 function Alert(props) {
04   return (
05     <div className="alert">
06       <h2>{props.title}</h2>
```

```
07        <p>{props.content}</p>
08      </div>
09    )
10  }
11
12  function Card(props) {
13    return (
14      <div className="card">
15        <h2>{props.title}</h2>
16        <p>{props.content}</p>
17      </div>
18    )
19  }
20
21  function App() {
22    return (
23      <div className='App'>
24        <h1>React sample</h1>
25        <header className="container">
26          <Alert title="アラート" content="1つ目のメッセージです。" />
27          <Card title="カード" content="別のメッセージを表示します。" />
28        </header>
29      </div>
30    );
31  }
32
33  export default App;
```

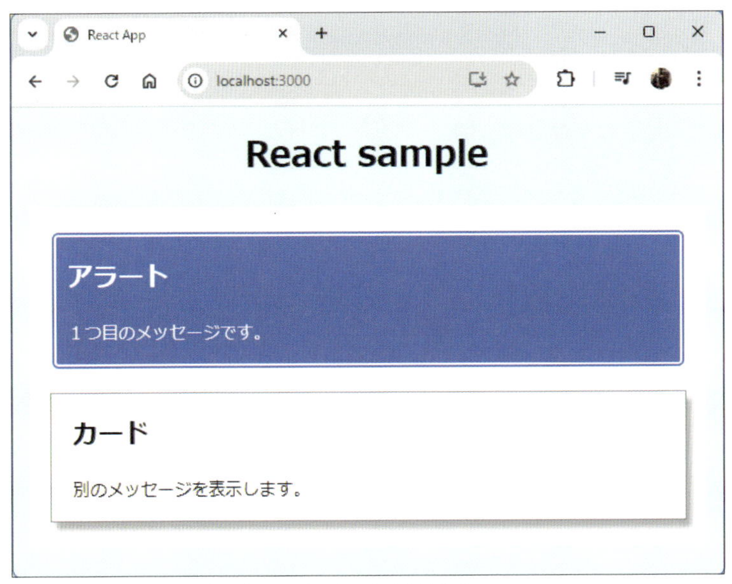

図7-7：AlertとCardというコンポーネントを用意した

コードを記述したらスタイルシートも用意しましょう。ここではAlertとCardという2つのコンポーネントに、それぞれAlertとCardクラスを割り当てています。これらのクラスは先に作成しましたね。前章まで使っていた「express-app」フォルダーにあるstyles.cssの内容をApp.cssにペーストし、これを元にそれぞれで表示スタイルを作成してみてください。書籍のダウンロードファイルとしても用意しています。

条件を指定して表示する

では、Appコンポーネント(App関数)を書き換えて、条件に応じてAlertとCardのどちらかを表示させてみましょう。

リスト7-7(react-app/src/App.js)

```
01  function App() {
02    const flag = true; //☆
03
04    return (
05      <div className='App'>
06        <h1>React sample</h1>
07        <header className="container">
08          { flag ?
09          <Alert title="アラート" content="1つ目のメッセージです。" />
10          :
11          <Card title="カード" content="別のメッセージを表示します。" />
12          }
13          </header>
14      </div>
15    );
16  }
```

1

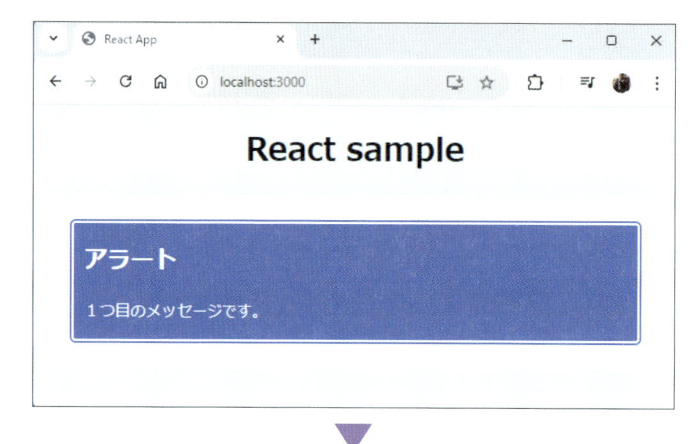

図7-8：flagの値がtrueならAlertが、falseならばCardがそれぞれ表示される

これを実行すると、Alertコンポーネントが表示されます。これを確認したら、☆マークのflagの値をfalseに変更してみてください。すると、Cardに表示が変わります。

ここでは、以下のようにして表示するコンポーネントを制御しています（1）。

```
{ flag ? <Alert 〜 /> : <Card 〜 />  }
```

AlertとCardは属性があって長くなるので適時改行して書いてあります。これで、条件によって表示を切り替えることができました！

クエリパラメータで表示を切り替える

これで表示を切り替えることはできましたが、いちいち「コンポーネントの値を書き換える」というのは実用的ではありませんね。もう一歩進めて、クエリパラメータで値を渡して、それを元に表示を切り替えるようにしてみましょう。

App.jsのApp関数を以下のように書き換えてください。

リスト7-8（react-app/src/App.js）

```
01 function App() {
02   const queryParams = new URLSearchParams(           ─ 1
03       window.location.search);
04   const flag = queryParams.get('flag') == 'true';    ─ 2
05 
06   return (
07     <div className='App'>
08       <h1>React sample</h1>
09       <header className="container">
10         { flag ?
11         <Alert title="アラート" content="1つ目のメッセージです。" />
12         :
13         <Card title="カード" content="別のメッセージを表示します。" />
14         }
15         </header>
16     </div>
17   );
18 }
```

7-2

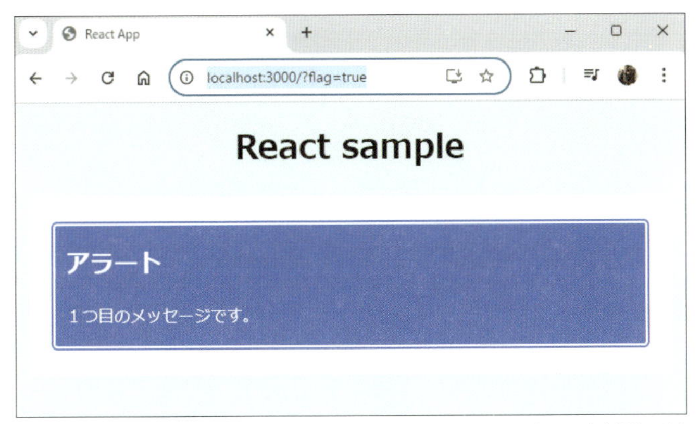

図7-9：?flag=trueとパラメータを指定するとAlertが、それ以外ではCardが表示される

修正ができたら、flagというクエリパラメータをつけてアクセスしてみてください。以下のようなアドレスでアクセスします。

```
http://localhost:3000/?flag=true
```

これで、Alertが表示されます。これを確認したら、2のflagの値をfalseに変更してみましょう。今度はCardに表示が変わります。

ここでは、URLSearchParamsを使ってクエリパラメータを取り出しています(1)。これは前にも使いましたが、簡単に説明しておきましょう。

```
const queryParams = new URLSearchParams(window.location.search);
```

まず、URLSearchParamsオブジェクトを作成します。引数には、window.location.searchを指定します。これは、アドレスの?より後の部分が入っているプロパティでしたね。

これでオブジェクトができたら、getを使ってflagの値を取り出しています(2)。

```
const flag = queryParams.get('flag') == 'true';
```

getで取り出される値は文字列なので、'true'と等しいかどうかをチェックした結果をflagに代入しています。これで、flagパラメータが'true'ならtrue、それ以外はfalseがflagに代入されます。後は、この値を元に表示を切り替えるだけです。

配列データを表示する

続いて、配列などの多数の情報を表示する方法についてです。まず、「JSXの要素の配列」の場合、これは特に処理など必要ありません。その配列を{}で表示すれば、その中にあるJSXの要素はそのまますべて表示されます。実際に試してみましょう。App.jsのApp関数を以下に書き換えてください。

リスト7-9(react-app/src/App.js)

```
01  App() {
02    const list = [                              ┐
03      <li>項目1のメッセージです。</li>,          │
04      <li>項目2のメッセージです。</li>,          ├─1
05      <li>項目3のメッセージです。</li>,          │
06    ]                                           ┘
07
08    return (
09      <div className='App'>
10        <h1>React sample</h1>
11        <header className="container">
12          <ol>
13          { list }  ──────────────────────── 2
14          </ol>
15        </header>
16      </div>
17    );
18  }
```

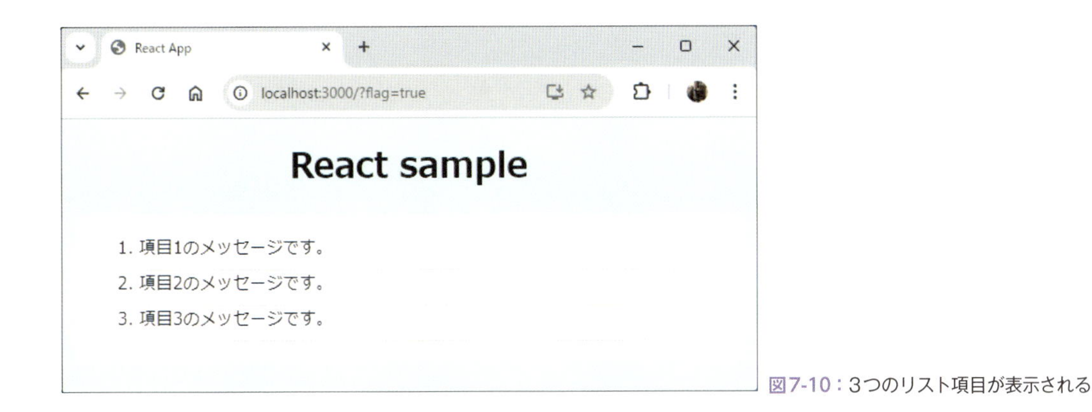

図7-10：3つのリスト項目が表示される

これを保存すると、3つの項目からなるリストが表示されます。ここでは、listという配列に、<li>が保管されていますね（1）。そして表示は、{ list }で配列をただ出力しているだけです（2）。表示するJSXの要素が配列にまとめてあるなら、特に処理は必要ないのです。

mapで表示を生成する

では、データなどを配列にまとめたものを表示したい場合はどうすればいいのでしょうか。これは、配列の「map」メソッドを使います。mapメソッド、以前にも登場しましたが覚えていますか？　そう、EJSで配列から表示を作成するのに使いましたね（Chapter 5-2「配列データの変換」参照）。

JSXの場合も同じです。mapを使えば、配列からJSXの表示を作成することができます。

```
配列.map( 引数 => 表示内容 );
```

mapは、このような形で呼び出しました。引数に関数を定義し、その中で配列から取り出した要素を利用した表示を作成していけばいいのです。

すでにmapは使ったことがありますから、実際にサンプルを作って動かせばだいたい使い方もわかるでしょう。では、App.jsのApp関数を以下のように修正してください。

リスト7-10（react-app/src/App.js）

```
01 function App() {
02   const list = [
03     { title: 'リスト1', content: 'リスト1の内容です。' },
04     { title: 'リスト2', content: 'リスト2の内容です。' },
05     { title: 'リスト3', content: 'リスト3の内容です。' },
06   ]
07 
08   return (
09     <div className='App'>
10       <h1>React sample</h1>
11       <header className="container">
12         { list.map((item) => (
13           <Card title={item.title} content={item.content} />
14         ))}
15         </header>
16     </div>
17   );
18 }
```

（1：03〜05行目、2：12〜14行目）

図7-11：配列のデータを元にCarのリストを作成する

ここでは、list配列に保管された情報を元に、Cardコンポーネントを作成して表示しています。listでは、titleとcontentの値を持つオブジェクトを配列にまとめておきます(1)。mapでは、このオブジェクトが順に取り出されていくことになります。それを踏まえて、mapの実行部分を見てみましょう(1)。

```
{ list.map((item) => (
  <Card title={item.title} content={item.content} />
))}
```

listから順にオブジェクトが取り出され、関数の引数itemに渡されます。これを使い、Cardコンポーネントを作成しています。title={item.title} content={item.content}として、titleとcontentの属性にオブジェクトの値が設定されていますね。これで、listのオブジェクトを元にCardが作成されていくようになります。

実際に試してみてわかったでしょうが、JSXの使いこなしは、EJSの<%= %>の使いこなしに非常に似ています。JSXでは、EJSのスクリプトレットのようにJavaScriptのコードを埋め込むことはできません。「JSXに<script>タグで埋め込めば……」などと考えるかもしれませんが、こうした記述はセキュリティの観点から制限されており使えません。{}で埋め込む値を記述することがすべてなのです。

ステートとステートフック

この節のポイント

- コンポーネントの値が保持されない理由を知ろう。
- ステートの考え方と使い方を理解しよう。
- ステートを利用してフォームを活用しよう。

コンポーネントの値について

ここまで、簡単なコンポーネントを作成してみましたが、いずれも共通するのは「必要な値は属性で渡す」という点でした。属性として受け取った値を必要に応じて処理して表示する、それだけです。

しかし、コンポーネント内で値を保管して利用したいこともあります。そのような場合、どうすればいいのでしょうか。

まず、誰もが思いつくのは「変数に保管しておく」というやり方でしょう。しかし、このやり方はうまくいきません。

実際に試してみましょう。App.jsを以下のように書き換えてください。

リスト7-11（react-app/src/App.js）

```
01 import './App.css';
02 
03 function App() {
04   let count = 0;                                  ─┐
05   const countup = () => {                           ├─ 1
06     count += 1;                                     │
07   }                                                ─┘
08   return (
09     <div className='App'>
10       <h1>React sample</h1>
11       <header className="container">
12         <div className="card">
13           <h3>※数字をカウントする</h3>
14           <p>{"count: " +count}</p>
15           <button onClick={countup}>Click</button> ──── 2
16         </div>
17       </header>
18     </div>
19   );
20 }
21 
22 export default App;
```

今回は<button>でボタンを追加したので、そのスタイルクラスも追加しておきましょう。App.cssに以下を追加してください。

リスト7-12(react-app/src/App.css)

```
01 button {
02   background-color: royalblue;
03   color: white;
04   border: none;
05   border-radius: 0.5em;
06   padding: 0.5em 1em;
07   margin: 1em 1em 1em 0em;
08   cursor: pointer;
09 }
```

ここでは、ボタンを1つ表示してあります。このボタンをクリックすると数字がカウントされる、ということを考えて作成しているのです。しかし、実際に試してみるとわかりますが、ボタンをいくらクリックしても数字は増えません。

図7-12：ボタンをクリックしても数字は増えない

ボタンクリックの処理を考える

リスト7-11のボタンクリックの処理を見てみましょう。ここでは、以下のようにして数字をカウントする処理を用意してあります(1)。

```
let count = 0;
const countup = () => {
  count += 1;
}
```

変数countを用意し、countupという関数を作成しています。この関数を呼び出したらcountの値を1増やすようにしているのですね。ここでは、関数はアロー関数を利用して作成してあります。まだアロー関数にあまり慣れていない人は、以下のように関数を書き換えて考えるとよいでしょう。

```
const countup = () => {…}
  ↓
function countup() {…}
```

ただし、関数の中にさらにfunctionで関数の定義を書くと、何がどうなっているのかよくわからなくなってしまいそうですね。こうした混乱を防ぐため、コンポーネントの関数内で関数を用意するときはアロー関数を使っています。これなら「関数を変数や定数に代入する」というのがよくわかりますから。

このcountup関数は、ボタンをクリックした際に実行されるようにしてあります(2)。

```
<button onClick={countup}>
```

JSXでも､イベントの処理はこのようにイベント用の属性に処理を割り当てて行えます｡注意したいのは､「onClickは、onclickでは動作しない」「イベントの値は{}で関数などを割り当てる」という2点でしょう。これらの点さえ注意すれば、イベントへの処理の割り当ては簡単に行えます。

これで確かにボタンクリックでcountup関数が実行されるようになっています。しかし、countの値は全く増えないのです。

関数は値を保持できない

なぜ増えないのか？　それはとても単純なことです。増えない理由は、「コンポーネントが関数だから」です。

コンポーネントは、JSXでそのコンポーネントの表示を行う際に関数が実行され、returnされたJSXのコードがそのまま表示内容として返されます。それだけです。コンポーネントの関数は、ただ「表示を作成する」ときに呼び出されるだけで、作成したらもう関数は終了しています。当然、関数内にあった変数もすべて消えてしまいます。onClickで指定したcountup関数も、もちろん消滅しているのです。

そしてコンポーネントが更新されるときは、再びApp関数が実行されて新たに表示が作られます。前回の内容などはきれいさっぱり忘れていますから、最初から実行し直すことになります。

したがって、何度ボタンをクリックしても、何度コンポーネントを更新しても、数字は増えていかないのです。

ステートとステートフック

7-3

では、ずっと値を保持し続けたいときはどうすればいいのか。このような場合のために、Reactには「ステート」という機能を用意しています。

ステートは、React本体で値を管理するための仕組みです。Reactの本体部分はオブジェクトになっており、ページがロードされると常にメモリ内に常駐します。ここに必要な値を送って保管してもらうようにするのです。

このステートを操作するために、Reactには「ステートフック」という機能が用意されています。これはreactモジュールに「useState」という関数として用意されています。

```
const [ 変数A, 変数B ] = useState( 初期値 );
```

useStateは、このようにして呼び出します。引数には、ステートの初期値を指定します。これを実行すると、2つの値が返されます。変数Aには、ステートの値が代入されます。そして変数Bには、ステートの値を変更するための関数が代入されるのです。

このステートのもっとも重要な特徴は「値を変更すると自動的に表示が更新される」という点でしょう。変数Aの値を{}で埋め込んで表示を作成し、必要に応じて変数Bの関数を呼び出して値を変更すると、{}で埋め込んだ変数Aの値は自動的に更新されます。私たちが値を最新の状態に保つ必要がないのです。

ステートで数字をカウントしよう

では、実際にステートを使って数字をカウントするコンポーネントを作ってみましょう。App.jsを以下のように書き換えてください。

リスト7-13(react-app/src/App.js)

```
01 import { useState } from 'react';   ―― 1
02 import './App.css';
03 
04 function App() {
05   const [count, setCount] = useState(0);   ―― 2
06   const countUp = () => {   ┐
07     setCount(count + 1);    │
08   }                         ├― 3
09   const countInit = () => { │
10     setCount(0);            │
11   }                         ┘
12   return (
13     <div className='App'>
14       <h1>React sample</h1>
15       <header className="container">
16         <div className="card">
17           <h3>※数字をカウントする</h3>
18           <p>{"count: " +count}</p>
19           <button onClick={countUp}>Count</button>
20           <button onClick={countInit}>Initial</button>
21         </div>
22       </header>
23     </div>
24   );
25 }
26 
27 export default App;
```

全く同じでは面白くないので、今回はカウントするボタンと初期化するボタンを用意しました。「Count」ボタンをクリックすると数字が1ずつ増えていきます。「Initial」ボタンを押すと数字はゼロに戻ります。

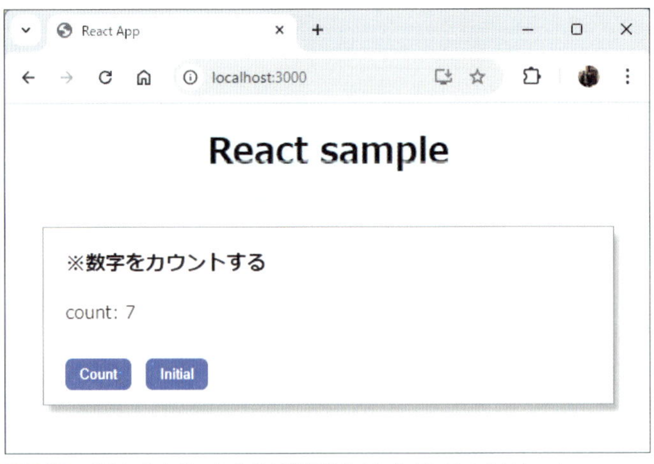

図7-13：ボタンをクリックすると数字がカウントされるようになった

ステート利用の流れ

では、どのようにしてステートを利用しているのか見てみましょう。まず最初に、useStateをインポートしておきます(1)。

```
import { useState } from 'react';
```

useStateはreactモジュールに用意されています。これで関数が使えるようになります。このuseStateを使い、Appコンポーネントの関数内で以下のようにステートを作成しています(2)。

```
const [count, setCount] = useState(0);
```

これで、countにはステートの値が、そしてsetCountにはステートの値を変更する関数が代入されます。これらを利用して、数字を1増やす関数と初期状態に戻す関数を以下のように用意しています(3)。

```
const countUp = () => {
  setCount(count + 1);
}
const countInit = () => {
  setCount(0);
}
```

アロー関数をcountUpとcountInitという定数に代入しています。いずれも、setCountでステートの値を変更しているだけですね。後は、これらの値を2つのボタンのonClickに割り当てておくだけです。

useStateの基本的な使い方さえわかっていれば、ステートの利用は意外と簡単に行えるのです。

フォームを利用する

では、ユーザーが入力した値を利用する場合はどうなるでしょうか。やはりステートを使う必要があるのでしょうか。それとも普通に変数などを利用できるのでしょうか。

これは、「ステートを利用する必要がある」のです。「コンポーネントは、表示を作成するときに関数が実行されるだけ」ということを思い出してください。フォームが作成されるときにコンポーネントは実行されますが、表示が作成された後はもう関数は実行を終え、関数内の変数などもすべて消えています。したがって、ステートをうまく活用する必要があります。

Reactでフォームを利用する場合、注意すべき点がいくつかあります。

7-3

onChangeでステートの値を更新する

Reactでフォームを利用する場合、「入力した値をステートで管理する」必要があります。これはどうするのか？　それは、<input>などに用意されているonChange属性を使うのです。これは値が変更されたときのイベント処理を行うものです。

このonChangeを使い、変更されたらその値をステートに設定するようにしておきます。こうすることで、常に<input>に入力した値がステートに保管されるようになります。

valueにステートを設定する

onChangeでステートの値を更新する場合、忘れてはならないのが「valueにステートを設定する」ということ。これをわすれると、値を変更しても表示が変わりません(表示が更新されるとコンポーネントの関数が再実行され表示は初期状態に戻る、ということを思い出してください)。onChangeで更新したステートをvalueに割り当てることで、更新した値がちゃんと<input>に表示されるようになります。

<input>を使って計算する

では、実際の利用例を挙げておきましょう。簡単な例として、<input>で数字を入力し、その値を使って計算を行ってみます。App.jsのコードを以下に書き換えてください。

リスト7-14(react-app/src/App.js)

```
01 import { useState } from 'react';
02 import './App.css';
03 
04 function App() {
05   const [num, setNum] = useState(0);          ─┐
06   const [total, setTotal] = useState(0);       ─┘─ 1
07   const calc = () => {                        ─┐
08     let result = 0;                            │
09     for (let i = 0; i <= num; i++) {           │
10       result += i;                             ├─ 2
11     }                                          │
12     setTotal(result);                          │
13   };                                          ─┘
14   return (
15     <div className='App'>
16       <h1>React sample</h1>
17       <header className="container">
18         <div className="card">
19           <h3>※合計を計算する</h3>
20           <h4>合計：{total}</h4>
21           <input type="number" value={num}                 ─┐
22             onChange={(e) => setNum(e.target.value)} />    ─┘─ 3
23           <button onClick={calc}>Count</button>
24         </div>
25       </header>
26     </div>
27   );
28 }
29 
30 export default App;
```

今回は<input>を使うので、そのスタイルクラスも用意しておきましょう。App.cssに以下のコードを追加してください。

リスト7-15(react-app/src/App.css)

```
01 input {
02   border: darkgray 1px solid;
03   border-radius: 0.25em;
04   color: black;
05   background-color: white;
06   padding: 5px 10px 5px 10px;
07   margin: 1em 0.5em 1em 0em;
08   font-size: 0.9em;
09 }
```

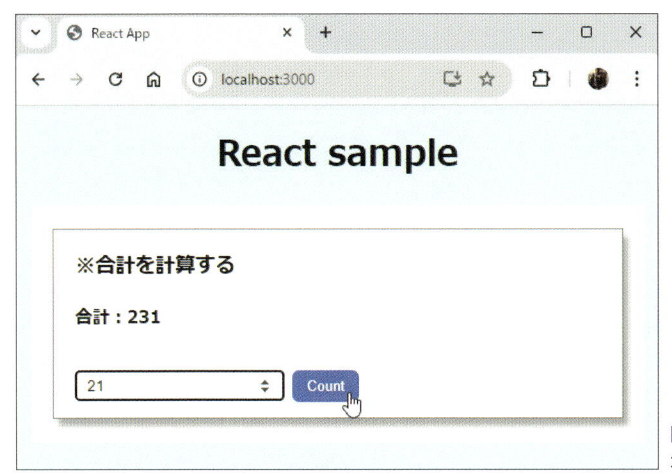

図7-14：数字を入力しボタンを押すと、ゼロからその数字までの合計を計算する

今回は、数字を入力するフィールドと計算のボタンを用意してあります。フィールドに数字を入力し、ボタンをクリックすると、ゼロからその数字までの合計を計算して表示します。

フォーム利用の処理をチェック

では、どのようにして入力フィールドの値を使って計算を行っているのかポイントをチェックしましょう。

App関数では、まず2つのステートを用意してあります(1)。

```
const [num, setNum] = useState(0);
const [total, setTotal] = useState(0);
```

ステートは、このようにuseStateを複数呼び出せばいくらでも作成することができます。1つ目のnumステートはフィールドの値を保管するもので、2つ目のtotalステートは計算した合計を保管するものです。

そして、これらのステートを使って合計を計算する関数を以下のように作成します(2)。

```
const calc = () => {
  let result = 0;
  for (let i = 0; i <= num; i++) {
    result += i;
  }
  setTotal(result);
};
```

ゼロからnumまでの合計を計算し、setTotalでtotalステートに設定します。後は、JSXにtotalステートを埋め込んでいれば自動的に表示が更新され合計が表示されるわけですね。

numステートは、<input>に以下のように設定をして、入力した値が常に保持されるようにしておきます(3)。

```
<input type="number" value={num} onChange={(e) => setNum(e.target.value)} />
```

7-3

onChange属性には、(e) => setNum(e.target.value) という関数を割り当ててあります。(e)のeは、発生したイベントの情報を保管するオブジェクトが入っていて、e.targetでイベントが発生した要素のエレメントが取り出せます。そのvalueで、<input>に入力した値が得られるので、これをsetNumでステートに設定します。valueにはこのnumステートの値を割り当てることも忘れないでください。

エレメントを直接操作する

皆さんの中には「フォームを使うのに、用意した入力フィールド1つ1つにステートを用意して……なんてやらないといけないのは面倒だな」なんて思った人もいるんじゃないでしょうか。

今回のようなサンプルを作成したとき、誰もが思い浮かぶのは「JavaScriptでエレメントを直接操作したらダメなの?」ということでしょう。Reactを使ってない場合、こうした処理はdocument.querySelectorなどを使ってエレメントのオブジェクトを取り出し、直接操作していました。Reactでは、こうしたことはできないのでしょうか。

実際に試してみましょう。App.jsを以下のように書き換えてください。

リスト7-16 (react-app/src/App.js)

```
01 import { useState } from 'react';
02 import './App.css';
03
04 function App() {
05   const calc = () => {
06     const num = document.querySelector('#num').value;  ―― 1
07     let result = 0;
08     for (let i = 0; i <= num; i++) {
09       result += i;
10     }
11     const total = document.querySelector('#total');  ―― 2
12     total.textContent = `合計:${result}`;
13   };
14   return (
15     <div className='App'>
16       <h1>React sample</h1>
17       <header className="container">
18         <div className="card">
19           <h3>※合計を計算する</h3>
20           <h4 id="total"></h4>
21           <input type="number" id="num" />
22           <button onClick={calc}>Count</button>
23         </div>
24       </header>
25     </div>
26   );
27 }
28
29 export default App;
```

これでも、全く同様に動作します。ここでは、document.querySelector('#num').value;で入力したフィールドの値を取り出し(1)、計算してからconst total = document.querySelector('#total');で取り出したエレメントのtextContentに結果を表示しています(2)。全く問題なく動きますね。

確かにステートは使わないで済みますが、エレメントを直接操作して値の取得や表示の更新をしなければいけないため、かえって処理が面倒になっているのがわかるでしょう。

エレメントを直接操作すると？

ステートを使った処理と今回の処理を見比べてみると、コードに決定的な違いが生じていることに気がついた人もいるでしょう。それは、「ステートを利用したコードでは、calc関数では純粋に演算処理だけしか行っていない」という点です。

JavaScriptで値を操作する場合、calc関数の中にはエレメントの操作など「演算以外の処理」も含まれることになります。今回は1つの<input>と結果表示の<h4>を操作しているだけですが、これがいくつもの<input>があったり、Webページのあちこちに表示を行ったりする場合、どうなるか想像してみてください。calc関数の中にはいくつものdocument.querySelectorが並び、それらのエレメントを自分で管理しなければいけません。これでは何のためにReactを使うのかわかりませんね。

また、Reactのコードは、HTMLのエレメントを仮想DOM上で操作し出力していますから、直接DOMを書き換えるとReactのコードに影響を与えてしまう場合もあるでしょう。こうしたことを考えたなら、Reactで直接DOMを操作する方法は推奨できません。

ステートを活用したReactのコードでは、calc関数の中に「Webページ固有のオブジェクトの操作」は一切ありません。Webページの内容と演算処理は完全に切り離されており、私たちは純粋に「calc関数で実行する演算処理」だけを考えればいいことに気がつきます。このことが、どれだけコーディングの負担を軽減するか想像してみてください。

Reactとステートにより、「エレメントを直接操作する」という作業を排除する。これにより、私たちは純粋に「演算の内容」だけを考えればいいようになる。Reactを使う最大のメリットは、この点ではないでしょうか。

7-4

ExpressとReactを融合しよう

この節のポイント

- フロントエンドとバックエンドを別々に開発しよう。
- RactからAPIを利用する方法を理解しよう。
- ReactのWebページをExpressで使おう。

ExpressでReactを使うには？

Reactを使った開発の基本はこれでだいぶわかってきました。しかし、Reactというのは、フロントエンドを作成するためのものでしたね。これでさまざまなWebページは作れますが、それだけではWebアプリは作れません。例えばデータベースを使った処理などは、バックエンドに用意する必要があります。これまでExpressで作成してきたようなものですね。

したがって、本格的なWebアプリ開発では、「バックエンドはExpress」「フロントエンドはReact」というようにして開発を行い、両者を組み合わせて使うことになります。

ここで、疑問が沸き起こってきます。「ってことは、バックエンドとフロントエンド、それぞれ別々に2つのプロジェクトを作って開発するの？」という疑問が。そんな面倒なことをしないといけないの？　そもそも、2つのプロジェクトをどうやって1つに融合させればいいの？　そう思ったことでしょう。

2つのプロジェクトを組み合わせる開発手順

では、Express + ReactでWebアプリ開発を行うにはどうするのか、簡単に手順を説明しましょう。これは「こうすると割と簡単にできるよ」ということであり、両者を組み合わせる方法は他にも色々あります。あくまで「解決策の1つ」である、ということを理解した上で読んでください。

1. プロジェクトは2つ作る！

開発には、ExpressのプロジェクトとReactのプロジェクトをそれぞれ作ります。つまり、2つのプロジェクトを用意して、並行して作業していくことになります。完全に別々に用意すると、VSCodeで開いて作業したりするのが面倒になるので、Webアプリのフォルダーの中に2つのプロジェクトを配置して作業するとよいでしょう。

2. Reactプロジェクトはビルドしたものを使う

では、どうやって2つのプロジェクトを融合させるのか。これは、実は意外と簡単です。Reactの開発ではプロジェクトを実行して動作チェックをしていますが、これは実際に公開するWebアプリではありません。あくまで「開発用のサーバーで動かしている」だけです。実際の公開は、プロジェクトをビルドして、生成された完成品のファイルをWebサーバーなどにアップロードして使うわけです。

Expressのプロジェクトでは、静的ファイルを直接公開できましたね（「public」フォルダーにCSSファイルなどを配置していたことを思い出してください)。これを利用し、Reactプロジェクトでビルドしたファイルを、そのままExpressプロジェクトの「public」フォルダーに移動して使えばいいのです。

3. 両者はAPIで結ぶ

では、どうやってReactのフロントエンドからExpressのバックエンドの機能を呼び出せばいいのか。実はその方法はすでに知っています。前章で、データベース関連の機能をAPIとして作成したのを思い出してください。

API方式では、バックエンドはただ機能をAPIとして実装しておくだけでした。フロントエンドからは必要に応じてfetch関数でバックエンドのAPIにアクセスすればよかったのです。このやり方は、Reactでもそのまま使えます。

Expressでは、すべてのバックエンドの処理はAPIとして実装しておきます。そしてReact側は、必要に応じてfetch関数でAPIを呼び出して利用すればいいのです。

Column

実はReactでもバックエンドは作れる!

「Reactではバックエンドの処理は作れない」といいましたが、実は作れるのです。最新版のReactには「サーバーコンポーネント」という機能があり、これによりサーバー側で処理を実行できるようになっています。

ただし、この機能を自分で位置から実装するのはかなり大変で、普通はサーバーコンポーネントの機能に対応したフレームワークを使うことになります。もっとも有名なのは「Next.js」というフレームワークで、これを使えばフロントエンドとバックエンドをReactの機能でまとめて開発できます。

Next.jsは、Expressとは全く別のフレームワークなので、使い方などは新たに学習し直さないといけません。本書でExpressとReactの基本をマスターしてさらに「挑戦してみたい!」と思ったなら、Next.jsを試してみると面白いですよ!

バックエンドプロジェクトを作る

では、実際にプロジェクトを作成しながら作り方の手順を説明することにしましょう。デスクトップに「mixed-app」という名前のフォルダーを作成してください。これをVSCodeで開きます。もちろん、中にはまだ何もありませんね。

エクスプローラーの「新しいフォルダー」アイコンを使い、「backend」というフォルダーをこの中に作成しましょう。これが、バックエンドのプロジェクトを作成するフォルダーになります。

バックエンドプロジェクトの初期化

VSCodeの「ターミナル」メニューから「新しいターミナル」を選び、ターミナルを表示しましょう。そして以下の命令を順に実行していきます。

ターミナルで実行

```
cd backend
npm init -y
npm install express
```

これで、「backend」フォルダーにExpressアプリの土台となるプロジェクトが作成されます。

プロジェクトができたら、「backend」フォルダー内に、「public」フォルダーを作成しておきましょう。これでプロジェクトの基本的な構成ができました。

APIを作成する

バックエンド側で用意するのはAPIです。では､APIのコードを作成しましょう。「backend」フォルダー内に、「index.js」という名前で新たにファイルを作成してください。そして以下のようにコードを記述しましょう。

リスト7-17（backend/index.js）

```
01 const express = require('express');
02 const app = express();
03
04 // ミドルウェアの設定
05 app.use(express.urlencoded({ extended: false }));
06 app.use(express.json());
07
08 // 静的フォルダーの設定
09 app.use(express.static('public'));
10
11 // APIルートハンドラの設定
12 const apiRouter = require('./api');
13 app.use('/api', apiRouter);
14
15 app.listen(3000, () => {
16   console.log('Server started on http://localhost:3000');
17 });
```

（05〜09行目：1、12〜13行目：2）

非常にシンプルですね。APIだけなので、EJBなどのテンプレートエンジンも使いません。ただ、express.staticで「public」フォルダーを用意し、express.urlencodedとexpress.jsonでコンテンツをやり取りするための基本的なミドルウェアを組み込むだけです（1）。

具体的なAPIの処理は、apiというモジュールに切り分け、これをルートハンドラとして作成し、Expressに組み込んで使うようにしています（2）。

```
const apiRouter = require('./api');
app.use('/api', apiRouter);
```

この部分ですね。require('./api')というのは、このindex.jsと同じ場所にあるapi.jsを読み込むものです。このapi.jsに具体的なルートハンドラを用意すればいいのですね。

APIのルートハンドラ

では、APIの具体的なコードを用意しましょう。「backend」フォルダーに「api.js」というファイルを新たに作成してください。そして以下のようにコードを記述しましょう。

リスト7-18（backend/api.js）

```
01 const express = require('express');
02 const router = express.Router();
03 
04 // コンテンツ取得
05 router.get('/', (req, res) => {
06   res.json({
07     title: 'Hello, API!',
08     message: 'これはAPIから受け取った値です。',
09   });
10 });
11 
12 module.exports = router;
```

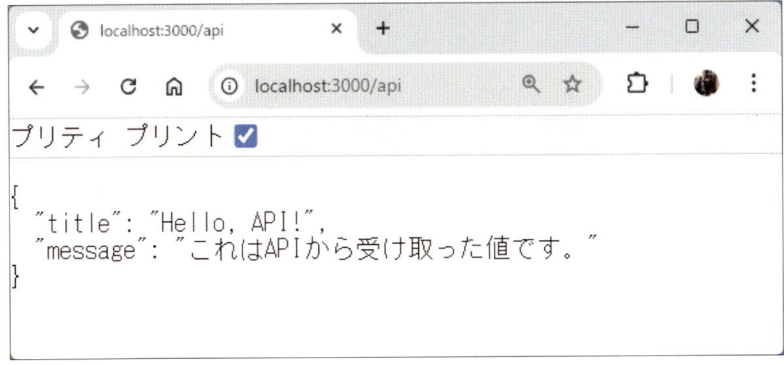

図7-15：/apiにアクセスするとJSONでデータが表示される

作成できたら、実際にバックエンドを実行してみましょう。ターミナルでカレントディレクトリが「backend」内に移動しているのを確認の上、「node index.js」を実行してください。そして以下のアドレスにアクセスをしてみましょう。

```
http://localhost:3000/api
```

これで、/apiで公開されているAPIにアクセスし、データが出力されます。titleとmessageという値を持つJSONオブジェクトが出力されたでしょう。これがAPIにアクセスしたときに得られるデータです。

バックエンドはAPIだけなので、これで終わりです。実際の開発においては、いくつもAPIのエンドポイント（APIにアクセスするURL）があるような場合はそれなりにコーディングが必要ですが、Webページ作成の部分がないので比較的簡単に行えます。

フロントエンドプロジェクトを作る

続いて、フロントエンドの開発です。これもVSCodeのターミナルを利用しましょう。ただし、バックエンドとフロントエンドでそれぞれコマンドを実行することになるので、この2つは別々のターミナルとして用意しておきたいですね。

ターミナルの表示を見ると、一番上の右側にいくつかアイコンが並んでいるのが見えます。その中にある「+」アイコン(「新しいターミナル」アイコン)をクリックすると、新しいターミナルが開かれます。

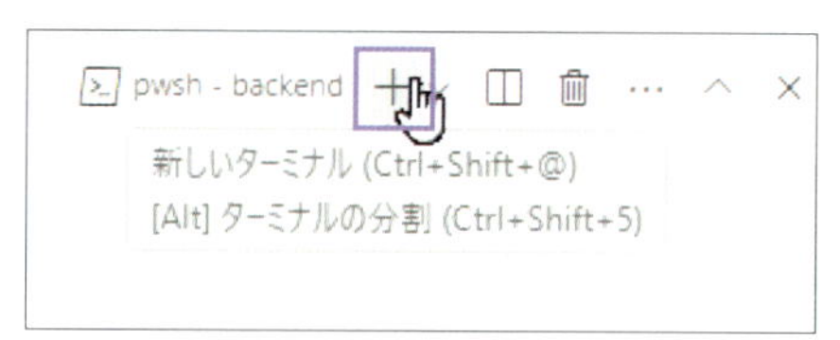

図7-16:「+」アイコンをクリックすると新しいターミナルが開かれる

新しいターミナルを開くと、右側にターミナルのリストが表示され、ここで表示を切り替えられるようになります。これまで使っていたターミナルでは、カレントディレクトリ(p.121参照)が「backend」フォルダー内にあるはずですね。新たに開いたターミナルでは、「mixed-app」フォルダー内にあります。この状態で作業を行います。

なお、バックエンドのサーバープログラムは実行したままになっているでしょうが、フロントエンドの作業に入る前に [Ctrl] + [C] で一旦終了しておいてください。

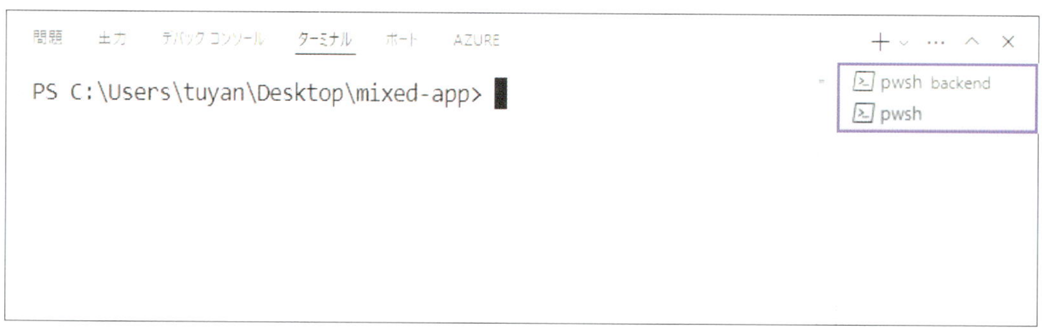

図7-17:ターミナルが複数あると、右側のリストで切り替えられるようになる

Reactプロジェクトを作成する

では、新しいターミナルでReactのプロジェクトを作成しましょう。以下のコマンドを実行してください。

ターミナルで実行

```
npx create-react-app frontend
```

これで、「mixed-app」フォルダー内に「frontend」というフォルダーが作成され、そこにReactのプロジェクトが保存されます。つまり、「mixed-app」フォルダーには以下の2つが並ぶことになります。

「backend」フォルダー	Expressプロジェクト
「frontend」フォルダー	Reactプロジェクト

もし、間違えて「backend」フォルダー内に「frontend」を作ってしまったような場合は、フォルダーをドラッグして2つが並ぶようにしてください。

この2つを組み合わせて1つのWebアプリケーションを作成していくことになります。すでにバックエンドはできていますから、新たに作ったフロントエンド側を作成しましょう。

Appコンポーネントを作る

では、「frontend」フォルダーの「src」フォルダーのApp.jsを開いてください。ここで、バックエンドのAPIにアクセスする簡単な画面を作ることにします。以下のようにコードを書き換えてください。

リスト7-19（frontend/src/App.js）

```
01 import { useState } from 'react';
02 import './App.css';
03 
04 function App() {
05   const [data, setData] = useState({
06     title:'タイトル',
07     message:'メッセージ'
08   });
09   const fetchData = async () => {
10     const response = await fetch('/api');
11     const json = await response.json();
12     setData(json);
13   }
14   return (
15     <div className="App">
16       <h1>{data.title}</h1>
17       <p>{data.message}</p>
18       <button onClick={fetchData}>データ取得</button>
19     </div>
20   );
21 }
22 
23 export default App;
```

図7-18：フロントエンドの画面。まだボタンは動作しない

記述したら、フロントエンド用のターミナルで「cd frontend」を実行してカレントディレクトリを「frontend」フォルダー内に移動し、「npm start」を実行しましょう。

プロジェクトが実行され、WebブラウザでAppコンポーネントの表示が現れます。タイトルとメッセージ、そしてボタンが1つあるだけのシンプルなものですね。ただし、ボタンはまだ動作しません。表示だけ確認をしておいてください。確認できたら、[Ctrl] + [C] キーでプログラムを終了しておいてください。

フロントエンドをビルドしバックエンドに追加する

フロントエンドの表示を確認したら、開発用サーバーを終了してください。いよいよフロントエンドのプロジェクトをビルドし、バックエンド側に追加しましょう。

フロントエンド用のターミナルから以下を実行してください。

ターミナルで実行

```
npm run build
```

これで、「frontend」内に「build」フォルダーが作成され、この中にビルドしたファイルが保存されます。

エラーも起きず正常にビルドが終了したら、ファイルを移動しましょう。作業する前に、「backend」フォルダー内に「public」というフォルダーを用意しておいて下さい。そして、「frontend」フォルダー内の「build」フォルダーをクリックして開き、その中にあるファイル類をすべて選択し、「backend」フォルダー内の「public」フォルダーにドラッグ&ドロップして移動します(図7-19)。

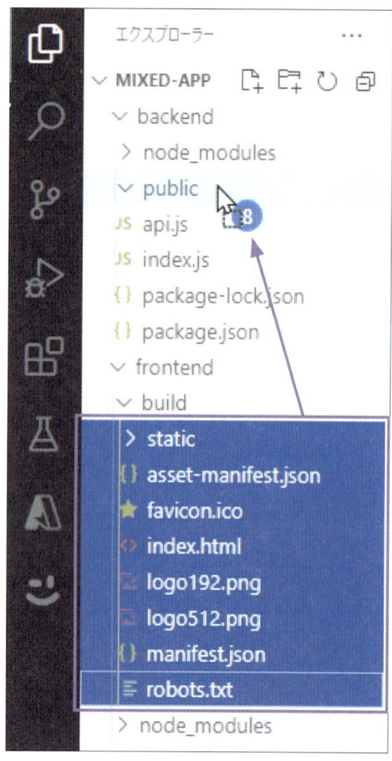

図7-19：「build」フォルダー内のファイル類をすべて選択し、バックエンド側の「public」に移動する

ドロップすると、画面にファイルの移動を確認するアラートが表示されます。そのまま「移動」ボタンをクリックすると、「public」フォルダーにファイルが移動します。

これで、「frontend」で作成したReactのフロントエンド部分が、すべて「backend」の公開フォルダーに配置され、使えるようになります。

図7-20：確認のアラートで「移動」ボタンを選ぶと、ファイルが「public」フォルダーに移動する

バックエンドを実行する

では、動作を確認しましょう。バックエンド側のターミナルに表示を切り替え、もしまだプログラムが動いていたら［Ctrl］+［C］キーで中断してください。そして「node index.js」でバックエンドを再実行しましょう。

Webブラウザからアクセスすると、先ほどReactのAppコンポーネントとして作成した画面が表示されます。そこにあるボタンをクリックすると、APIにアクセスしてデータを取得し、タイトルとメッセージに表示をします。

Reactで作ったフロントエンドとバックエンドのAPIが連携して動くようになりました！

図7-21：ボタンを押すとAPIからデータを取得して表示する

APIの設計が最大のポイント

これで、「バックエンドをExpressで、フロントエンドをReactで作る」という開発の基本ができるようになりました。

この方式を上手く進めるためのポイントは、一にも二にも「バックエンドAPIの設計」にあります。フロントエンドとバックエンドをつなぐのはAPIです。これをいかに使いやすいものとして実装するか、それが最大のポイントなのです。

今回の方式では、Reactのプロジェクトを動かしてもAPIを利用した機能は使えません。この部分の動作を確認するには、ビルドしてファイルを移動し、バックエンド側を起動する必要があります。ただし、そのときは(すでにReactはビルドされているので)フロントエンド側は修正ができません。修正が必要になったら、またフロントエンド側を修正し、ビルドし、ファイルを移動して動作確認する必要があります。

ちょっと面倒ではありますが、このやり方なら、ExpressとReactのプロジェクトに関する深い知識などがなくとも、両者を組み合わせた開発が可能です。まずは実際にプロジェクトを作って、ExpressとReactを組み合わせた開発に慣れていきましょう。

7-4

Part 2 開発編

Chapter 8

Webアプリ開発に挑戦！

最後に、実際にWebアプリを作ってみることにしましょう。
ここでは、API＋Fetch方式による「ToDo」アプリ、
Express＋Reactによる「ブックマーク管理」アプリを作成します。
この章では、コードの詳しい説明は行いませんので、
それぞれでコードの内容を考えながら挑戦してください。

8-1

タスク管理アプリを作ろう

この節のポイント

- ユーザーがログインして動く仕組みを理解しよう。
- 配列のフィルター処理について学ぼう。
- 複数のテンプレートを組み合わせる方法を覚えよう。

技術は作って身につける！

ここまでの章で、Webアプリを開発するために必要な知識は一通り頭に入ったことでしょう。しかし、「じゃあ、実際に何か作って」といわれても、ちょっと困ってしまうんじゃないでしょうか。

「知識がある」ことと「それを使える」ことは違います。知識として知ってはいても、実際にそれを使って開発をするにはまた別のものが必要です。それは「経験」です。

Webアプリを作るとき、どんな形で全体を設計すればいいか。データベースのテーブルはどう定義すべきか。APIはどのように実装すればいいか。フロントエンドはHTML + JavaScriptで作るべきか、Reactを活用すべきか。考えるべきことはたくさんあります。それらは、「どうしよう、どうしよう」と悩んでいても解決はしません。そうした開発に関する具体的な決断をしていく力は、実際に何度もアプリを作って試行錯誤しながら体感的に身につけていくしかないのです。

だからといって、「後は自分で作って技術を身につけてね。以上」では、せっかくここまで辿り着いた皆さんに対して不親切すぎますね。そこで最後に、実際に簡単なWebアプリを作って「アプリ開発とはどういうものか」を体験してもらうことにしましょう。

Fetch + APIでToDoアプリ

まずは、フロントエンドに通常のHTML + JavaScriptを使ったWebアプリから作成してみましょう。バックエンドは、もちろんExpressでAPIとして実装します。この「Webページ + API」というスタイルは、Webアプリ開発の基本ともいえるものです。

今回、作成するのは「ToDo」のアプリです。最初にアクセスすると、ログイン画面が現れます。ここでユーザー名とパスワードを入力してログインします。

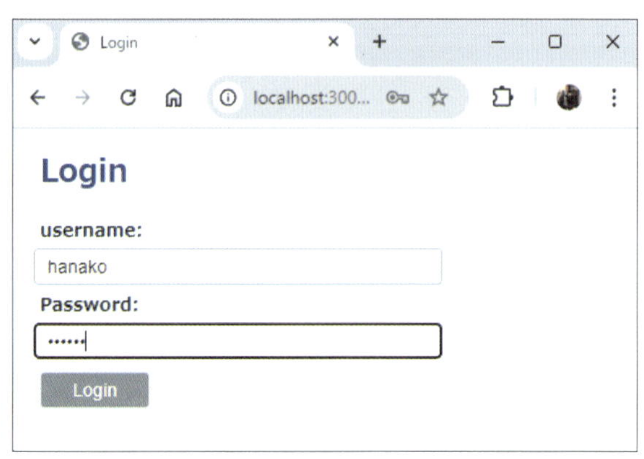

図8-1：最初にログイン画面が現れる

ログインすると、タスクを管理する画面が現れます。上部にはタスクを入力するフィールドがあり、その下に登録されたタスクがリスト表示されます。タスクは、まだデッドラインの日時になっていないものと、デッドラインを過ぎたものに分かれて表示されます。

不要になったタスクは、「Delete」ボタンを押せば削除されます。

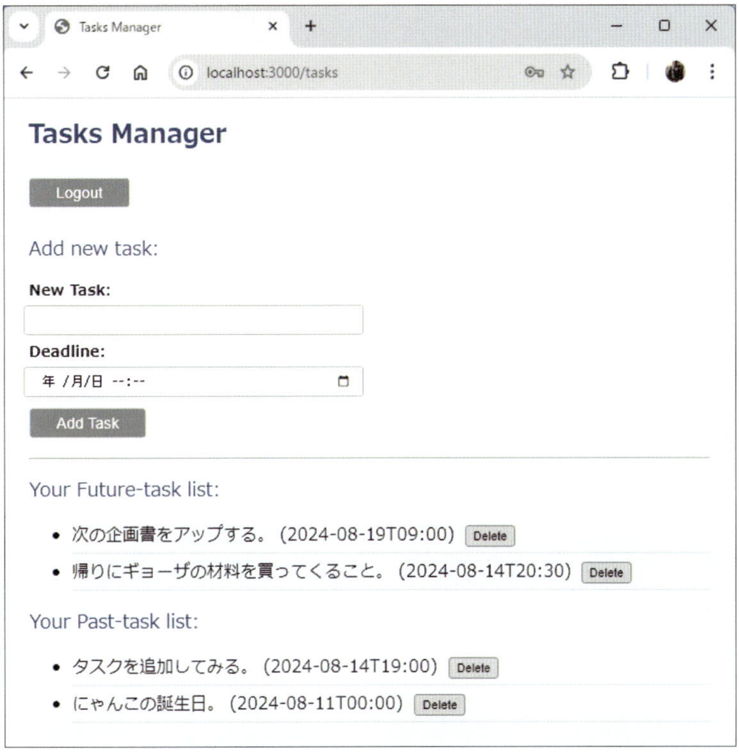

図8-2：タスクの管理画面。登録されたタスクは未来と過去で分かれて表示される

タスクの登録フォームには、タスクの内容を入力するフィールドと、デッドラインを入力するフィールドがあります。デッドラインの登録は、Webブラウザによって表示が変わります。Chromeの場合、フィールドに直接日時を記入することもできますが、右端のカレンダーアイコンをクリックすると日時を入力するためのパネルがプルダウンで表示されます。ここで値を選択すればその日時が入力されます。最近の新しいブラウザであればだいたいこのように表示されるはずです。

図8-3：Chromeでは、日時を選択するパネルがプルダウンして現れる

このアプリでは、ログイン機能を使って大勢が利用することができ、データの登録や削除などの基本的な機能が揃っています。このアプリのコードがだいたい理解できれば、応用次第でさまざまなアプリが作れるようになります。

プロジェクトを作成しよう

では、実際にプロジェクトを作成していきましょう。ターミナルを開いて、cdコマンドでデスクトップに移動してください。そして以下のコマンドを順番に実行していきましょう。

ターミナルで実行

```
mkdir task-app
cd task-app
npm init -y
npm install express express-session ejs sqlite sqlite3
```

これで、デスクトップに「taks-app」というフォルダーが作成され、そこにExpressのプロジェクトが保存されます。このフォルダーをVSCodeで開いて編集を行いましょう。

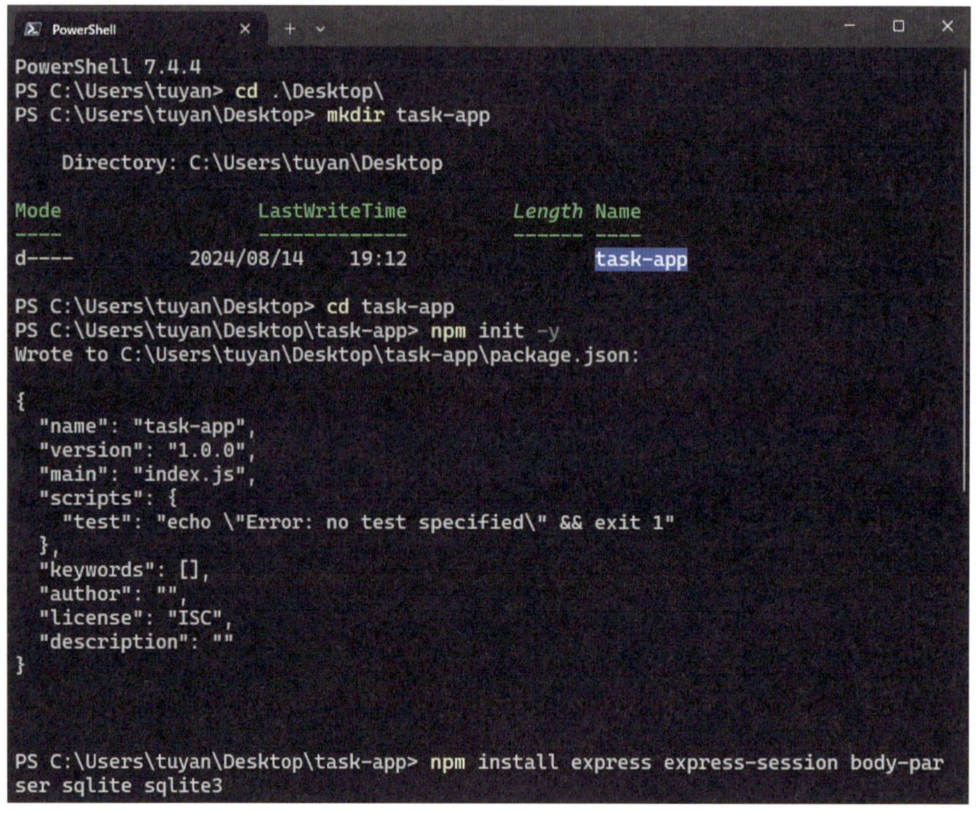

図8-4：ターミナルからコマンドでプロジェクトを作成する

プログラムの構成を考える

Webアプリを作成する場合、必要なプログラム全体をどのように整理して組み立てるかを考えておかないといけません。

今回のプログラムは、「ログインすると自分のタスク情報を取り出したり登録したりできる」というものです。ということは、「ログインの仕組み」「タスク情報をデータベースとやり取りする仕組み」といったものが必要になるでしょう。これらを整理すると、以下の3つの部分に分けて考えることができます。

メインプログラム	Expressの起動、ミドルウェアの設定、ルートハンドラの登録といった基本的な作業を行います
モデル	データベースアクセスを管理します。ユーザーやタスクのテーブルへのアクセスを関数として提供します
ルートハンドラ	ページにアクセスした際の処理を行います。ログインページとタスク管理のページが最低でも必要になります

プログラムをこの3つに分けて整理し、それぞれの内容を考えてコーディングしていけばいいでしょう。「3つに分ける」といっても、例えばモデルはユーザーとタスクのそれぞれのテーブル用のものを揃える必要がありますし、ルートハンドラもページごとに作成することになるでしょう。

メインプログラムを作成する

では、コードを作成していきましょう。まず最初に、Expressアプリのメインプログラム部分から作っていきます。

「task-app」フォルダー内に「index.js」という名前でファイルを作成してください。そして、以下のようにコードを記述しましょう。

リスト8-1（task-app/index.js）

```
01 const express = require('express');
02 const session = require('express-session');
03 
04 // ルートハンドラの読み込み
05 const pageRouter = require('./routes/pages');
06 const userApiRouter = require('./routes/api/users');
07 const taskApiRouter = require('./routes/api/tasks');
08 
09 const app = express();  // Expressアプリケーションを作成
10 
11 // テンプレートエンジンの設定
12 app.set('view engine', 'ejs');
13 
14 // ミドルウェアの設定
15 app.use(express.urlencoded({ extended: false }));
16 app.use(express.json());
17 
18 // セッション管理の設定
19 app.use(session({
20   secret: 'secret',
21   resave: false,
22   saveUninitialized: false
23 }));
24 
25 // 静的ファイルの提供設定
26 app.use(express.static('public'));
27 
28 // 各ルーターを特定のURLパスにバインド
29 app.use('/', pageRouter);
30 app.use('/api/users', userApiRouter);
31 app.use('/api/tasks', isLoggedIn, taskApiRouter); ―――― 1
```

次ページへ続く ▶

8-1

```
32
33 // ユーザーがログインしているか確認するミドルウェア関数
34 // ログインしていない場合、401 Unauthorizedエラーを返す
35 function isLoggedIn(req, res, next) {
36   if (req.session.userId) { // セッションにuserIdがあれば認証成功
37     return next(); // 次のミドルウェアまたはルートハンドラに進む
38   }
39   // 認証失敗時に401ステータスを返す
40   res.status(401).json({ error: 'Unauthorized' });
41 }
42
43 // サーバーをポート3000で起動
44 app.listen(3000, () => {
45   console.log('Server started on http://localhost:3000');
46 });
```

2（35〜41行目）

コードのポイントをチェック

ここでのポイントは、/api/tasksへのルートハンドラの割り当てです。この文ですね(1)。

```
app.use('/api/tasks', isLoggedIn, taskApiRouter);
```

よく見ると3つの引数が用意されていますね。これはどういうことかというと、/api/tasksにアクセスしたとき、まずisLoggedInを実行し、それからtaskApiRouterに処理が渡されるようにしているのです。

では、最初に実行しているisLoggedInというのはどんなものなのか。その後に関数が定義されていますね(2)。

```
function isLoggedIn(req, res, next) {
  if (req.session.userId) {
    return next();
  }
  res.status(401).json({ error: 'Unauthorized' });
}
```

req.session.userIdで、セッションにuserIdという値が保管されているかをチェックし、あるならば「ログインしている」と判断され次に処理を渡します。return next();というのは、次のミドルウェアを呼び出すものです。Expressでは、ミドルウェアを組み込んで機能を拡張していけました。これは「あるミドルウェアを実行したらnextで次を呼び出し、それを実行したらnextでその次を呼び出し……」というように、nextで次々とミドルウェアを呼び出していくようになっているのです。

さて、userIdがなかったら(ログインしていなかったら)、res.status(401).json〜という文を実行しています。status(401)は、ステータスコード401を設定するものです。401は「Unauthorized」というもので、認証に失敗したことを示します。これにより、認証エラーを呼び出し側に伝えるようになっているのです。

Userモデルを作成する

続いて、データベースアクセスの処理を実装していきます。データベースアクセスの機能をまとめたものを、一般に「モデル」といいます。今回は、データベースにユーザー管理とタスク管理の2つのテーブルを作成します。それぞれのテーブルごとに、アクセスするためのプログラム(モデル)を用意していくことにします。

モデルのプログラムは「models」というフォルダーにまとめることにしましょう。「task-app」フォルダー内に「models」というフォルダーを作成してください。

では、ユーザー関係のモデルから作ります。「models」フォルダー内に「user.js」という名前でファイルを作成してください。そして以下のコードを記述します。

リスト8-2(task-app/models/user.js)

```
01 const sqlite3 = require('sqlite3');
02 const { open } = require('sqlite');
03 
04 // SQLite3データベースに接続する関数
05 // データベースファイルを指定し、ドライバにsqlite3を使用
06 async function openDb() {
07   return open({
08     filename: './db.sqlite',  // データベースファイルのパス
09     driver: sqlite3.Database  // 使用するドライバ(sqlite3)
10   });
11 }
12 
13 // 即時実行関数でデータベースに接続しテーブルを作成
14 (async () => {
15   // データベースに接続
16   const db = await openDb();
17 
18   // `users`テーブルの作成
19   // テーブルが存在しない場合にのみ作成される
20   await db.run(`CREATE TABLE IF NOT EXISTS users (
21     id INTEGER PRIMARY KEY,
22     username TEXT UNIQUE,
23     password TEXT)`);
24 
25   // 'user1'というユーザーが存在するかをチェック
26   const userExists = await db.get(`SELECT * FROM users
27     WHERE username = ?`, ['user1']);
28 
29   // 'user1'が存在しない場合、ユーザーをデータベースに追加
30   if (!userExists) {
31     const query = "INSERT INTO users (username, password) VALUES (?, ?)";
32 
33     // 各ユーザーをテーブルに挿入
34     await db.run(query, ['user1', 'sample']);
35     await db.run(query, ['taro', 'yamada']);
36     await db.run(query, ['hanako', 'flower']);
37     await db.run(query, ['sachiko', 'happy']);
38   }
39 })();
40 
41 // ユーザー名でユーザーを検索する関数
42 // 指定されたユーザー名に一致するユーザーをデータベースから取得
43 async function findUserByUsername(username) {
44   const db = await openDb(); // データベースに接続
45   return await db.get( // クエリを実行してユーザーを取得
```

次ページへ続く ▶

8-1

```
46       "SELECT * FROM users WHERE username = ?", username);
47   }
48
49   // ユーザーIDでユーザーを検索する関数
50   // 指定されたIDに一致するユーザーをデータベースから取得
51   async function findUserById(id) {
52     const db = await openDb(); // データベースに接続
53     return await db.get( // クエリを実行してユーザーを取得
54       "SELECT * FROM users WHERE id = ?", id);
55   }
56
57   // findUserByUsername と findUserById 関数を
58   // モジュールとしてエクスポート
59   module.exports = { findUserByUsername, findUserById };
```

処理のポイントをチェック

では、作成したコードのポイントは、レコード検索の関数でしょう。ここでは、2つの関数が定義されています(1)。これらは、それぞれユーザー名とユーザーIDでレコードを取得するものです。

```
async function findUserByUsername(username) {
  const db = await openDb();
  return await db.get(
    "SELECT * FROM users WHERE username = ?", username);
}

async function findUserById(id) {
  const db = await openDb();
  return await db.get(
    "SELECT * FROM users WHERE id = ?", id);
}
```

これで、引数にユーザー名やID番号を指定して呼び出すだけで、そのユーザーのレコードが取り出せるようになります。この2つの関数は、外部から利用できるようにエクスポートしておきます(2)。

```
module.exports = { findUserByUsername, findUserById };
```

これで、requireで関数をインポートすればプロジェクトのどこからでも使えるようになります。

Taskモデルを作成する

続いて、タスク管理のためのモデルを作成しましょう。「models」フォルダー内に「task.js」という名前でファイルを作成してください。そして以下のように記述をしましょう。

リスト8-3(task-app/models/task.js)

```
01  const sqlite3 = require('sqlite3');
02  const { open } = require('sqlite');
03
04  // SQLite3データベースに接続する関数
```

```
05 async function openDb() {
06   return open({
07     filename: './db.sqlite',
08     driver: sqlite3.Database
09   });
10 }
11
12 // 即時実行関数でデータベース接続しテーブルを作成
13 (async () => {
14   const db = await openDb();  // データベースに接続
15   // `tasks`テーブルの作成
16   // テーブルが存在しない場合にのみ作成される
17   await db.run(`CREATE TABLE IF NOT EXISTS tasks (
18     id INTEGER PRIMARY KEY,
19     description TEXT,
20     userId INTEGER,
21     deadline DATETIME)`);
22 })();
23
24 // 新しいタスクを作成する非同期関数
25 async function createTask(description, userId, deadline) {
26   const db = await openDb();  // データベースに接続
27   try {
28      // タスクを挿入するSQLクエリ
29     const query = `INSERT INTO tasks (
30       description, userId, deadline
31     ) VALUES (?, ?, ?)`;
32     // クエリを実行してタスクを追加
33     await db.run(query, description, userId, deadline);
34   } catch (err) {
35     // エラーが発生した場合、エラーメッセージを出力
36     console.error(err);
37   }
38 }
39
40 // 指定されたユーザーIDの全タスクを取得する非同期関数
41 async function getTasksByUserId(userId) {
42   const db = await openDb();  // データベースに接続
43   try {
44     // ユーザーIDからタスクを取得し、締め切りの降順で並べ替え
45     return await db.all(`SELECT * FROM tasks
46       WHERE userId = ? ORDER BY deadline DESC`, userId);
47   } catch (err) {
48     // エラーが発生した場合、エラーメッセージを出力
49     console.error(err);
50   }
51 }
52
53 // 指定されたIDのタスクを削除する非同期関数
54 async function deleteTaskById(id) {
55   try {
56     const db = await openDb();  // データベースに接続
57     // 指定されたIDのタスクを削除
58     return await db.run("DELETE FROM tasks WHERE id = ?", id);
59   } catch (err) {
60     // エラーが発生した場合、エラーメッセージを出力
61     console.error(err);
62   }
63 }
64
65 // タスク作成、取得、削除の各関数をモジュールとしてエクスポート
66 module.exports = { createTask, getTasksByUserId, deleteTaskById };
```

1 (lines 05–22)
2 (lines 25–38)
3 (lines 41–51)
4 (lines 54–63)

8-1

用意した関数

ここでは、データベースを操作する関数が3つ定義されています。以下に簡単にまとめておきます。

1 openDb()	データベースのオブジェクトを取得し、db.runでテーブルを作成します
2 createTask(description, userId, deadline)	タスクを作成する関数です。説明文、ユーザーID、デッドラインの日時といった値を引数に指定して呼び出します
3 getTasksByUserId(userId)	指定したユーザーIDのタスクをすべて検索します
4 deleteTaskById(id)	タスクを削除します。引数には、削除するタスクのIDが渡されます

実行している内容は、すでに説明しているものばかりです。openDbでデータベースのオブジェクトを作成したり、db.allやdb.getでレコードを取得したり、db.runでSQLクエリを実行する、といったものですね。コードのコメントを見ながら処理の流れを考えましょう。

Pagesルートハンドラの作成

では、ルートハンドラに進みましょう。まずは、ページの基本的なルーティングを行うものからです。

今回のアプリには、ログインページとタスク管理のページがあります。この2つのページのルーティングを行うルートハンドラを作成しましょう。「taks-app」フォルダー内に「routes」というフォルダーを用意して、そこに「pages.js」というファイルを作成します。コードは以下のように記述しましょう。

リスト8-4（task-app/routes/pages.js）

```
01 const express = require('express');
02 const router = express.Router();
03
04 // ホームページのルート
05 router.get('/', (req, res) => {
06   // ログインしているかをuserIdで確認
07   if (req.session.userId) {                      ―― 1
08     // ログインしている場合、タスク管理ページに移動
09     res.redirect('/tasks');
10   } else {                                       ―― 2
11     // ログインしていない場合、ログインページに移動
12     res.redirect('/login');
13   }
14 });
15
16 // タスク管理ページのルート
17 router.get('/tasks', (req, res) => {
18   // ログインしているかをuserIdで確認
19   if (req.session.userId) {                      ―― 1
20     // ログインしている場合、tasksテンプレートを表示
21     res.render('layout', {
22       title:'Task Manager', content:'tasks'      ―― 3
23     });
24   } else {                                       ―― 2
25     // ログインしていない場合、ログインページに移動
26     res.redirect('/login');
27   }
```

```
28 });
29
30 // ログインページのルート
31 router.get('/login', (req, res) => {
32   // `login`テンプレートをレンダリング
33   res.render('layout', {
34     title:'Login', content:'login'
35   });
36 });
37
38 module.exports = router;
```

ここでのポイントは、「ログインしているか」の確認です。ログインしている場合、セッションにuserIdが保管されます。そこで、req.session.userIdの値が存在するかどうかをチェックして、あればログインしている、なければしていない、と判断しています(1)。

ログイン時は、/tasksにリダイレクトされ、そこでタスク管理ページを表示します。していない場合は/loginにリダイレクトしてログイン画面を表示します(2)。

注意したいのは、renderの記述です。ここでは「レンダリングするテンプレートには'layout'を指定し、実際にコンテンツとして表示するテンプレート名はcontentで渡す」というやり方をします(3)。これは、layout.ejsの中に表示するテンプレートを組み込んで表示するようにテンプレートを設計するためです(このあたりは、この後で実際にテンプレートファイルを作成するところで確認してみてください)。

ページ表示のためのルートハンドラは、たったこれだけです。実にシンプルですね!

ユーザー用APIのルートハンドラ

残るは、API関係のルートハンドラですね。APIは、ユーザー関係とタスク関係で分けて用意しましょう。

まずはユーザー関係からです。「routes」フォルダー内に「api」というフォルダーを作成してください。API関係はこの中に配置します。「users.js」というファイルを作成し、コードを記述してください。

リスト8-5(task-app/routes/api/users.js)

```
01 const express = require('express');
02 const router = express.Router();
03 const User = require('../../models/user');  // userモデル
04
05 // ログイン処理のルート
06 router.post('/login', async(req, res) => {
07   // リクエストからユーザー名とパスワードを取得
08   const { username, password } = req.body;          ┐
09   try {                                              ├─ 1
10     // ユーザー名に一致するユーザーを検索              │
11     const user = await User.findUserByUsername(username); ┘
12
13     // パスワードが一致するかを確認
14     if (password === user.password) {
15       // 一致する場合、セッションにユーザーIDを保存
16       req.session.userId = user.id;  ── 2
17       // ログイン成功のレスポンスを返す
18       res.status(200).json({ message: 'Login successful' });  ── 3
19     } else {
```

次ページへ続く ▶

```
20        // パスワードが一致しない場合、エラーを返す
21        res.status(400).json({ error: 'Invalid password' });
22      }
23    } catch (err) {
24      // エラーが発生した場合、エラーを返す
25      res.status(500).json({ error: 'Failed to login' });
26    }
27  });
28
29  // ログアウト処理のルート
30  router.post('/logout', (req, res) => {
31    // セッションを破棄してログアウト処理を行う
32    req.session.destroy(err => {
33      if (err) {
34        // セッション破棄に失敗した場合、エラーを返す
35        return res.status(500).json({ error: 'Logout failed' });
36      }
37      // ログアウト成功のレスポンスを返す
38      res.status(200).json({ message: 'Logout successful' });
39    });
40  });
41
42  module.exports = router;
```

(21〜25行目: 4)

コードのポイント

ここでは、2つのルートハンドラを用意してあります。/loginと/logoutです。ユーザー関係の処理は、この2つしかありません。

ログインの処理は、送信されたユーザー名とパスワードを元にユーザーのレコードを取り出し(1)、そのpasswordと送信されたパスワードが等しいか確認します。正しければセッションのuserIdにユーザーIDを保管して(2)status(200)でメッセージを返送して終わりです(3)。パスワードが違う場合はstatus(400)、それ以外はstatus(500)を指定してエラーメッセージを返します(4)。

この「statusでステータスコードを設定して返信する」というやり方は、APIの基本的な返信の仕方です。こうすることで、アクセスしたクライアント側で正常に処理を完了できたか、失敗した場合は何が原因かわかるようになります。

タスク管理用APIのルートハンドラ

続いて、タスク管理用のAPIです。「api」フォルダー内に「tasks.js」という名前でファイルを作成しましょう。そして以下のようにコードを記述します。

リスト8-6(task-app/routes/api/tasks.js)

```
01  const express = require('express');
02  const router = express.Router();
03
04  // タスクの作成、取得、削除に関する関数をインポート
05  const {
06    createTask,
07    getTasksByUserId,
08    deleteTaskById
```

```
09 } = require('../../models/task');
10
11 //  新しいタスクを作成するエンドポイント
12 router.post('/', async(req, res) => {
13   // リクエストのボディからタスクの説明と期限を取得
14   const { description, deadline } = req.body;
15   try {
16     // タスクを作成。ユーザーIDはセッションから取得
17     await createTask(description, req.session.userId, deadline);
18     // 成功時にステータス201と成功メッセージを返す
19     res.status(201).json({ message: 'Task added' });
20   } catch (err) {
21     // エラー時にはステータス500でエラーメッセージを返す
22     res.status(500).json({ error: 'Failed to add task' });
23   }
24 });
25
26 // ユーザーIDに基づきタスクを取得するエンドポイント
27 router.get('/', async(req, res) => {
28   try {
29     // ユーザーIDに基づいてタスクを取得
30     const tasks = await getTasksByUserId(req.session.userId);
31
32     // 現在の時間をISO形式で取得（日本標準時の9時間を加算）
33     const currentTime = new Date(new Date().getTime()          ─┐
34       + 9 * 60 * 60 * 1000).toISOString();                     ─┘─ 1
35
36     // 期限が現在の時間よりも前のタスクを得る
37     const pastTasks = tasks.filter(                             ─┐
38       tasks => tasks.deadline < currentTime);                   ─┘─ 2
39
40     // 期限が現在の時間と同じかそれより後のタスクを得る
41     const futureTasks = tasks.filter(
42       tasks => tasks.deadline >= currentTime);
43
44     // 過去と未来のタスクをレスポンスとして返す
45     return res.status(200).json({futureTasks, pastTasks});
46   } catch (err) {
47     // エラー時にはステータス500でエラーメッセージを返す
48     res.status(500).json({ error: 'Failed to retrieve tasks' });
49   }
50 });
51
52 // 指定されたIDのタスクを削除するエンドポイント
53 router.delete('/:id', async(req, res) => {                     ─┐
54   try {                                                          │
55     // パラメータからタスクのIDを取得してタスクを削除           │
56     await deleteTaskById(req.params.id);                         │
57     // 成功時にステータス200と成功メッセージを返す               │
58     res.status(200).json({ message: 'Task deleted' });           ├─ 3
59   } catch (err) {                                                │
60     // エラー時にはステータス500でエラーメッセージを返す         │
61     res.status(500).json({ error: 'Failed to delete task' });    │
62   }                                                              │
63 });                                                             ─┘
64
65 // ルーターをモジュールとしてエクスポート
66 module.exports = router;
```

日本標準時について

今回のポイントは、「現在の日時を元に、過去と未来のタスクを取り出す」という点でしょう。タスクリストを取得しているgetTasksByUserId関数では、現在の日時をcurrentTimeに取り出しています(1)。

```
const currentTime = new Date(new Date().getTime()
  + 9 * 60 * 60 * 1000).toISOString();
```

日時関係の値については、これまであまり説明をしてきませんでしたね。

Chapter 4で簡単に触れましたが、日時は「Date」というオブジェクトとして扱います。引数を付けずにnew Date()とすれば、それだけで日時の値が作成されます。ただし、この値は「世界標準時」を基準に作成されているのです。このため、日本標準時で利用するためには値を補正する必要があります。

これは、日時のタイムスタンプを使います。コンピュータは、基準となる日時(1970年1月1日午前0時)からどれだけ時間が経過したかで日時を処理しています。このタイムスタンプと呼ばれる値は、基準日時からの経過ミリ秒数を示す値です。

日本標準時は、世界標準時と9時間ずれています。そこで、現在の日時のタイムスタンプに世界標準時と日本標準時の時差(9時間)のミリ秒数を足した値を計算し、その値を元にDateを作成するのです。これで日本標準時のDateが作成されます。

Dateの値は、そのままではデータベースに保管できないので、toISOStringというものでISOフォーマットの文字列として値を取り出し、保管しています。

フィルターの扱い

これで現在の日時が得られたら、取り出したレコードから現在の日時以前と以後のものを取り出します。これは、配列に用意されている「filter」というメソッドを使います(2)。

filterは、引数に関数を用意し、これを使って取り出す項目の条件を指定します。これにより、条件に合致する項目だけを取り出した配列が返されます。では、ここで実行しているfilterメソッドを見てみましょう。

期限が現在の時間よりも前のタスクを得る

```
const pastTasks = tasks.filter(tasks => tasks.deadline < currentTime);
```

期限が現在の時間と同じかそれより後のタスクを得る

```
const futureTasks = tasks.filter(tasks => tasks.deadline >= currentTime);
```

引数では、tasks => tasks.deadline < currentTimeというように配列から取り出された項目がtasksに渡されます。このdeadlineの値がcurrentTimeより大きいか小さいかを比較することで、currentTime以前と以後の項目を取り出しているのです。

削除のAPIについて

もう1つ、削除のルートハンドラについても触れておきましょう。削除を行うAPIエンドポイントは、以下のように作成しています(3)。

```
router.delete('/:id', async(req, res) => {…});
```

router.deleteというのは、DELETEメソッドでアクセスしたときのルーティングを作成するものです。APIでデータの削除を行う場合、アクセスには「DELETE」メソッドを使います。そのメソッドを受け付けるのがrouter.deleteなのです。

テンプレートを作成する

残るはテンプレート関係ですね。「taks-app」フォルダー内に「views」という名前でフォルダーを作成しましょう。テンプレートはこの中にまとめていきます。

今回は、ページ全体の共通レイアウトのためのテンプレートを作成し、その中に各ページ用に用意したテンプレートを埋め込んで表示する、ということを行ってみます。こうすることで、表示するページすべてが同じデザインとなるようにできるのです。

まずは共通レイアウト用のテンプレートから作成しましょう。「views」フォルダー内に「layout.ejs」というファイルを作成してください。そして以下のリストのように記述します。

リスト8-7(task-app/views/layout.ejs)

```
01 <!DOCTYPE html>
02 <html lang="en">
03 <head>
04   <meta charset="UTF-8">
05   <meta name="viewport"
06     content="width=device-width, initial-scale=1.0">
07   <title><%=title %></title>
08   <link rel="stylesheet" href="/styles.css">
09 </head>
10 <body>
11   <header>
12     <h1><%=title %></h1>  ――――― 1
13   </header>
14   <main>
15     <%- include(`${content}`) %>  ――――― 2
16   </main>
17 </body>
18 </html>
```

これらは、見ればわかるようにページの具体的なコンテンツ以外の部分をまとめたものです。タイトルは、<%=title %>で埋め込むようになっています(1)。このlayout.ejsの中に、ページのコンテンツを組み込み表示することで、ページ全体が完成するようになっているのです。

テンプレートを埋め込む

ここでは、<main>という要素の中に<%- %>が用意されています。これまでの<%- %>とはちょっと違う書き方をしていますね(2)。

```
<%- include(`${content}`) %>
```

ここで使っている「include」という関数は、引数に指定したテンプレートを読み込んで出力するものです。これで、contentに指定した名前のテンプレートが読み込まれここに組み込まれるようになります(リスト8-4の22および34行目でcontentを渡しています)。このincludeは以下のような形で呼び出します。

```
<%- include(テンプレート名, オブジェクト) %>
```

第2引数には、テンプレートに渡す値をオブジェクトにまとめたものを指定できます。今回は特に必要ないので省略してありますが、このincludeを使うことで複数のテンプレートファイルを組み合わせてページを作ることができるようになります。

ログインページを作る

では、各ページのテンプレートを作りましょう。まずはログインページからです。「views」フォルダー内に「login.ejs」という名前でファイルを用意しましょう。そして以下のように記述をします。

リスト8-8(task-app/views/login.ejs)

```
01 <form onsubmit="login(event)">
02   <label for="username">username:</label>
03   <input type="text" name="username" id="username" required>
04   <label for="password">Password:</label>
05   <input type="password" name="password" id="password" required>
06   <button type="submit">Login</button>
07 </form>
08 
09 <script>
10 async function login(e) {
11   // フォームのデフォルトの送信をキャンセル
12   e.preventDefault();
13 
14   // フォームからユーザー名とパスワードを取得
15   const username = document.querySelector('#username').value;
16   const password = document.querySelector('#password').value;
17 
18   // '/api/users/login'エンドポイントに対してPOSTリクエストを送信
19   const response = await fetch('/api/users/login', {
20     method: 'POST', // リクエストメソッドはPOST
21     headers: { 'Content-Type': 'application/json' }, // Content-Typeを指定
22     body: JSON.stringify({ username, password }) // ユーザー名とパスワードを指定
23   });
24 
25   // レスポンスが成功した場合、タスクページにリダイレクト
26   if (response.ok) {
27     window.location.href = '/tasks';
28   } else {
```

```
29      // ログインに失敗した場合はアラートを表示
30      alert('Login failed');
31    }
32  }
33  </script>
```

login関数でログインの処理を行っています。fetchで/api/users/loginにユーザー名とパスワードをPOST送信し、レスポンスによってログインできたかどうかを確認しています。APIを利用すると、このようにしてログイン処理を実装できるのですね。

タスク管理ページのテンプレートを作る

最後にタスク管理ページのテンプレートを作ります。「views」フォルダー内に「tasks.ejs」という名前でファイルを作成してください。そして以下のように記述します。

リスト8-9（task-app/views/tasks.ejs）

```
01 <button id="logoutButton" onclick="logout()">Logout</button>
02 <h2>Add new task:</h2>
03 <form id="taskForm" onsubmit="create(event)">
04   <label for="description">New Task:</label>
05   <input type="text" name="description" id="description" required>
06   <label for="deadline">Deadline:</label>
07   <input type="datetime-local" name="deadline" id="deadline" required>
08   <button type="submit">Add Task</button>
09 </form>
10 <hr />
11 <h2>Your Future-task list:</h2>
12 <ul id="futureTasks"></ul>
13 <h2>Your Past-task list:</h2>
14 <ul id="pastTasks"></ul>
15
16 <script>
17 // DOMコンテンツが読み込まれた後にfetchTasks関数を実行
18 document.addEventListener('DOMContentLoaded', () => {     ─┐
19   fetchTasks();                                             ├─ 6
20 });                                                        ─┘
21
22 // タスク作成フォームの送信を処理する関数
23 async function create(e) {                                ─┐
24   // フォームのデフォルトの送信動作をキャンセル                  │
25   e.preventDefault();                                       │
26                                                             │
27   // フォームからタスクの説明と期限を取得                      │
28   const description = document.getElementById('description').value;
29   const deadline = document.getElementById('deadline').value;  ├─ 1
30                                                             │
31   // 新しいタスクを追加し、フォームをリセット                    │
32   await addTask(description, deadline);                     │
33   taskForm.reset();                                         │
34 }                                                          ─┘
35
36 // サーバーからタスクのリストを取得し表示する関数
37 async function fetchTasks() {                             ─┐
38   // タスクを取得するためのGETリクエストを送信                  │
39   const response = await fetch('/api/tasks');               ├─ 2
```

次ページへ続く ▶

```
40    const tasks = await response.json(); // レスポンスをJSONパース
41
42    // 将来のタスクの表示
43    const futureTasks = document.querySelector('#futureTasks');
44    futureTasks.innerHTML = ''; // 既存の内容をクリア
45    tasks.futureTasks.forEach(task => {
46      // リストアイテムのエレメントを作成
47      const li = document.createElement('li');                    7
48      // コンテキストを設定
49      li.textContent = task.description + ' (' + task.deadline + ')';
50      // ボタンのエレメントを作成
51      const deleteButton = document.createElement('button');      8
52      // ボタン名を設定
53      deleteButton.textContent = 'Delete';
54      // スタイルクラスを設定
55      deleteButton.className = 'mini';
56      // 削除ボタンにクリックイベントを追加
57      deleteButton.onclick = () => deleteTask(task.id);
58      // 削除ボタンをリストアイテムに追加
59      li.appendChild(deleteButton);                               9
60      // リストアイテムを将来のタスクリストに追加
61      futureTasks.appendChild(li);                                10
62    });
63
64    // 過去のタスクの表示
65    const pastTasks = document.querySelector('#pastTasks');
66    pastTasks.innerHTML = ''; // 既存の内容をクリア
67    tasks.pastTasks.forEach(task => {
68      // リストアイテムのエレメントを作成
69      const li = document.createElement('li');
70      // コンテキストを設定
71      li.textContent = task.description + ' (' + task.deadline + ')';
72      // ボタンのエレメントを作成
73      const deleteButton = document.createElement('button');
74      // ボタン名を設定
75      deleteButton.textContent = 'Delete';
76      // スタイルクラスを設定
77      deleteButton.className = 'mini';
78      // 削除ボタンにクリックイベントを追加
79      deleteButton.onclick = () => deleteTask(task.id);
80      // 削除ボタンをリストアイテムに追加
80      li.appendChild(deleteButton);
81      // リストアイテムを過去のタスクリストに追加
82      pastTasks.appendChild(li);                                  11
83    });
84  }
85
86  // タスクを追加するPOSTリクエストを送信する関数
87  async function addTask(description, deadline) {
88    await fetch('/api/tasks', {
89      method: 'POST', // リクエストメソッドはPOST
90      headers: {
91        'Content-Type': 'application/json' // Content-Typeを指定      3
92      },
93      body: JSON.stringify({ description, deadline }) // 説明と期限を設定
94    });
95    fetchTasks(); // 追加後にタスクリストを再取得
96  }
97
98  // タスクを削除するDELETEリクエストを送信する関数
99  async function deleteTask(id) {
100   await fetch(`/api/tasks/${id}`, {
101     method: 'DELETE' // リクエストメソッドはDELETE              12    4
```

```
102     });
103     fetchTasks(); // 削除後にタスクリストを再取得
104   }
105
106   // ログアウト処理を行いトップにリダイレクトする関数
107   async function logout() {
108     await fetch('/api/users/logout', {
109       method: 'POST' // リクエストメソッドはPOST
110     });
111     // ログアウト後にトップページにリダイレクト
112     window.location.href = '/';
113   }
114   </script>
```

5

今回はJavaScriptのコードが結構長いので注意して記述しましょう。ここでは`<script>`内に以下の5つの関数を定義しています。

1 create	フォームのonsubmitイベント用関数
2 fetchTasks	タスクリストを取得する
3 addTask	タスクを作成する
4 deleteTask	タスクを削除する
5 logout	ログアウトする

これらの働きがわかれば、タスクの管理はだいたい理解できます。コードにはコメントを付けてあるので、じっくり読んで内容を理解してください。今まで使ったことのない機能もいくつか登場していますので、簡単に補足しておきましょう。

イベントの組み込み

`<script>`の冒頭で、以下のような処理を行っています。これは、ドキュメントをロードしたときに実行する処理を割り当てるものです（6）。

```
document.addEventListener('DOMContentLoaded', () => {
  fetchTasks();
});
```

「addEventListener」は、イベントに処理を組み込むメソッドです。

例えば、addEventListener('click', ○○)というように呼び出すと、クリックしたときに設定した○○を実行するようになります。

ここでは、'DOMContentLoaded'というイベントを割り当てていますね。これはドキュメントが読み込まれDOMが用意できたところで呼び出されるイベントです。これにより、このWebページの準備が完了したらfetchTasksを呼び出すようにしています。

8-1

エレメントの作成と組み込み

ここでは、JavaScriptのコードでHTMLのさまざまな要素を作成し組み込んでいます。この「エレメントの作成」は、documentにある「createElement」というメソッドで行えます。ここでは、こんな具合に利用していますね(7、8)。

<li>を作成する

```
const li = document.createElement('li');
```

<button>を作成する

```
const deleteButton = document.createElement('button');
```

作成されたエレメントは、他のエレメントに「appendChild」で組み込みます。例えば、今回のコードではこのように行っていますね(9、10、11)。

<li>に<button>を組み込む

```
li.appendChild(deleteButton);
```

エレメントに<li>を組み込む

```
futureTasks.appendChild(li);
paskTasks.appendChild(li);
```

このように「createElementでエレメントを作り、appendChildで他のエレメント内に組み込む」というやり方で、Webページに表示されるHTMLのコンテンツを作成することができます。

削除について

ちょっと注意したいのは、deleteTask関数です。ここでも削除のAPIにfetchでアクセスをしていますが、よく見ると、method: 'DELETE'と指定をしていますね(12)。これを指定することで、DELETEメソッドでアクセスを行うようになります。

削除のAPIは、router.deleteでルートハンドラを作成していましたね。このルートハンドラにアクセスをするには、fetchでmethod: 'DELETE'を指定すればいいのです。

CSSファイルも用意しよう

これですべて完成ですが、まだ一つ足りないものがあります。それはスタイルシートのファイルです。「public」フォルダーに「styles.css」という名前でファイルを用意し、スタイル情報を記述しましょう。以下に、本書のサンプルとして作成したstyles.cssのコード例を挙げておきます。

リスト8-10(task-app/public/styles.css)

```
01 body {
```

```
02    font-family: sans-serif;
03    font-size: 1.0em;
04    padding: 0em 1em;
05    background-color: #f0f9ff;
06  }
07
08  h1 {
09    font-size: 1.5em;
10    font-weight: bold;
11    color: darkblue;
12  }
13
14  h2 {
15    font-size: 1.1em;
16    font-weight: normal;
17    color: darkblue;
18  }
19
20  p {
21    padding: 5px 10px;
22  }
23
24  li {
25    margin: 5px 0px;
26    border-bottom: lightgray 1px solid;
27  }
28
29  .card .title {
30    margin:5px 0px;
31    padding: 0px;
32    font-size: 0.9em;
33    font-weight: bold;
34  }
35
36  label {
37    display: block;
38    margin: 5px 0px 0px  0px;
39    font-size: 0.9em;
40    font-weight: bold;
41  }
42
43  input {
44    display: block;
45    border: darkgray 1px solid;
46    border-radius: 0.25em;
47    color: black;
48    background-color: white;
49    padding: 5px 10px 5px 10px;
50    margin: 3px 0px 5px -5px;
51    min-width: 300px;
52    font-size: 0.9em;
53  }
54
55  button {
56    border: lightgray 1px solid;
57    border-radius: 0.25em;
58    color: white;
59    background-color: gray;
60    padding:5px 25px;
61    margin: 5px 0px 10px 0px;
62    font-size: 0.9em;
63  }
```

次ページへ続く ▶

```
64
65 button.mini {
66   border: gray 1px solid;
67   border-radius: 0.3em;
68   color: black;
69   background-color: lightgray;
70   padding:3px 7px;
71   margin: 0px 0px 5px 10px;
72   font-size: 0.7em;
73 }
```

これは、あくまで一つの例であり、それぞれで自由にスタイルを設定して構いません。今回のサンプルでは、以下の要素セレクタとクラスセレクタを用意するとよいでしょう。

要素	body、h1、h2、p、li、label、input、button
クラス	.card、.title、.mini

これらは、実は今までのサンプルでだいたい作成しているものばかりです。これまで作ったスタイルシートのコードを参考に、それぞれでスタイル作成に挑戦してみてください。

これで必要なものはすべて用意できました。後は実際に動かして動作を確認しましょう。ターミナルで「task-app」内にカレントディレクトリを移動し、「node index.js」でプログラムを実行します。そしてhttp://lolcalhost:3000/にアクセスをして動作確認をしてください。

なお、ログインのためのIDやパスワードは、実際にはユーザーに設定してもらうべきものですが、今回は簡易的にリスト8-2の中に記載しています。

8-2

ブックマークアプリを作る

この節のポイント

- 複数コンポーネントを組み合わせてアプリを作ろう。
- Reactからログイン処理を利用しよう。
- 副作用フックの仕組みと働きを理解しよう。

Express + Reactでアプリを作る

ToDoアプリは、Webアプリの最も基本的なスタイルである「バックエンドにAPI、フロントエンドではFetch」というやり方で作成をしました。この開発スタイルは、これからアプリを作る際にきっと参考となるはずです。

けれど、本書ではこの他にもう1つ、重要な技術について学びましたね。そう、「React」です。フロントエンドにReactを使ったアプリ開発も、これから増えていくはずです。せっかくですから、Express + Reactというスタイルのアプリ開発例も挙げておくことにしましょう。

ブックマークアプリについて

今回作るのは、ブックマークの管理アプリです。アクセスすると、まずユーザー名とパスワードを入力するログイン画面が現れます。ここで正しくユーザー情報を入力してボタンを押せばログインできます。

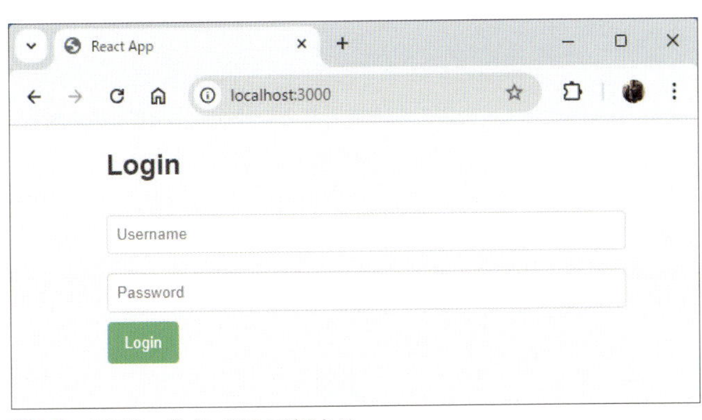

図8-5：最初はログインの画面が現れる

ログインされると、ブックマークの管理ページが現れます。上部にはブックマークの登録フォームがあり、その下に登録されたブックマークがリスト表示されます。

フォームには、ブックマークのURL、タイトル、説明文といった項目が用意されています。登録されたブックマークは、タイトルと説明文、URL、ボタンといったものが表示されます。URLをクリックするとそのページが開きます。また「削除」ボタンをクリックするとそのブックマークが削除されます。

基本的な機能は、先ほどのToDoアプリとほとんど同じですね。「ログイン機能」「投稿フォーム」「登録データのリスト表示」「ボタンクリックで削除」といった基本的な機能は全く同じです。ただし、決定的に違うのは「フロントエンドがReactである」という点です。

API + Fetch方式がわかっていれば、バックエンド部分はほとんど同じ感覚で作れます。違うのは、フロントエンドをReactで作り、React内からAPIにアクセスしてデータを操作する、という点だけです。実際にサンプルを作ってコードを確認すれば、ReactとAPIの連携がどうなっているのかきっとすぐにわかるでしょう。

Bookmark
Logout
Add Bookmark
URL
Title
Description
Add Bookmark
Bookmarks list
ChatGPT
いつもお世話になってます。OpenAIの生成AIサイト。
https://chatgpt.com/ Delete
Gemini
Googleの生成AIサイト。割と使えるようになった。
https://gemini.google.com/app Delete

図8-6：ブックマークの管理ページ。ブックマークの登録とリスト表示が行える

バックエンドプロジェクトを作る

では、開発を行いましょう。今回は、バックエンドのExpressプロジェクトと、フロントエンドのReactプロジェクトの2つを作成します。ターミナルを起動し、cdコマンドでデスクトップに移動してください。そして以下のコマンドを実行しましょう。

ターミナルで実行

```
mkdir bookmark-app
cd bookmark-app
```

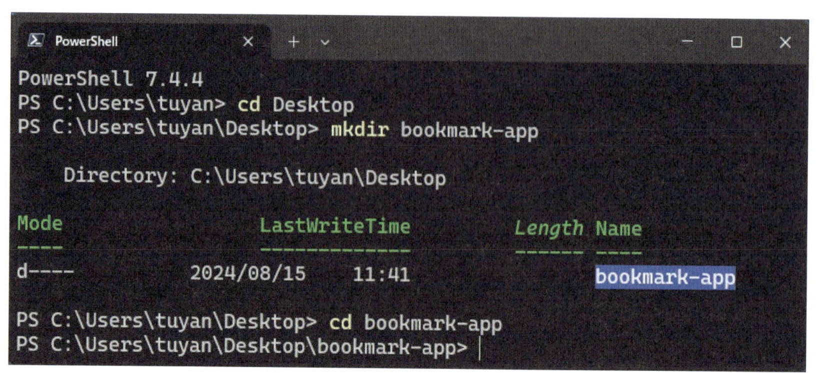

図8-7：「bookmark-app」フォルダーを作成し、この中に移動する

これでプロジェクトのフォルダーは用意できました。では、バックエンドのプロジェクトから作成していきましょう。以下のコマンドを順に実行してください。

ターミナルで実行

```
mkdir backend
cd backend
npm init -y
npm install express express-session sqlite sqlite3
```

```
PS C:\Users\tuyan\Desktop> cd bookmark-app
PS C:\Users\tuyan\Desktop\bookmark-app> mkdir backend

    Directory: C:\Users\tuyan\Desktop\bookmark-app

Mode                 LastWriteTime         Length Name
----                 -------------         ------ ----
d----          2024/08/15     11:41                backend

PS C:\Users\tuyan\Desktop\bookmark-app> cd backend
PS C:\Users\tuyan\Desktop\bookmark-app\backend> npm init -y
Wrote to C:\Users\tuyan\Desktop\bookmark-app\backend\package.json:

{
  "name": "backend",
  "version": "1.0.0",
  "main": "index.js",
  "scripts": {
    "test": "echo \"Error: no test specified\" && exit 1"
  },
  "keywords": [],
  "author": "",
  "license": "ISC",
  "description": ""
}


PS C:\Users\tuyan\Desktop\bookmark-app\backend> npm install expres
s express-session body-parser sqlite sqlite3
```

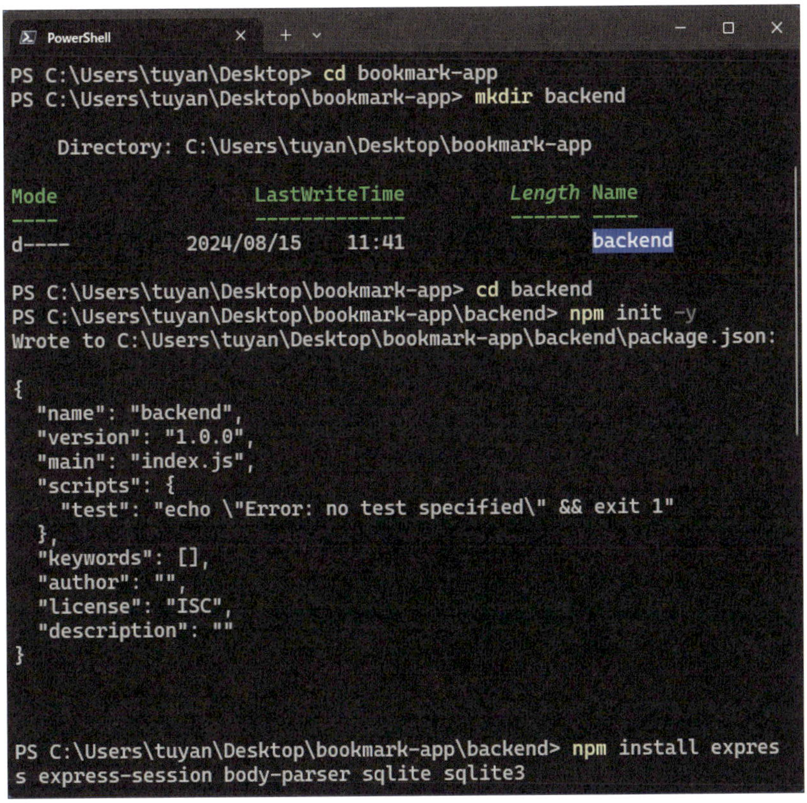

図8-8：「backend」フォルダーを作り、パッケージとして初期化してから必要なパッケージをインストールする

8-2

メインプログラムを作成する

前回作成したToDoアプリでは、バックエンド側の処理は非常に細かく整理して作っていました。データベース関係の処理はテーブルごとにモデルとして定義し、ルートハンドラもユーザーとタスクで分けて整理してありました。こういう「用途や役割などに応じて細かく処理を分類し整理していく」という設計手法は、特に大規模な開発においては重要です。

今回は、逆に「すべて1つにまとめて用意する」というやり方をしてみます。作るのは、「メインプログラム」「データベース関係」「ルートハンドラ」の3つだけです。こういう「全部1つにまとめる」というやり方は、比較的小さな規模の開発では「分割し整理する」方式よりもかえってわかりやすくなる場合もあります。

「細かく分割」と「ひとつにまとめる」、このどちらのやり方も経験しておくことにしましょう。

メインプログラムを作る

まずは、バックエンドのメインプログラムからです。「backend」フォルダー内に「index.js」というファイルを新たに作成してください。そして以下のコードを記述しましょう。

リスト8-11 (bookmark-app/backend/index.js)

```
01 const express = require('express');
02 const session = require('express-session');
03 
04 // ルートハンドラ設定を含むモジュールをインポート
05 const routes = require('./routes');
06 
07 // Expressアプリケーションを作成
08 const app = express();
09 
10 // URLエンコードのミドルウェアを設定
11 app.use(express.urlencoded({ extended: false }));
12 // JSON形式でパースするミドルウェアを設定
13 app.use(express.json());
14 
15 // セッション管理のミドルウェアを設定
16 app.use(session({
17   secret: 'your_secret_key',
18   resave: false,
19   saveUninitialized: true
20 }));
21 
22 // publicディレクトリ内の静的ファイルを提供
23 app.use(express.static('public'));
24 
25 // '/api'パスに対するルートハンドラを設定
26 app.use('/api', routes);
27 
28 // ポート3000でリクエストをリッスン開始
29 app.listen(3000, () => {
30   console.log('Server running on http://localhost:3000');
31 });
```

比較的シンプルですね。今回は、routesというルートハンドラが1つあるだけです。今回の開発のメイン部分はフロントエンドなので、バックエンドは極力簡潔に済ませていきます。

データベースアクセスの用意

続いて、データベース関連のコードを作成しましょう。これも今回は1つのファイルにすべてまとめておくことにします。「bookmark-app」フォルダー内にある「backend」フォルダーの中に「db.js」という名前でファイルを作成してください。そして以下のコードを記述します。

リスト8-12 (bookmark-app/backend/db.js)

```
01 const sqlite3 = require('sqlite3');
02 const { open } = require('sqlite');
03 
```

```
04 // データベースに接続し、テーブルを初期化する関数
05 async function openDB() {
06   // データベースに接続し、指定されたファイルを使用
07   return await open({
08     filename: './db.sqlite3', // ファイル名
09     driver: sqlite3.Database // データベースドライバ
10   });
11 }
12
13 // テーブルを初期化する関数
14 async function initDB() {
15   // データベース接続を取得
16   const db = await openDB();
17
18   /* usersテーブルを作成
19   username TEXT PRIMARY KEY // ユーザー名
20   password TEXT NOT NULL // パスワード
21   */
22   await db.exec(`
23     CREATE TABLE IF NOT EXISTS users (
24       username TEXT PRIMARY KEY,
25       password TEXT NOT NULL
26     )
27   `);
28
29   // ユーザーのシードを作成
30   const user = await db.get(`SELECT * FROM users
31     WHERE username = ?`, ['user1']);
32   if (!user) {
33     await createUser('user1', 'password1');
34     await createUser('taro', 'yamada');
35     await createUser('hanako', 'flower');
36     await createUser('sachiko', 'happy');
37   }
38
39   /* bookmarksテーブルを作成
40   id INTEGER PRIMARY KEY // 主キー
41   username TEXT // ユーザー名
42   url TEXT // ブックマークのURL
43   title TEXT // ブックマークのタイトル
44   description TEXT // ブックマークの説明
45   */
46   await db.exec(`
47     CREATE TABLE IF NOT EXISTS bookmarks (
48       id INTEGER PRIMARY KEY,
49       username TEXT,
50       url TEXT,
51       title TEXT,
52       description TEXT
53     )
54   `);
55 }
56
57 // データベース接続を作成する
58 const dbPromise = openDB();
59 initDB();
60
61 // 新しいユーザーを作成するための関数
62 async function createUser(username, password) {
63   const db = await dbPromise; // データベース接続を取得
64   // ユーザー情報をusersテーブルに挿入
65   await db.run(`INSERT INTO users
```

(Callouts: 1 = lines 23–26, 2 = lines 47–53)

次ページへ続く ▶

8-2

```
66      (username, password) VALUES (?, ?)`,
67      [username, password]);
68  }
69
70  // ユーザー認証を行うための関数
71  async function authenticateUser(username, password) {
72    const db = await dbPromise; // データベース接続を取得
73    // ユーザー情報を'users'テーブルから取得
74    const user = await db.get(`SELECT * FROM users
75      WHERE username = ?`, [username]);
76
77    // ユーザーとパスワードが一致すれば認証成功
78    if (user && password == user.password) {
79      return true;
80    } else {
81      return false; // 認証失敗
82    }
83  }
84
85  // ユーザーのブックマークを取得する関数
86  async function getBookmarks(username) {
87    const db = await dbPromise; // データベース接続を取得
88    // ユーザーのブックマークをタイトル順で取得
89    return await db.all(`SELECT * FROM bookmarks
90      WHERE username = ? ORDER BY title ASC`,
91      [username]);
92  }
93
94  // 新しいブックマークを追加する関数
95  async function addBookmark(username, { url, title, description }) {
96    const db = await dbPromise; // データベース接続を取得
97    // bookmarksテーブルに新しいブックマークを挿入
98    await db.run(
99      `INSERT INTO bookmarks
100       (username, url, title, description)
101       VALUES (?, ?, ?, ?)`,
102     [username, url, title, description]
103   );
104 }
105
106 // 指定されたIDのブックマークを削除するための関数
107 async function deleteBookmark(id) {
108   const db = await dbPromise; // データベース接続を取得
109   // 'bookmarks'テーブルから指定されたIDのブックマークを削除
110   await db.run('DELETE FROM bookmarks WHERE id = ?', [id]);
111 }
112
113 // モジュールとして関数をエクスポート
114 module.exports = {
115   createUser,
116   authenticateUser,
117   getBookmarks,
118   addBookmark,
119   deleteBookmark
120 };
```

ユーザーとブックマークのアクセスをすべてまとめたのでちょっと長くなってしまいましたが、基本は「テーブルにアクセスする処理を関数としてまとめる」というだけです。コメントを見ながらそれぞれの関数の働きを考えてみてください。

今回定義するテーブル

今回用意したテーブルについて簡単に説明しておきましょう。まず、ユーザーを管理するusersテーブルです(1)。

```
CREATE TABLE IF NOT EXISTS users (
  username TEXT PRIMARY KEY,
  password TEXT NOT NULL
)
```

ここでは、usernameとpasswordの2つの項目を用意しておきました。usernameをプライマリキーにしています。プライマリキーというのは、「IDを数字で割り振って管理するもの」と思いがちですが、「すべてのレコードで異なる値が設定される」のであればテキストでもいいのです。

もう1つのブックマークを管理するbookmarksテーブルは以下のようになっています(2)。

```
CREATE TABLE IF NOT EXISTS bookmarks (
  id INTEGER PRIMARY KEY AUTOINCREMENT,
  username TEXT,
  url TEXT,
  title TEXT,
  description TEXT
)
```

各項目の役割はだいたい分かるでしょう。ブックマークの情報を一通り用意してあります。プライマリキーには整数のidを割り当てておきました。

ルートハンドラを作成する

続いて、ルートハンドラです。「backend」フォルダー内に「routes.js」という名前でファイルを作成しましょう。そして以下のように記述をします。

リスト8-13 (bookmark-app/backend/routes.js)

```
01 const express = require('express');
02 const session = require('express-session');
03 const {
04   createUser, authenticateUser,
05   getBookmarks, addBookmark, deleteBookmark
06 } = require('./db');
07
08 // ExpressのRouterを作成
09 const router = express.Router();
10
11 // セッション管理のミドルウェアを設定
12 router.use(session({
13   secret: 'your-secret-key',
14   resave: false,
15   saveUninitialized: false
16 }));
17
```

次ページへ続く ▶

8-2

```
18 // ユーザー関連のAPIエンドポイント
19
20 // ログイン用のAPIエンドポイント
21 router.post('/login', async (req, res) => {
22   const { username, password } = req.body; // ユーザー名とパスワードを取得
23   // ユーザー認証を行う
24   const authenticated = await authenticateUser(username, password);
25   // ユーザー認証されているか確認
26   if (authenticated) {
27     req.session.username = username; // セッションにユーザー名を保存
28     res.status(200).send('Login successful'); // 成功メッセージを返す
29   } else {
30     res.status(401).send('Invalid credentials'); // 認証失敗時のエラーメッセージ
31   }
32 });
33
34 // ログアウト用のAPIエンドポイント
35 router.post('/logout', (req, res) => {
36   req.session.destroy((err) => { // セッションを破棄
37     if (err) {
38       res.status(500).send('Error logging out'); // エラー時のエラーメッセージ
39     } else {
40       res.status(200).send('Logout successful'); // 成功メッセージを返す
41     }
42   });
43 });
44
45 // ブックマーク関連のAPIエンドポイント
46
47 // ブックマークを取得するAPIエンドポイント
48 router.get('/bookmarks', async (req, res) => {
49    // セッションにユーザー名があるか確認
50   if (!req.session.username) {
51     return res.status(401).send('Unauthorized');
52   }
53   // ユーザーのブックマークを取得
54   const bookmarks = await getBookmarks(req.session.username);
55   res.json(bookmarks); // ブックマークをJSON形式で返す
56 });
57
58 // ブックマークを追加するAPIエンドポイント
59 router.post('/bookmarks', async (req, res) => {
60 // セッションにユーザー名があるか確認
61   if (!req.session.username) {
62     return res.status(401).send('Unauthorized');
63   }
64   // 新しいブックマークを追加
65   await addBookmark(req.session.username, req.body);
66   res.status(201).send('Bookmark added'); // 成功メッセージ
67 });
68
69 // ブックマークを削除するAPIエンドポイント
70 router.delete('/bookmarks/:id', async (req, res) => {
71   // セッションにユーザー名があるか確認
72   if (!req.session.username) {
73     return res.status(401).send('Unauthorized');
74   }
75   // 指定されたIDのブックマークを削除
76   await deleteBookmark(req.params.id);
77   res.status(200).send('Bookmark deleted'); // 成功メッセージ
78 });
79
80 module.exports = router;
```

ここではログインとログアウト、そしてブックマークの取得、追加、削除といったルートハンドラを作成しています。それぞれデータベースを使って必要な作業を行っていますが、データベースアクセスはdb.jsで定義した関数を呼び出しているだけです。

これで、バックエンド側のコードは完成です。意外なほど簡単でしたね！

フロントエンドの作成

次はいよいよReactによるフロントエンド作成です。では、ターミナルからコマンドを実行してプロジェクトを作成しましょう。

「cd ..」でカレントディレクトリを「bookmark-app」フォルダーに移動しましょう。そして以下のコマンドを実行してください。

ターミナルで実行

```
npx create-react-app frontend
```

これで「frontend」というフォルダーが作られ、この中にプロジェクトのファイル類が作成されます。後は、これにコードを記述していきます。

Appコンポーネントの作成

では、画面表示のベースとなるAppコンポーネントを作成しましょう。「src」フォルダー内にある「App.js」を開き、以下のように修正します。

リスト8-14（bookmark-app/frontend/src/App.js）

```
01 import React, { useState } from 'react';
02 import './App.css';
03 // LoginPageコンポーネント
04 import LoginPage from './pages/LoginPage';        1
05 // HomePageコンポーネント
06 import HomePage from './pages/HomePage';
07 
08 function App() {
09   // ログイン状態を管理するステートを定義
10   const [isLoggedIn, setIsLoggedIn] = useState(false);        5
11 
12   // ログイン処理を行う関数
13   const handleLogin = () => {
14     setIsLoggedIn(true); // ログイン状態をtrueに設定        2
15   };
16 
17   // ログアウト処理を行う関数
18   const handleLogout = async () => {
19     const response = await fetch('/api/logout', {
20       method: 'POST' // POSTでログアウトを要求
21     });        3
22     if (response.ok) {
23       // ログアウト成功の場合、ログイン状態をfalseに設定
24       setIsLoggedIn(false);
```

次ページへ続く ▶

```
25      }
26    };
27
28    return (
29      <div>
30        {/* ログイン状態に応じてコンポーネントを切り替え */}
31        {isLoggedIn ? (
32          // ログイン中はHomePageを表示
33          <HomePage onLogout={handleLogout} />
34        ) : (
35          // 非ログイン時はLoginPageを表示
36          <LoginPage onLogin={handleLogin} />  ―― 4
37        )}
38      </div>
39    );
40  }
41
42  export default App;
```

ここでは、ログインページとブックマーク管理ページのコンポーネントとしてLoginPageとHomePageをインポートしています。これらは後ほど作成します(1)。

また、handleLoginという関数が定義されており、これはLoginPageコンポーネントのonLogin属性に渡されています(2、4)。また、handleLogoutという関数も定義されており、この中でfetchを使い、/api/logoutにアクセスしてログアウトを実行するようにしています(3)。

ログインページ用コンポーネントの作成

では、ログインページとブックマーク管理ページのコンポーネントを作っていきましょう。「src」フォルダーの中に「pages」という名前のフォルダーを作成してください。ページ用のコンポーネントは、この中に作成することにします。

ログインページのコンポーネント

では、ログインページのコンポーネントからです。「pages」フォルダー内に「LoginPage.js」という名前でファイルを作成しましょう。そして、以下のコードを記述します。

リスト8-15（bookmark-app/frontend/src/pages/LoginPages.js）

```
01  import React from 'react';
02  import LoginForm from '../components/LoginForm';
03
04  function LoginPage({ onLogin }) {  ―― 1
05    return (
06      <div>
07        <h2>Login</h2>
08        <LoginForm onLogin={onLogin} />  ―― 2
09      </div>
10    );
11  }
12
13  export default LoginPage;
```

LoginPageコンポーネントの引数には、{ onLogin }と用意されていますね(1)。これは、このコンポーネントがどのように利用されているかを考えると役割がわかります。先に作成したAppコンポーネントでは、このように作成されていました(リスト8-14の4)。

```
<LoginPage onLogin={handleLogin} />
```

このonLoginに割り当てたhandleLogin関数が、LoginPageではonLogin引数に渡されることになります。それがそのままLoginFormコンポーネントのonLogin属性に渡されることになります(2)。具体的なログイン処理は、このLoginFormコンポーネントで行います。

ログインフォームのコンポーネント

では、LoginPageで使うログイン用フォームのコンポーネントを作成しましょう。コンポーネントは、ページとは別にまとめることにします。

「src」フォルダー内に、新たに「components」という名前でフォルダーを作成しましょう。そして、この中に「LoginForm.js」という名前でファイルを作成します。ソースコードは以下のように記述します。

リスト8-16 (bookmark-app/frontend/src/components/LoginForm.js)

```
01 import React, { useState } from 'react';
02 
03 function LoginForm({ onLogin }) {
04   // ユーザー名とパスワードのステートを定義
05   const [username, setUsername] = useState('');
06   const [password, setPassword] = useState('');
07   // エラーメッセージのステートを定義
08   const [error, setError] = useState('');
09 
10   // フォーム送信時に呼ばれる非同期関数
11   const handleSubmit = async (e) => {
12     e.preventDefault(); // フォームの送信アクション停止
13     // APIエンドポイントにログインリクエストを送信
14     const response = await fetch('/api/login', {
15       method: 'POST', // POSTリクエスト
16       headers: {
17         'Content-Type': 'application/json', // タイプをJSONに設定
18       },
19       // ユーザー名とパスワードを設定
20       body: JSON.stringify({ username, password }),
21     });                                                      ← 2 (14-21)
22 
23     if (response.ok) { // レスポンスが成功した場合
24       onLogin(); // onLogin関数を呼び出してログイン処理を完了 ← 3
25     } else {
26       setError('Invalid username or password'); // エラーを設定
27     }
28   };
29 
30   return (
31     <form onSubmit={handleSubmit}>                           ← 1
32       <input
33         type="text"
34         value={username}
35         onChange={(e) => setUsername(e.target.value)}
36         placeholder="Username"
```

次ページへ続く ▶

8-2

```
37          required
38        />
39        <input
40          type="password"
41          value={password}
42          onChange={(e) => setPassword(e.target.value)}
43          placeholder="Password"
44          required
45        />
46        <button type="submit">Login</button>
47        {error && <p>{error}</p>}
48      </form>
49    );
50  }
51
52  export default LoginForm;
```

ここでは、フォームのonSubmit属性に「handleSubmit」関数を割り当てて実行しています(1)。このhandleSubmitでは、fetchを使って/api/loginにアクセスしてログイン処理を行っています(2)。

そして無事にログインできたなら、引数で渡されるonLoginを実行します(3)。このonLoginは、もとを辿ればAppコンポーネントにあったhandleLogin関数です。これが実行されることで、AppコンポーネントのisLoggedInステートがtrueに変わり(リスト8-14の5)、ログインされたと認識されるようになります。

ブックマーク管理ページのコンポーネント

続いて、ブックマーク管理ページのコンポーネントです。「pages」フォルダー内に、新たに「HomePage.js」という名前でファイルを作成しましょう。そして以下のようにコードを記述してください。

リスト8-17 (bookmark-app/frontend/src/pages/HomePage.js)

```
01 import React, { useState, useEffect } from 'react';
02 import BookmarkList from '../components/BookmarkList';
03 // ブックマーク追加フォームのコンポーネント
04 import BookmarkForm from '../components/BookmarkForm';
05
06 function HomePage({ onLogout }) {
07   // ブックマークの配列を管理するステートを定義
08   const [bookmarks, setBookmarks] = useState([]);
09
10   // コンポーネントがマウントされたらブックマークを取得
11   useEffect(() => {
12     fetchBookmarks();                                      ― 4
13   }, []); // コンポーネントの初回レンダリング時のみ実行
14
15   // ブックマークを取得する非同期関数
16   const fetchBookmarks = async () => {
17     // ブックマークを取得するAPIリクエスト
18     const response = await fetch('/api/bookmarks');
19     if (response.ok) { // レスポンスが成功した場合         ― 1
20       const data = await response.json(); // JSONデータを取得
21       setBookmarks(data); // ステートにブックマークをセット
22     }
23   };
```

```
24
25    // 新しいブックマークを追加する非同期関数
26    const handleAddBookmark = async (bookmark) => {
27      const response = await fetch('/api/bookmarks', {
28        method: 'POST', // POSTリクエスト
29        headers: {
30          'Content-Type': 'application/json', // タイプをJSONに設定
31        },
32        body: JSON.stringify(bookmark), // ブックマークをJSONで設定
33      });
34
35      if (response.ok) { // レスポンスが成功した場合
36        fetchBookmarks(); // リストを再取得して更新
37      }
38    };
39
40    // ブックマークを削除するための非同期関数
41    const handleDeleteBookmark = async (id) => {
42      const response = await fetch(`/api/bookmarks/${id}`, {
43        method: 'DELETE', // DELETEリクエスト
44      });
45
46      if (response.ok) { // レスポンスが成功した場合
47        // ブックマークリストから削除したブックマークを取り除く
48        setBookmarks(bookmarks.filter(bookmark => bookmark.id !== id));
49      }
50    };
51
52    return (
53      <div>
54        <h2>Bookmark</h2>
55        <button onClick={onLogout}>Logout</button>
56        <hr />
57        <h3>Add Bookmark</h3>
58        <BookmarkForm onAddBookmark={handleAddBookmark} />
59        <hr />
60        <h3>Bookmarks list</h3>
61        <BookmarkList bookmarks={bookmarks}
62          onDeleteBookmark={handleDeleteBookmark} />
63      </div>
64    );
65  }
66
67  export default HomePage;
```

(2: 26–38行、3: 41–50行、4: 58行、5: 62行)

8-2

ここでは、3つの関数を定義しています。これらは以下のようなものになります。

1 fetchBookmarks	ブックマークのリストを取得する
2 handleAddBookmark	ブックマークを作成する
3 handleDeleteBookmark	ブックマークを削除する

いずれも、fetch関数を使ってAPIにアクセスし処理を行っています。行っていること自体はいずれもそう難しいものではないのでわかるでしょう。

副作用フックについて

今回、重要となるのは、実は用意した3つの関数などではなく、以下の非常にシンプルな処理です(4)。

```
useEffect(() => {
  fetchBookmarks();
}, []);
```

ここでは、「useEffect」という関数を実行していますね。この関数は、「副作用フック」と呼ばれるものです。

フックというものは、これまで「ステートフック」というものを使いました。副作用フックは、ステートが更新されたときに自動的に処理を実行するためのものです。これは以下のように呼び出します。

```
useEffect( 関数, 配列 );
```

第1引数には、実行する処理を記述した関数を指定します。そして第2引数には、更新をチェックするステートを配列で用意します。これにより、そのステートが更新されると、用意された処理が自動的に実行されるようになります。

ここでは、第2引数には空の配列を指定していますね。ということは、どのステートが更新されても実行されないことになります。

では、どういうときに実行されるのか？　それは、このコンポーネントが作成され、これを利用しているコンポーネントに埋め込まれたときです。useEffectは、ステートの更新時とは別に、このコンポーネントが使えるようになったときにも実行されます。空の配列を指定することで、コンポーネントの初期化処理を用意できるわけです。

ブックマーク用フォームのコンポーネント

では、ブックマークのページで使うブックマーク登録フォームのコンポーネントを作成しましょう。「components」フォルダー内に「BookmarkForm.js」という名前でファイルを作成してください。そして以下のコードを記述しましょう。

リスト8-18 (bookmark-app/frontend/src/components/BookmarkForm.js)

```
01 import React, { useState } from 'react';
02
03 function BookmarkForm({ onAddBookmark }) {
04   // URL、タイトル、説明のステートを定義
05   const [url, setUrl] = useState('');
06   const [title, setTitle] = useState('');
07   const [description, setDescription] = useState('');
08
09   // フォーム送信時に呼ばれる関数
10   const handleSubmit = (e) => {
11     e.preventDefault(); // フォームの送信アクションを停止
12       // 新しいブックマークオブジェクトを作成
13     const newBookmark = { url, title, description };
14     // onAddBookmark関数で新しいブックマークを追加
15     onAddBookmark(newBookmark);
16     // フォームの入力ステートをリセット
```

2

```
17      setUrl('');
18      setTitle('');
19      setDescription('');
20    };
21
22    return (
23      <form onSubmit={handleSubmit}>   ―― 1
24        <input
25          type="text"
26          value={url}
27          onChange={(e) => setUrl(e.target.value)}
28          placeholder="URL"
29          required
30        />
31        <input
32          type="text"
33          value={title}
34          onChange={(e) => setTitle(e.target.value)}
35          placeholder="Title"
36          required
37        />
38        <textarea
39          value={description}
40          onChange={(e) => setDescription(e.target.value)}
41          placeholder="Description"
42          required
43        ></textarea>
44        <button type="submit">Add Bookmark</button>
45      </form>
46    );
47  }
48
49  export default BookmarkForm;
```

ここではフォーム送信時に「handleSubmit」という関数を実行するようにしています（1）。ここでは引数で渡されるonAddBookmark関数を使い、ブックマークを追加しています（2）。この関数は、元をたどるとHomePageコンポーネントで定義したhandleAddBookmarkが属性として渡されています（リスト8-17の2、4）。この関数は、/api/bookmarksにfetch関数でPOST送信してブックマークを登録するものです。

8-2

ブックマークリストのコンポーネント

続いて、ブックマークのリストを表示するコンポーネントです。「components」フォルダー内に「BookmarkList.js」という名前でファイルを作成しましょう。そして以下のコードを記述します。

リスト8-19（bookmark-app/frontend/src/components/BookmarkList.js）

```
01  import React from 'react';
02  import BookmarkItem from './BookmarkItem';
03
04  function BookmarkList({ bookmarks, onDeleteBookmark }) {
05    return (
06      <div>
07        {bookmarks.map((bookmark) => (   ┐
08          <BookmarkItem                  │
09            key={bookmark.id}            ├ 1
10            bookmark={bookmark}          │
```

次ページへ続く ▶

```
11            onDelete={() => onDeleteBookmark(bookmark.id)}
12          />
13        ))}
14      </div>
15    );
16  }
17
18  export default BookmarkList;
```

引数で渡されるbookmarksのmapを使ってブックマークの項目を作成しています。この中では、BookmarkItemコンポーネントを作って表示していますね。これが、実際にリストに表示されるブックマークの項目になります。

ブックマーク項目のコンポーネント

では、ブックマークの項目のコンポーネントを作りましょう。「components」フォルダーに「BookmarkItem.js」という名前でファイルを作成してください。そして以下のコードを記述しましょう。

リスト8-20（bookmark-app/frontend/src/components/BookmarkItem.js）

```
01  import React from 'react';
02
03  function BookmarkItem({ bookmark, onDelete }) {
04    return (
05      <div className="bookmark-item">
06        <h3>{bookmark.title}</h3>
07        <p>{bookmark.description}</p>
08        <a href={bookmark.url} target="_blank"
09          rel="noopener noreferrer">
10          {bookmark.url}
11        </a>
12        <button className='delete'
13          onClick={onDelete}>Delete</button>
14      </div>
15    );
16  }
17
18  export default BookmarkItem;
```

引数で渡されるbookmarkの値を利用してブックマークのタイトル、説明、リンクといったものを表示しています。また<button>のonClickには、引数のonDeleteが設定されます。このonDeleteは、もとを辿ればHomePageコンポーネントにあるhandleDeleteBookmark関数が属性として渡されてきたものです（リスト8-17の3 5、リスト8-19の1。これは/api/bookmarks/${id}というアドレスにDELETEメソッドでアクセスし、指定したIDのタスクを削除するものです。

App.cssについて

最後に、「src」フォルダー内のApp.cssにスタイルシートを用意しておきましょう。今回作成したサンプルでは、以下のようにスタイルを用意しておきました。

リスト8-21（bookmark-app/frontend/src/App.css）

```
01  body {
```

```
02   font-family: Arial, sans-serif;
03   background-color: #f4f4f4;
04   margin: 0;
05   padding: 0;
06   display: flex;
07   justify-content: center;
08   align-items: flex-start;
09   height: 100vh;
10 }
11 
12 h2 {
13   color: #333;
14 }
15 
16 a {
17   color: #007bff;
18   text-decoration: none;
19 }
20 a:hover {
21   text-decoration: underline;
22 }
23 
24 hr {
25   border: none;
26   border-top: 1px solid #ccc;
27   margin: 20px 0;
28 }
29 
30 input,
31 textarea {
32   width: 100%;
33   padding: 8px;
34   margin: 8px 0;
35   border: 1px solid #ccc;
36   border-radius: 4px;
37 }
38 
39 button {
40   padding: 10px 15px;
41   background-color: #5cb85c;
42   color: white;
43   border: none;
44   border-radius: 4px;
45   cursor: pointer;
46 }
47 
48 button:hover {
49   background-color: #4cae4c;
50 }
51 
52 button.delete {
53   background-color: #d9534f;
54   margin-left: 10px;
55   padding: 5px 10px;
56 }
57 
58 .bookmark-item {
59   background-color: white;
60   padding: 10px;
61   margin: 10px 0;
62   border-radius: 4px;
63   box-shadow: 0 0 10px rgba(0, 0, 0, 0.1);
64 }
```

8-2

今回のアプリでは、以下のようなものについて要素セレクタとクラスセレクタを用意しておきます。

用意する要素	body、h2、a、a:hover、hr、input、textarea、button
用意するクラス	.delete, .bookmark-item

これらも、ここまで作成してきたスタイルを再利用して作成できます。ある程度スタイルの働きがわかってきたら、自分で独自のスタイル作成に挑戦してください。

manifest.jsonの修正

これでコードは完成しましたが、もう1つだけやっておくことがあります。それは「public」フォルダーにある「manifest.json」というファイルの編集です。このファイルを開き、内容を以下に書き換えてください。

リスト8-22（bookmark-app/frontend/public/manifest.json）

```
01 {
02   "short_name": "React App",
03   "name": "Create React App Sample",
04   "icons": [
05     {
06       "src": "favicon.ico",
07       "sizes": "64x64 32x32 24x24 16x16",
08       "type": "image/x-icon"
09     }
10   ],
11   "start_url": ".",
12   "display": "standalone",
13   "theme_color": "#000000",
14   "background_color": "#ffffff"
15 }
```

manifest.jsonについて

このファイルは、PWA（Progressive Web App）の設定を定義するためのファイルです。Reactプロジェクトのpublicフォルダーに配置されることで、アプリケーションがPWAとして機能するための基本的な情報を提供します。

ここには、以下のような情報が記述されています。

- 名前やアイコン
- アプリ起動時のURL
- UI要素の表示制御
- テーマカラーの設定
- アプリのオリエンテーション

デフォルトでは、用意されているロゴファイルなどの情報が記述されているので、必要ないものを削除しシンプルにしました。合わせて、「public」フォルダーや「src」フォルダーにあるロゴファイル(pngファイルやsvgファイル)は使わないので削除しておくとよいでしょう。

プロジェクトを完成させよう

すべて完成したら、アプリケーションをビルドして完成させましょう。今回はフロントエンドとバックエンドの2つのプロジェクトがあるので、しっかり手順を理解して作業してください。

1. まず、フロントエンドのアプリをビルドします。ターミナルで「`cd frontend`」を実行し「frontend」フォルダー内に移動します。
2. 「`npm run build`」を実行してアプリケーションをビルドしてください。
3. 「build」フォルダーにビルドされたファイルが保存されます。「backend」フォルダー内に「public」フォルダーを作成して、その中に「build」フォルダーにあるものすべてをドラッグ&ドロップして移動します。
4. ターミナルで「`cd ..`」を実行して「frontend」フォルダーの外に移動し、「`cd backend`」で「backend」フォルダー内に移動します。
5. 「`node index.js`」を実行してサーバープログラムを起動します。そしてWebブラウザで`http://localhost:3000`にアクセスして動作を確認します。

なお、ログインのためのIDやパスワードは、簡易的にリスト8-12の中に記載しています。

オリジナルなアプリに挑戦しよう!

これで、ReactとAPIを組み合わせたアプリも作れました。とりあえず、Webアプリの基本的なものはこれで作れるようになったといっていいでしょう。

後は、自分でオリジナルなアプリを作りながら、知識と技術を積み上げていくだけです。といっても、いきなり全く新しいアプリを作るのは難しいかもしれません。そんな人は、ここで作ったサンプルをベースにして考えてみましょう。「ユーザーがログインし、データベースにデータを追加したり、登録データの一覧を取得し表示したりするもの」ならば、今回作ったアプリをカスタマイズして作れます。

例えば、住所録のアプリ。Google Keepのようにメモを保管するアプリ。そんなものは、ここで作ったものをアレンジすれば比較的簡単に作れるでしょう。またメッセージを投稿するメッセージボードのようなものも、表示の仕方を少し修正すれば作れるようになります。

いきなり高度なものを作ろうとせず、まずは身近でちょっと使えるようなものから作成し、少しずつステップアップしていきましょう。では、いつの日か、皆さんが作ったアプリとWebの世界で出会えることを願って。

2024. 10　掌田津耶乃

Index

●一般

A～E

G～R

S～W

あ行

か行

さ行

た行

な行

は行

ま行

ら行

●スクリプト

記号

A～C

D～F

G～I

J～M

N～Q

R～T

U～W

著者プロフィール

●掌田 津耶乃(しょうだ つやの)

日本初のMac専門月刊誌「Mac+」の頃から主にMac系雑誌に寄稿する。ハイパーカードの登場により「ビギナーのためのプログラミング」に開眼。以後、Mac、Windows、Web、Android、iPhoneとあらゆるプラットフォームのプログラミングビギナーに向けた書籍を執筆し続ける。

●近著

『React.js 超入門』(秀和システム)
『ChatGPTで学ぶNode.js&Webアプリ開発』(秀和システム)
『Python in Excelではじめるデータ分析入門』(ラトルズ)
『ChatGPTで学ぶJavaScript&アプリ開発』(秀和システム)
『Google AI Studio超入門』(秀和システム)
『ChatGPTで身につけるPython』(マイナビ)
『AIプラットフォームとライブラリによる生成AIプログラミング』(ラトルズ)

●Webプロフィールページ
https://gravatar.com/stuyano

●ご意見・ご感想の送り先
syoda@tuyano.com

●本書のサポートサイト
p.002をご参照ください。

●本書の内容に関する問い合わせ先
pc_books@mynavi.jp

STAFF

装丁・本文デザイン　三宮 暁子(Highcolor)
DTP　AP_Planning
編集　伊佐 知子

作りながら学ぶ

Webプログラミング実践入門 改訂版

——一冊で学ぶ HTML/CSS、JavaScript、React、Node.js、Express

2020年 1月29日 初版　第1刷発行
2024年11月27日 改訂版 第1刷発行

著　者　掌田 津耶乃
発行者　角竹 輝紀
発行所　株式会社 マイナビ出版
〒101-0003　東京都千代田区一ツ橋2-6-3　一ツ橋ビル 2F
TEL：0480-38-6872(注文専用ダイヤル)
TEL：03-3556-2731(販売部)
TEL：03-3556-2736(編集部)
E-Mail：pc-books@mynavi.jp
URL：https://book.mynavi.jp
印刷・製本　シナノ印刷株式会社

ISBN978-4-8399-8795-4